机械设计手册

第6版

单行本

机电一体化技术及设计

主　编　闻邦椿
副主编　鄂中凯　张义民　陈良玉　孙志礼
　　　　宋锦春　柳洪义　巩亚东　宋桂秋

机械工业出版社

《机械设计手册》第6版 单行本共26分册，内容涵盖机械常规设计、机电一体化设计与机电控制、现代设计方法及其应用等内容，具有系统全面、信息量大、内容现代、突显创新、实用可靠、简明便查、便于携带和翻阅等特色。各分册分别为：《常用设计资料和数据》《机械制图与机械零部件精度设计》《机械零部件结构设计》《连接与紧固》《带传动和链传动 摩擦轮传动与螺旋传动》《齿轮传动》《减速器和变速器》《机构设计》《轴 弹簧》《滚动轴承》《联轴器、离合器与制动器》《起重运输机械零部件和操作件》《机架、箱体与导轨》《润滑 密封》《气压传动与控制》《机电一体化技术及设计》《机电系统控制》《机器人与机器人装备》《数控技术》《微机电系统及设计》《机械系统概念设计》《机械系统的振动设计及噪声控制》《疲劳强度设计 机械可靠性设计》《数字化设计》《工业设计与人机工程》《智能设计 仿生机械设计》。

本单行本为《机电一体化技术及设计》，主要介绍了机电一体化概述、基于工业控制机的控制器及其设计、可编程序控制器、基于单片机的控制器及其设计、传感器及其接口设计、常用的传动部件与执行机构、常用控制用电动机及其驱动、机电一体化设计实例等内容。

本书供从事机械设计、制造、维修及有关工程技术人员作为工具书使用，也可供大专院校的有关专业师生使用和参考。

图书在版编目（CIP）数据

机械设计手册. 机电一体化技术及设计/闻邦椿主编. —6版. —北京：机械工业出版社，2020.4

ISBN 978-7-111-64882-6

Ⅰ.①机… Ⅱ.①闻… Ⅲ.①机械设计-技术手册②机电一体化-技术手册 Ⅳ.①TH122-62②TH-39

中国版本图书馆CIP数据核字（2020）第033645号

机械工业出版社（北京市百万庄大街22号 邮政编码100037）
策划编辑：曲彩云 责任编辑：曲彩云 高依楠
责任校对：徐 强 封面设计：马精明
责任印制：郜 敏
北京中兴印刷有限公司印刷
2020年4月第6版第1次印刷
184mm×260mm · 10.5印张 · 254千字
0001—2500册
标准书号：ISBN 978-7-111-64882-6
定价：39.00元

电话服务
客服电话：010-88361066
010-88379833
010-68326294

网络服务
机 工 官 网：www.cmpbook.com
机 工 官 博：weibo.com/cmp1952
金 书 网：www.golden-book.com
机工教育服务网：www.cmpedu.com

出版说明

《机械设计手册》自出版以来，已经进行了5次修订，2018年第6版出版发行。截至2019年，《机械设计手册》累计发行39万套。作为国家级重点科技图书，《机械设计手册》深受广大读者的欢迎和好评，在全国具有很大的影响力。该书曾获得中国出版政府奖提名奖、中国机械工业科学技术奖一等奖、全国优秀科技图书奖二等奖、中国机械工业部科技进步奖二等奖，并多次获得全国优秀畅销书奖等奖项。《机械设计手册》已成为机械设计领域的品牌产品，是机械工程领域最具权威和影响力的大型工具书之一。

《机械设计手册》第6版共7卷55篇，是在前5版的基础上吸收并总结了国内外机械工程设计领域中的新标准、新材料、新工艺、新结构、新技术、新产品、新的设计理论与方法，并配合我国创新驱动战略的需求编写而成的。与前5版相比，第6版无论是从体系还是内容，都在传承的基础上进行了创新。重点充实了机电一体化系统设计、机电控制与信息技术、现代机械设计理论与方法等现代机械设计的最新内容，将常规设计方法与现代设计方法相融合，光、机、电设计融为一体，局部的零部件设计与系统化设计互相衔接，并努力将创新设计的理念贯穿其中。《机械设计手册》第6版体现了国内外机械设计发展的新水平，精心诠释了常规与现代机械设计的内涵、全面荟萃凝练了机械设计各专业技术的精华，它将引领现代机械设计创新潮流、成就新一代机械设计大师，为我国实现装备制造强国梦做出重大贡献。

《机械设计手册》第6版的主要特色是：体系新颖、系统全面、信息量大、内容现代、突显创新、实用可靠、简明便查。应该特别指出的是，第6版手册具有较高的科技含量和大量技术创新性的内容。手册中的许多内容都是编著者多年研究成果的科学总结。这些内容中有不少依托国家"863计划""973计划""985工程""国家科技重大专项""国家自然科学基金"重大、重点和面上项目资助项目。相关项目有不少成果曾获得国际、国家、部委、省市科技奖励、技术专利。这充分体现了手册内容的重大科学价值与创新性。如仿生机械设计、激光及其在机械工程中的应用、绿色设计与和谐设计、微机电系统及设计等前沿新技术；又如产品综合设计理论与方法是闻邦椿院士在国际上首先提出，并综合8部专著后首次编入手册，该方法已经在高铁、动车及离心压缩机等机械工程中成功应用，获得了巨大的社会效益和经济效益。

在《机械设计手册》历次修订的过程中，出版社和作者都广泛征求和听取各方面的意见，广大读者在对《机械设计手册》给予充分肯定的同时，也指出《机械设计手册》卷册厚重，不便携带，希望能出版篇幅较小、针对性强、便查便携的更加实用的单行本。为满足读者的需要，机械工业出版社于2007年首次推出了《机械设计手册》第4版单行本。该单行本出版后很快受到读者的欢迎和好评。《机械设计手册》第6版已经面市，为了使读者能按需要、有针对性地选用《机械设计手册》第6版中的相关内容并降低购书费用，机械工业出版社在总结《机械设计手册》前几版单行本经验的基础上推出了《机械设计手册》第6版单行本。

《机械设计手册》第6版单行本保持了《机械设计手册》第6版（7卷本）的优势和特色，依据机械设计的实际情况和机械设计专业的具体情况以及手册各篇内容的相关性，将原手册的7卷55篇进行精选、合并，重新整合为26个分册，分别为：《常用设计资料和数据》《机械制图与机械零部件精度设计》《机械零部件结构设计》《连接与紧固》《带传动和链传动　摩擦轮传动与螺旋传动》《齿轮传动》《减速器和变速器》《机构设计》《轴　弹簧》《滚动轴承》《联轴器、离合器与制动器》《起重运输机械零部件和操作件》《机架、箱体与导轨》《润滑　密封》《气压传动与控制》《机电一体化技术及设计》《机电系统控制》《机器人与机器人装备》《数控技术》《微机电系统及设计》《机械系统概念设计》《机械系统的振动设计及噪声控制》《疲劳强度设计　机械可靠性设计》《数字化设计》《工业设计与人机工程》《智能设计　仿生机械设计》。各分册内容针对性强、篇幅适中、查阅和携带方便，读者可根据需要灵活选用。

《机械设计手册》第6版单行本是为了助力我国制造业转型升级、经济发展从高增长迈向高质量，满足广大读者的需要而编辑出版的，它将与《机械设计手册》第6版（7卷本）一起，成为机械设计人员、工程技术人员得心应手的工具书，成为广大读者的良师益友。

由于工作量大、水平有限，难免有一些错误和不妥之处，殷切希望广大读者给予指正。

机械工业出版社

前　言

本版手册为新出版的第6版7卷本《机械设计手册》。由于科学技术的快速发展，需要我们对手册内容进行更新，增加新的科技内容，以满足广大读者的迫切需要。

《机械设计手册》自1991年面世发行以来，历经5次修订，截至2016年已累计发行38万套。作为国家级重点科技图书的《机械设计手册》，深受社会各界的重视和好评，在全国具有很大的影响力，该手册曾获得全国优秀科技图书奖二等奖（1995年）、中国机械工业部科技进步奖二等奖（1997年）、中国机械工业科学技术奖一等奖（2011年）、中国出版政府奖提名奖（2013年），并多次获得全国优秀畅销书奖等奖项。1994年，《机械设计手册》曾在我国台湾建宏出版社出版发行，并在海内外产生了广泛的影响。《机械设计手册》荣获的一系列国家和部级奖项表明，其具有很高的科学价值、实用价值和文化价值。《机械设计手册》已成为机械设计领域的一部大型品牌工具书，已成为机械工程领域权威的和影响力较大的大型工具书，长期以来，它为我国装备制造业的发展做出了巨大贡献。

第5版《机械设计手册》出版发行至今已有7年时间，这期间我国国民经济有了很大发展，国家制定了《国家创新驱动发展战略纲要》，其中把创新驱动发展作为了国家的优先战略。因此，《机械设计手册》第6版修订工作的指导思想除努力贯彻“科学性、先进性、创新性、实用性、可靠性”外，更加突出了“创新性”，以全力配合我国“创新驱动发展战略”的重大需求，为实现我国建设创新型国家和科技强国梦做出贡献。

在本版手册的修订过程中，广泛调研了厂矿企业、设计院、科研院所和高等院校等多方面的使用情况和意见。对机械设计的基础内容、经典内容和传统内容，从取材、产品及其零部件的设计方法与计算流程、设计实例等多方面进行了深入系统的整合，同时，还全面总结了当前国内外机械设计的新理论、新方法、新材料、新工艺、新结构、新产品和新技术，特别是在现代设计与创新设计理论与方法、机电一体化及机械系统控制技术等方面做了系统和全面的论述和凝练。相信本版手册会以崭新的面貌展现在广大读者面前，它将对提高我国机械产品的设计水平、推进新产品的研究与开发、老产品的改造，以及产品的引进、消化、吸收和再创新，进而促进我国由制造大国向制造强国跃升，发挥出巨大的作用。

本版手册分为7卷55篇：第1卷　机械设计基础资料；第2卷　机械零部件设计（连接、紧固与传动）；第3卷　机械零部件设计（轴系、支承与其他）；第4卷　流体传动与控制；第5卷　机电一体化与控制技术；第6卷　现代设计与创新设计（一）；第7卷　现代设计与创新设计（二）。

本版手册有以下七大特点：

一、构建新体系

构建了科学、先进、实用、适应现代机械设计创新潮流的《机械设计手册》新结构体系。该体系层次为：机械基础、常规设计、机电一体化设计与控制技术、现代设计与创新设计方法。该体系的特点是：常规设计方法与现代设计方法互相融合，光、机、电设计融为一体，局部的零部件设计与系统化设计互相衔接，并努力将创新设计的理念贯穿于常规设计与现代设计之中。

二、凸显创新性

习近平总书记在2014年6月和2016年5月召开的中国科学院、中国工程院两院院士大会上分别提出了我国科技发展的方向就是“创新、创新、再创新”，以及实现创新型国家和科技强国的三个阶段的目标和五项具体工作。为了配合我国创新驱动发展战略的重大需求，本版手册突出了机械创新设计内容的编写，主要有以下几个方面：

（1）新增第7卷，重点介绍了创新设计及与创新设计有关的内容。

该卷主要内容有：机械创新设计概论，创新设计方法论，顶层设计原理、方法与应用，创新原理、思维、方法与应用，绿色设计与和谐设计，智能设计，仿生机械设计，互联网上的合作设计，工业通信网络，面向机械工程领域的大数据、云计算与物联网技术，3D打印设计与制造技术，系统化设计理论与方法。

（2）在一些篇章编入了创新设计和多种典型机械创新设计的内容。

“第11篇　机构设计”篇新增加了“机构创新设计”一章，该章编入了机构创新设计的原理、方法及飞剪机剪切机构创新设计，大型空间折展机构创新设计等多个创新设计的案例。典型机械的创新设计有大型全断面掘进机（盾构机）仿真分析与数字化设计、机器人挖掘机的机电一体化创新设计、节能抽油机的创新设计、产品包装生产线的机构方案创新设计等。

（3）编入了一大批典型的创新机械产品。

“机械无级变速器”一章中编入了新型金属带式无级变速器，“并联机构的设计与应用”一章中编入了数十个新型的并联机床产品，“振动的利用”一章中新编入了激振器偏移式自同步振动筛、惯性共振式振动筛、振动压路机等十多个典型的创新机械产品。这些产品有的获得了国家或省部级奖励，有的是专利产品。

（4）编入了机械设计理论和设计方法论等方面的创新研究成果。

1）闻邦椿院士团队经过长期研究，在国际上首先创建了振动利用工程学科，提出了该类机械设计理论和方法。本版手册中编入了相关内容和实例。

2）根据多年的研究，提出了以非线性动力学理论为基础的深层次的动态设计理论与方法。本版手册首次编入了该方法并列举了若干应用范例。

3）首先提出了和谐设计的新概念和新内容，阐明了自然环境、社会环境（政治环境、经济环境、人文环境、国际环境、国内环境）、技术环境、资金环境、法律环境下的产品和谐设计的概念和内容的新体系，把既有的绿色设计篇拓展为绿色设计与和谐设计篇。

4）全面系统地阐述了产品系统化设计的理论和方法，提出了产品设计的总体目标、广义目标和技术目标的内涵，提出了应该用IQCTES六项设计要求来代替QCTES五项要求，详细阐明了设计的四个理想步骤，即“3I调研”“7D规划”“1+3+X实施”“5（A+C）检验”，明确提出了产品系统化设计的基本内容是主辅功能、三大性能和特殊性能要求的具体实现。

5）本版手册引入了闻邦椿院士经过长期实践总结出的独特的、科学的创新设计方法论体系和规则，用来指导产品设计，并提出了创新设计方法论的运用可向智能化方向发展，即采用专家系统来完成。

三、坚持科学性

手册的科学水平是评价手册编写质量的重要方面，因此，本版手册特别强调突出内容的科学性。

（1）本版手册努力贯彻科学发展观及科学方法论的指导思想和方法，并将其落实到手册内容的编写中，特别是在产品设计理论方法的和谐设计、深层次设计及系统化设计的编写中。

（2）本版手册中的许多内容是编著者多年研究成果的科学总结。这些内容中有不少是国家863、973计划项目，国家科技重大专项，国家自然科学基金重大、重点和面上项目资助项目的研究成果，有不少成果曾获得国际、国家、部委、省市科技奖励及技术专利，充分体现了本版手册内容的重大科学价值与创新性。

下面简要介绍本版手册编入的几方面的重要研究成果：

1）振动利用工程新学科是闻邦椿院士团队经过长期研究在国际上首先创建的。本版手册中编入了振动利用机械的设计理论、方法和范例。

2）产品系统化设计理论与方法的体系和内容是闻邦椿院士团队提出并加以完善的，编写者依据多年的研究成果和系列专著，经综合整理后首次编入本版手册。

3）仿生机械设计是一门新兴的综合性交叉学科，近年来得到了快速发展，它为机械设计的创新提供了新思路、新理论和新方法。吉林大学任露泉院士领导的工程仿生教育部重点实验室开展了大量的深入研究工作，取得了一系列创新成果且出版了专著，据此并结合国内外大量较新的文献资料，为本版手册构建了仿生机械设计的新体系，编写了“仿生机械设计”篇（第50篇）。

4）激光及其在机械工程中的应用篇是中国科学院长春光学精密机械与物理研究所王立军院士依据多年的研究成果，并参考国内外大量较新的文献资料编写而成的。

5）绿色制造工程是国家确立的五项重大工程之一，绿色设计是绿色制造工程的最重要环节，是一个新的学科。合肥工业大学刘志峰教授依据在绿色设计方面获多项国家和省部级奖励的研究成果，参考国内外大量较新的文献资料为本版手册首次构建了绿色设计新体系，编写了“绿色设计与和谐设计”篇（第48篇）。

6）微机电系统及设计是前沿的新技术。东南大学黄庆安教授领导的微电子机械系统教育部重点实验室多年来开展了大量研究工作，取得了一系列创新研究成果，本版手册的“微机电系统及设计”篇（第28篇）就是依据这些成果和国内外大量较新的文献资料编写而成的。

四、重视先进性

（1）本版手册对机械基础设计和常规设计的内容做了大规模全面修订，编入了大量新标准、新材料、新结构、新工艺、新产品、新技术、新设计理论和计算方法等。

1）编入和更新了产品设计中需要的大量国家标准，仅机械工程材料篇就更新了标准126个，如GB/T 699—2015《优质碳素结构钢》和GB/T 3077—2015《合金结构钢》等。

2）在新材料方面，充实并完善了铝及铝合金、钛及钛合金、镁及镁合金等内容。这些材料由于具有优良的力学性能、物理性能以及回收率高等优点，目前广泛应用于航空、航天、高铁、计算机、通信元件、电子产品、纺织和印刷等行业。增加了国内外粉末冶金材料的新品种，如美国、德国和日本等国家的各种粉末冶金材料。充实了国内外工程塑料及复合材料的新品种。

3）新编的“机械零部件结构设计”篇（第4篇），依据11个结构设计方面的基本要求，编写了相应的内容，并编入了结构设计的评估体系和减速器结构设计、滚动轴承部件结构设计的示例。

4）按照GB/T 3480.1～3—2013（报批稿）、GB/T 10062.1～3—2003及ISO 6336—2006等新标准，重新构建了更加完善的渐开线圆柱齿轮传动和锥齿轮传动的设计计算新体系；按照初步确定尺寸的简化计算、简化疲劳强度校核计算、一般疲劳强度校核计算，编排了三种设计计算方法，以满足不同场合、不同要求的齿轮设计。

5）在“第4卷　流体传动与控制”卷中，编入了一大批国内外知名品牌的新标准、新结构、新产品、新技术和新设计计算方法。在“液力传动”篇（第23篇）中新增加了液黏传动，它是一种新型的液力传动。

（2）“第5卷　机电一体化与控制技术”卷充实了智能控制及专家系统的内容，大篇幅增加了机器人与机器人装备的内容。

机器人是机电一体化特征最为显著的现代机械系统，机器人技术是智能制造的关键技术。由于智能制造的迅速发展，近年来机器人产业呈现出高速发展的态势。为此，本版手册大篇幅增加了“机器人与机器人装备”篇（第26篇）的内容。该篇从实用性的角度，编写了串联机器人、并联机器人、轮式机器人、机器人工装夹具及变位机；编入了机器人的驱动、控制、传感、视角和人工智能等共性技术；结合喷涂、搬运、电焊、冲压及压铸等工艺，介绍了机器人的典型应用实例；介绍了服务机器人技术的新进展。

（3）为了配合我国创新驱动战略的重大需求，本版手册扩大了创新设计的篇数，将原第6卷扩编为两卷，即新的“现代设计与创新设计（一）”（第6卷）和“现代设计与创新设计（二）”（第7卷）。前者保留了原第6卷的主要内容，后者编入了创新设计和与创新设计有关的内容及一些前沿的技术内容。

本版手册“现代设计与创新设计（一）”卷（第6卷）的重点内容和新增内容主要有：

1）在“现代设计理论与方法综述”篇（第32篇）中，简要介绍了机械制造技术发展总趋势、在国际上有影响的主要设计理论与方法、产品研究与开发的一般过程和关键技术、现代设计理论的发展和根据不同的设计目标对设计理论与方法的选用。闻邦椿院士在国内外首次按照系统工程原理，对产品的现代设计方法做了科学分类，克服了目前产品设计方法的论述缺乏系统性的不足。

2）新编了“数字化设计”篇（第40篇）。数字化设计是智能制造的重要手段，并呈现应用日益广泛、发展更加深刻的趋势。本篇编入了数字化技术及其相关技术、计算机图形学基础、产品的数字化建模、数字化仿真与分析、逆向工程与快速原型制造、协同设计、虚拟设计等内容，并编入了大型全断面掘进机（盾构机）的数字化仿真分析和数字化设计、摩托车逆向工程设计等多个实例。

3）新编了“试验优化设计”篇（第41篇）。试验是保证产品性能与质量的重要手段。本篇以新的视觉优化设计构建了试验设计的新体系、全新内容，主要包括正交试验、试验干扰控制、正交试验的结果分析、稳健试验设计、广义试验设计、回归设计、混料回归设计、试验优化分析及试验优化设计常用软件等。

4）将手册第5版的“造型设计与人机工程”篇改编为“工业设计与人机工程”篇（第42篇），引入了工业设计的相关理论及新的理念，主要有品牌设计与产品识别系统（PIS）设计、通用设计、交互设计、系统设计、服务设计等，并编入了机器人的产品系统设计分析及自行车的人机系统设计等典型案例。

（4）“现代设计与创新设计（二）”卷（第7卷）主要编入了创新设计和与创新设计有关的内容及一些前沿技术内容，其重点内容和新编内容有：

1）新编了“机械创新设计概论”篇（第44篇）。该篇主要编入了创新是我国科技和经济发展的重要战略、创新设计的发展与现状、创新设计的指导思想与目标、创新设计的内容与方法、创新设计的未来发展战略、创新设计方法论的体系和规则等。

2）新编了“创新设计方法论”篇（第45篇）。该篇为创新设计提供了正确的指导思想和方法，主要编入了创新设计方法论的体系、规则，创新设计的目的、要求、内容、步骤、程序及科学方法，创新设计工作者或团队的四项潜能，创新设计客观因素的影响及动态因素的作用，用科学哲学思想来统领创新设计工作，创新设计方法论的应用，创新设计方法论应用的智能化及专家系统，创新设计的关键因素及制约的因素分析等内容。

3）创新设计是提高机械产品竞争力的重要手段和方法，大力发展创新设计对我国国民经济发展具有重要的战略意义。为此，编写了“创新原理、思维、方法与应用”篇（第47篇）。除编入了创新思维、原理和方法，创新设计的基本理论和创新的系统化设计方法外，还编入了29种创新思维方法、30种创新技术、40种发明创造原理，列举了大量的应用范例，为引领机械创新设计做出了示范。

4）绿色设计是实现低资源消耗、低环境污染、低碳经济的保护环境和资源合理利用的重要技术政策。本版手册中编入了“绿色设计与和谐设计”篇（第48篇）。该篇系统地论述了绿色设计的概念、理论、方法及其关键技术。编者结合多年的研究实践，并参考了大量的国内外文献及较新的研究成果，首次构建了系统实用的绿色设计的完整体系，包括绿色材料选择、拆卸回收产品设计、包装设计、节能设计、绿色设计体系与评估方法，并给出了系列典型范例，这些对推动工程绿色设计的普遍实施具有重要的指引和示范作用。

5）仿生机械设计是一门新兴的综合性交叉学科，本版手册新编入了“仿生机械设计”篇（第50篇），包括仿生机械设计的原理、方法、步骤，仿生机械设计的生物模本，仿生机械形态与结构设计，仿生机械运动学设计，仿生机构设计，并结合仿生行走、飞行、游走、运动及生机电仿生手臂，编入了多个仿生机械设计范例。

6）第55篇为“系统化设计理论与方法”篇。装备制造机械产品的大型化、复杂化、信息化程度越来越高，对设计方法的科学性、全面性、深刻性、系统性提出的要求也越来越高，为了满足我国制造强国的重大需要，亟待创建一种能统领产品设计全局的先进设计方法。该方法已经在我国许多重要机械产品（如动车、大型离心压缩机等）中成功应用，并获得重大的社会效益和经济效益。本版手册对该系统化设计方法做了系统论述并给出了大型综合应用实例，相信该系统化设计方法对我国大型、复杂、现代化机械产品的设计具有重要的指导和示范作用。

7）本版手册第7卷还编入了与创新设计有关的其他多篇现代化设计方法及前沿新技术，包括顶层设计原理、方法与应用，智能设计，互联网上的合作设计，工业通信网络，面向机械工程领域的大数据、云计算与物联网技术，3D打印设计与制造技术等。

五、突出实用性

为了方便产品设计者使用和参考，本版手册对每种机械零部件和产品均给出了具体应用，并给出了选用方法或设计方法、设计步骤及应用范例，有的给出了零部件的生产企业，以加强实际设计的指导和应用。本版手册的编排尽量采用表格化、框图化等形式来表达产品设计所需要的内容和资料，使其更加简明、便查；对各种标准采用摘编、数据合并、改排和格式统一等方法进行改编，使其更为规范和便于读者使用。

六、保证可靠性

编入本版手册的资料尽可能取自原始资料，重要的资料均注明来源，以保证其可靠性。所有数据、公式、图表力求准确可靠，方法、工艺、技术力求成熟。所有材料、零部件、产品和工艺标准均采用新公布的标准资料，并且在编入时做到认真核对以避免差错。所有计算公式、计算参数和计算方法都经过长期检验，各种算例、设计实例均来自工程实际，并经过认真的计算，以确保可靠。本版手册编入的各种通用的及标准化的产品均说明其特点及适用情况，并注明生产厂家，供设计人员全面了解情况后选用。

七、保证高质量和权威性

本版手册主编单位东北大学是国家211、985重点大学、“重大机械关键设计制造共性技术”985创新平台建设单位、2011国家钢铁共性技术协同创新中心建设单位，建有“机械设计及理论国家重点学科”和“机械工程一级学科”。由东北大学机械及相关学科的老教授、老专家和中青年学术精英组成了实力强大的大型工具书编写团队骨干，以及一批来自国家重点高校、研究院所、大型企业等30多个单位、近200位专家、学者组成了高水平编审团队。编审团队成员的大多数都是所在领域的著名资深专家，他们具有深广的理论基础、丰富的机械设计工作经历、丰富的工具书编纂经验和执着的敬业精神，从而确保了本版手册的高质量和权威性。

在本版手册编写中，为便于协调，提高质量，加快编写进度，编审人员以东北大学的教师为主，并组织邀请了清华大学、上海交通大学、西安交通大学、浙江大学、哈尔滨工业大学、吉林大学、天津大学、华中科技大学、北京科技大学、大连理工大学、东南大学、同济大学、重庆大学、北京化工大学、南京航空航天大学、上海师范大学、合肥工业大学、大连交通大学、长安大学、西安建筑科技大学、沈阳工业大学、沈阳航空航天大学、沈阳建筑大学、沈阳理工大学、沈阳化工大学、重庆理工大学、中国科学院长春光学精密机械与物理研究所、中国科学院沈阳自动化研究所等单位的专家、学者参加。

在本版手册出版之际，特向著名机械专家、本手册创始人、第1版及第2版的主编徐灏教授致以崇高的敬意，向历次版本副主编邱宣怀教授、蔡春源教授、严隽琪教授、林忠钦教授、余俊教授、汪恺总工程师、周士昌教授致以崇高的敬意，向参加本手册历次版本的编写单位和人员表示衷心感谢，向在本手册历次版本的编写、出版过程中给予大力支持的单位和社会各界朋友们表示衷心感谢，特别感谢机械科学研究总院、郑州机械研究所、徐州工程机械集团公司、北方重工集团沈阳重型机械集团有限责任公司和沈阳矿山机械集团有限责任公司、沈阳机床集团有限责任公司、沈阳鼓风机集团有限责任公司及辽宁省标准研究院等单位的大力支持。

由于编者水平有限，手册中难免有一些不尽如人意之处，殷切希望广大读者批评指正。

主编 闻邦椿

目　录

第24篇　机电一体化技术及设计

第1章　机电一体化概述

第2章　基于工业控制机的控制器及其设计

第3章　可编程序控制器

第4章 基于单片机的控制器及其设计

第5章 传感器及其接口设计

第6章 常用的传动部件与执行机构

第7章　常用控制用电动机及其驱动

第8章　机电一体化设计实例

第 24 篇　机电一体化技术及设计

主　编　刘　杰
编写人　刘　杰　李允公　刘　宇　戴　丽
审稿人　柳洪义　刘　杰

第5版
机电一体化技术及设计

主　编　刘　杰
编写人　刘　杰　李允公　刘　宇　戴　丽
审稿人　柳洪义　刘　杰

第1章 机电一体化概述

1 机电一体化概念

1.1 机电一体化的基本概念

机电一体化技术是机械技术、电子技术和信息技术有机结合的产物，又称机械电子技术。目前，被广泛接受的“机电一体化”的定义是：“机电一体化是在机械的主功能、动力功能、信息功能和控制功能上引进微电子技术，并将机械装置与电子装置用相关软件有机结合而构成系统的总称”。

随着科学技术的发展，电子技术得到了蓬勃发展，从分立电子元件到集成电路（IC），从集成电路到大规模集成电路（LSI）和超大规模集成电路（VLSI），特别是微型计算机的出现，使电子技术与信息技术相结合并向其他学科渗透，对推动其他学科的发展起到了不可忽视的作用。信息技术（3C 技术）的主体包括计算机技术、控制技术和通信技术。在机械领域中，电子技术与计算机技术同机械技术相互交叉、相互渗透，使古老的机械技术焕发了青春。在原有机械基础上，引入电子计算机高性能的控制机能，并实现整体最优化，就使原来的机械产品产生了质的飞跃，变成功能更强、性能更好的新一代的机械产品或系统，这正是机电一体化的意义所在。

1.2 机电一体化技术的发展

由于机电一体化技术涵盖了机械技术和电子技术，因此，机电一体化技术的发展既包括了其自身的发展情况，又包括与其关系密切的电子技术发展。

（1）微电子器件的发展

集成电路是机电一体化的基础。近年来集成电路的集成度越来越高，目前单片集成已达几亿个元器件以上，能够用纳米级工艺制成容量巨大的动态存储器（Dynamic RAM，DRAM）。

在机电一体化产品中，大量采用了专用集成电路（Application Specific Integrated Circuit，ASIC），特别是可编程逻辑器件和现场可编程门阵列（Gate Array）应用广泛。门阵列是指一种预先在芯片上整齐地生成由“与非”门或者“或非”门等基本单元组成的基阵列，然后随时根据用户的需要在各基本单元之间进行布线，以实现具有逻辑处理功能的集成电路。据国外报道，美国 LSI 逻辑公司采用 0.5μm 工艺已完成了 150 万门阵列的设计。VLSI 技术公司声称可以用单元设计制成 200 万门阵列。日本东芝公司提出用 0.35μm 工艺可以制成 500 万门阵列，VLSI 公司和日立公司则宣布已能设计出 500 万门阵列的实用芯片，引出脚可达 1280 个。

（2）微控制器的发展

机电产品的机电一体化的核心是微控制器的设计。近年来，以单片机应用系统为代表的微控制器发展特别迅速，应用也越来越广泛。

自从 1974 年 12 月美国仙童公司第一个推出单片机 F8 以后，单片机的发展速度十分惊人，从 4 位机、8 位机发展到 16 位机、32 位机，集成度越来越高，功能越来越强，应用范围越来越广。目前，世界上单片机的年销售量已达数亿片以上。近年来，为了不断提高单片机的技术性能以满足不同用户的要求，各公司竞相推出能满足不同需要的产品：

1）采用双 CPU 结构以提高处理能力。如 Rockwell 公司的 R6500/21 和 R65C29 单片机采用了双 CPU 结构，其中每一个 CPU 都是增强型的 6502。

2）增加数据总线的宽度。例如，NEC 公司的 μPD-7800 系列单片机采用一个 16 位运算部件，内部采用 16 位数据总线，使其处理能力明显优于一般 8 位机。

3）采用串行总线结构。例如，飞利浦公司开发的 IIC（Intel-ICBUS）总线和 DDB（Digital Data BUS）总线，它们都采用三条数据总线代替现行的 8 位数据总线，从而大大减少了单片机引线，降低了成本。

4）采用流水线结构。指令以队列形式出现在 CPU 中，从而有很高的运算速度，如 Sharp 公司的单片机 SM-812。有的单片机甚至采用了多流水线结构，因而具有极高的运算速度。这类单片机的运算速度要比标准的单片机高出 10 倍以上，特别适合用作数字信号处理。

5）双单片机结构。例如，Intel 公司的 RUPI-44 系列单片机 8044/8744/8344，它是一个双单片机结构，其中一个为 8051/8751，另一个用以构成 SDLC/HDLC 串行接口部件（SIU），片内程序存储器中装有加电诊断、任务管理、数据传送和对用户透明的并行、串行通信服务程序。

（3）先进制造技术

先进制造技术（Advanced Manufacturing Technology，AMT）是当代制造技术的最新发展阶段，是机电一体化技术的重要组成部分。它是传统制造技术与信息技术、综合自动化技术和现代企业管理技术有机结合而产生的高技术群。

先进制造技术的核心和前沿是制造系统集成技术。制造系统集成技术正在由企业内部信息的集成（计算机集成制造系统，CIMS）逐步走向产品开发过程的集成（并行工程，CE）和企业间的集成（敏捷制造，AM）。

计算机集成制造系统（Computer Integrated Manufacturing System，CIMS）就是在自动化技术、信息技术及制造技术的基础上，通过计算机网络及数据库，将制造工厂全部生产活动所需的各种分散的自动化系统有机地集成起来，完成从采购原材料到售出产品的一系列生产过程的高效益、高柔性的制造系统。在功能上，CIMS 包含了一个工厂的全部生产经营活动，即从市场预测、产品设计、加工制造、经营管理到售后服务的全部活动。

20 世纪 60 年代末期，在集成化 CAD/CAM 的基础上，国外有关专家提出了计算机集成制造系统的概念。接着，在 20 世纪 70 年代，美国、日本、德国、英国、法国等一些发达国家对 CIMS 的关键技术进行了比较全面的研究，从 20 世纪 80 年代开始逐步建成了一批采用 CIMS 技术的自动化工厂。我国的有关专家也对 CIMS 技术进行了深入的研究，建立了像成都飞机制造公司、沈阳鼓风机厂这样一批 CIMS 工程的示范企业，为我国跟踪世界科技前沿做出了贡献。

（4）微机械加工与微机械的发展

随着机电一体化产品向小型化和微型化的发展，微机械加工与微机械（又称微纳米技术）已成为机电一体化的一个新的重要的发展方向。

目前，通过容积硅微加工、金属电镀、立体电沉积、电火花线切割、激光加工等微机械加工技术，已经能够加工包括微型机器人在内的各种微型机械。如美国加州大学研制成功 ϕ60mm 的静电电动机；日本精工 EPSON 公司研制出光诱导自行走机器人，有 97 个零件，外形尺寸小于 1cm^3，移动速度 1.4～11.3mm/s，爬坡能力 30°，重 1.5g。我国长春光学精密机械与物理研究所也已研制出 ϕ3mm 的微电机，上海交通大学曾研制出 ϕ2mm 的微电机。微机械在微细外科手术以及工业领域具有广泛的应用前景。

（5）虚拟现实

虚拟现实（Virtual Reality，VR）是一种高级的人机交互系统，它采用高性能的计算机和先进的电子技术产生逼真的视、听、触、力环境，给人以身临其境的感受。

该系统采用计算机图形仿真技术或立体摄像技术产生虚拟景物，用三维位置传感器跟踪人体的运动，用数据手套感知虚拟物体的几何、物理性质，并对它们进行操作，用立体声发声器产生虚拟的声音，用立体显示形成一种真三维的景象。

以数据手套为例，最初的数据手套只是一种手运动跟踪器。它们把手指的运动变化和手在 3D 中的位置传给计算机。为了提高手套的性能，实现触觉和力反馈，美国 Advanced Robotics Research Ltd 和 Airnuacle Ltd 设计了如图 24.1-1 所示的气动触/力觉反馈装置，在适当的位置上安装有可以充放气的气囊，小气囊用于产生触觉，大气囊用于产生力觉。它将光纤、发光二极管、光传感器组合起来，光纤的光强就随手指弯曲程度而变化，由此即可测出手的姿态。为了提供力位反馈，Burdea 开发了一个可移动的“主手”，如图 24.1-2 所示。它由四个直接驱动的微型气缸组成，安装在位于手套掌心一个 L 形小平面上，每个气缸有一锥形工作区间，总质量为 40～60g。数据手套可用于控制远处机器人进行灵巧操作或在虚拟人体上进行手术训练。

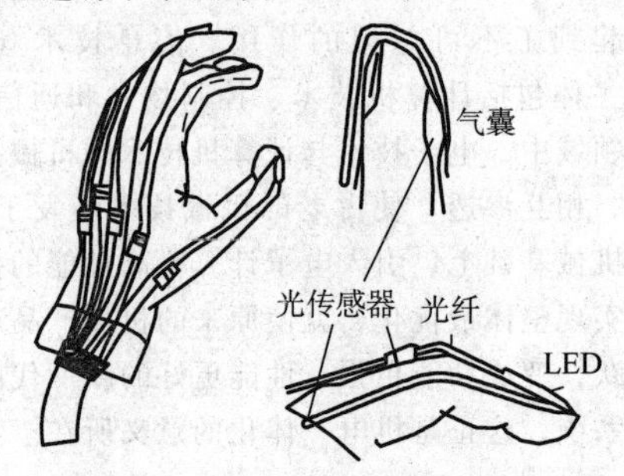

图 24.1-1　光纤、气囊式触/力觉手套

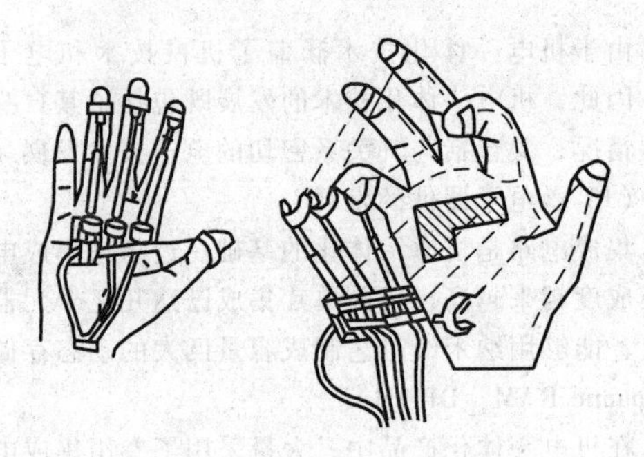
图 24.1-2　气缸式移动主手

虚拟现实技术是机械电子技术中的又一新技术，在医学、科研、军事、航空航天和机器人等方面都有重要应用，被看作是综合国力的象征之一。

1.3　机电一体化系统的构成

机电一体化系统通常由五大要素构成，即动力源、传感器、机械结构、执行元件和电子计算机。因此，机电一体化系统是由若干具有特定功能的机械与信息系统组成的有机整体，具有满足一定使用要求的功能。根据不同的使用目的，要求系统能对输入的物质、能量和信息（即工业三大要素）进行某种处理，输出所需要的物质、能量和信息。同时，机电一体化系统的性能在很大程度上取决于控制系统的好坏。控制系统不仅与计算机及其输入输出通道有关，更与所采用的控制技术密切相关。

对于一个机电一体化产品或设备，应以系统的整体的思想来考虑机电系统许多综合性的技术问题。例如，一台多关节机器人，就存在着各运动部件之间的力耦合，各运动轴伺服系统的干扰和相互影响，系统动力学与控制规律和运动精度之间的关系，机器人与外围设备的连接，机器人各部分之间的协调运动和机器人防护安全连锁的问题。这些问题即构成了机器人的系统技术问题，必须通过系统工程和系统设计的理论来解决。其中，系统工程是为使系统达到最佳状态而对系统的组成部件、组织结构、信息传递、控制机构等进行分析、设计和优化的技术。而系统设计的第一个特点是具有综合性，这需要把系统内部和外部综合起来考虑。要设计一个复杂的系统，首先就要把系统分解成许多分系统，建立各个分系统的数学模型，最后再进行最优设计。系统设计的另一个重要特征是系统的均衡设计，均衡设计就是要恰当地选择元件，以构成性能优异的系统。如果设计者只注重元件设计而忽视优化组合过程，那么即使是经过精心筛选的元件也可能组成性能低劣的系统。

需要注意的是，机电一体化系统是通过信息技术将机械技术与电子技术融为一体构成的最佳系统，而不是机械技术与电子技术的简单叠加，因此，必须有机地、灵活地运用现有机械技术、电子技术和信息技术，采用系统工程的方法，使整个系统达到最优化，即设计最优化、加工最优化、管理最优化和运行方式最优化，使各功能要素能够构成最佳组合。

1.4　机电一体化的意义

机电一体化技术可以用来设计新型的机电一体化产品，改造旧的机电产品，使机电产品的面貌大大改观，从而达到功能增强、体积减小、重量减轻、可靠性提高、性能价格比大大改善的目的。实施机电一体化通常可以获得表 24. 1-1 所列的一些效果。

表 24. 1-1　实施机电一体化可获得的效果

效　果	说　明
功能增强	机电一体化产品的显著特征是具有多种复合功能。例如，数控加工中心可以将多台普通机床的多道工序在一次装夹中完成，并能自动检测工件和刀具的精度，显示刀具动态轨迹，以及故障自诊断等极强的复合功能
提高精度	机电一体化技术简化了机构，减少了传动部件，从而使机械磨损、配合间隙及受力变形等所引起的误差大大减小，同时由于采用计算机检测与控制技术补偿和校正因各种干扰造成的动态误差，从而达到单纯采用机械技术所无法实现的工作精度
结构简化	由于机电一体化技术采用内装的微处理器、大规模集成电路、电力电子器件代替原有的笨重电气控制柜和传动装置，使机电一体化产品体积变小、零部件的数量减少，结构得到简化。例如，无换向器电动机将电子控制与相应的电动机电磁结构相结合，取消了传统的换向电刷，简化了电动机结构，缩小了电动机的体积，减轻了重量，并提高了电动机的使用寿命和运行特性
可靠性提高	随着集成电路的集成度越来越高，可靠性不断增强，使机电一体化产品故障率极低，同时许多机电一体化产品都具有自诊断、安全连锁控制、过负荷及失控保护、停电对策等功能，从而提高了机电一体化产品的安全可靠性
改善操作	机电一体化产品采用计算机程序控制实现了自动化，且具有良好的人机界面，减少了操作按钮及手柄，从而改善了设备的操作性能，减少了培训操作人员的时间
提高柔性	所谓柔性就是可以利用软件来改变机器的工作程序，以满足不同的需要。例如，工业机器人具有较多的运动自由度，手爪部分可以换用不同的工具，通过改变控制程序，改变运动轨迹和运动姿态以适应不同的作业要求；数控机床、FMS 或 FMC 可以通过改变控制程序来适应不同零件的加工工艺。有些机电一体化设备对环境变化具有一定的主动适应能力，即智能化的机电一体化设备，体现了机电一体化设备的另一种柔性功能

2　机电一体化技术的分类

2.1　机电一体化技术的分类依据

从广义上来说，机电一体化技术有着极广的含义，自动化的机械产品、自动化的生产工艺、设备的故障诊断与监测监控技术、数控技术、CAD 技术、CAPP 技术、CAM 技术、集成化的 CAD/CAPP/CAM 技术、专家系统、计算机仿真、企业的计算机管理、机器人工程等，都属于机电一体化的范畴。

目前，世界上普遍认为机电一体化有两大分支，即生产过程的机电一体化和机电产品的机电一体化。

生产过程的机电一体化意味着整个工业体系的机电一体化，如机械制造过程的机电一体化、冶金生产的机电一体化、化工生产的机电一体化、粮食及食品加工过程的机电一体化、纺织工业的机电一体化、排版与印刷的机电一体化等。生产过程的机电一体化根据生产过程的特点又可划分为离散制造过程的机电一体化和连续生产过程的机电一体化。前者以机械制造业为代表，后者以化工生产流程为代表。生产过程的机电一体化包含着诸多的自动化生产线、计算机集中管理和计算机控制。生产过程的机电一体化既需要具体的专业知识，又需要机械技术、控制理论和计算机技术方面的知识，是内容更为广泛的机电一体化。

机电产品的机电一体化是机电一体化的核心，是生产过程机电一体化的物质基础。传统的机电产品加上微机控制即可转变为新一代的产品，而新产品较之旧产品功能强、性能好、精度高、体积小、重量轻、更可靠、更方便，具有明显的经济效益。机电一体化产品根据结构和电子技术与计算机技术在系统中的作用可以分为三类：

1）原机械产品采用电子技术和计算机控制技术，从而产生性能好、功能强的机电一体化的新一代产品，如微电脑洗衣机、机器人等。

2）用集成电路或计算机及其软件代替原机械的部分结构，从而形成机电一体化产品，如电子缝纫机、电子照相机、用交流或直流调速电动机代替变速器等。

3）利用机电一体化原理设计全新的机电一体化产品，如传真机、复印机、录像机等。

2.2 机械制造过程的机电一体化

机械制造过程的机电一体化包括产品设计、加工、装配、检验的自动化，生产过程自动化，经营管理自动化等，其高级形式是计算机集成制造系统。它所涵盖的相关技术见表24.1-2。

表24.1-2 机械制造过程机电一体化的相关技术

相关技术	说　明
计算机辅助设计	计算机辅助设计(Computer Aided Design,CAD)是指用计算机系统进行社会所需产品设计的全过程,其中包括资料检索、方案构思、计算分析、工程绘图和编制文件等。计算分析主要是指利用计算机的强大数据处理和存储能力对产品进行有限元静态和动态分析、优化设计和计算机仿真。广义的CAD还包括计算机辅助工艺设计CAPP CAD的目的是使整个设计过程实现自动化。一般来说产品的设计过程可以分为三个阶段,即总体设计、功能设计和详细设计。在以往的设计中,人们所从事的设计活动90%以上是非创造性的,而创造性的劳动还不到10%。CAD系统可以把设计人员从繁重的计算、制图工作中解放出来,使他们有更多的时间去进行创造性的活动。同时CAD也缩短了新产品的设计周期,提高了企业对市场的应变能力
计算机辅助工艺过程设计	计算机辅助工艺过程设计(Computer Aided Process Planning,CAPP)是指在计算机系统的支持下,根据产品设计要求,选择加工方法,确定加工顺序,分配加工设备,安排加工刀具的整个过程。CAPP的目的是实现生产准备工作的自动化,但由于工艺过程的设计非常复杂,又与企业和技术人员的经验有关,开发难度较大。在多数情况下,把CAPP看作CAM的一个组成部分
计算机辅助制造	计算机辅助制造(Computer Aided Manufacturing,CAM)本身的含义十分广泛。从广义上来说,CAM是指在机械制造过程中,利用计算机并通过各种设备,如数控机器人、加工中心、数控机床和传送装置等,自动完成机械产品的加工、装配、检测和包装等制造过程,包括计算机辅助工艺过程设计CAPP和NC编程。采用计算机辅助制造机械零部件,可改善对产品多变的适应能力,提高加工效率和生产自动化水平,缩短加工准备时间,降低生产成本,提高产品质量。目前CAM已广泛用于机械产品的零件加工、部件组装、整机装配和质量检验等。狭义的CAM仅指NC编程
CAD/CAM集成系统	现在,在机械制造过程的机电一体化中,CAD、CAPP、CAM独立存在的情况已越来越少,它们在计算机网络和数据库环境下相互结合,于是就产生了CAD/CAM集成系统或CAD/CAPP /CAM集成系统。近年来这些集成系统越来越受到人们的重视,世界各发达国家都给予了极为重要的研究和开发。这是因为利用CAD/CAM系统或CAD/CAM/CAPP集成系统进行资料查询和修改设计,可提高工效20~25倍,进行计算可提高工效5~10倍,进行设计可提高工效5倍以上,而且节约工艺师理解设计图、编制工艺文件等准备时间,数控编程时间和刀具运动轨迹检验时间,从而显著地提高了生产效率。系统提供的优化方法能够合理地确定设计参数,使产品性能好、用料省,提高了产品的性能价格比,并可使新产品的"试制—试验—修改"工作大大简化,缩短了研制周期,节省了试制、试验费用及材料
柔性制造系统	柔性制造系统(Flexible Manufacturing System,FMS)是一个计算机化的制造系统,主要由计算机、数控机床、机器人、料盘、自动搬运小车和自动化仓库等组成。它可以随机地、实时地、按量地按照装配部门的要求,生产能力范围内的任何工件。它特别适用于多品种、中小批量生产、设计更改频繁的离散零件的批量生产。它可以根据市场需要修改原设计,轻而易举地将原制造系统变成一个新的制造系统 FMS需要数据库的支持。FMS所用的数据库一般有两种:一种是零件数据库,存储工件尺寸、工具要求、工件夹持点、成组代码、材料、加工计划、加工进给量和速度等数据;另一种数据库存储管理和控制信息、每台设备的状态信息以及每个工件加工完成情况等信息

（续）

相关技术	说　明
柔性制造单元	柔性制造单元(Flexible Manufacturing Cell,FMC)是一种柔性加工生产设备,是 FMS 向廉价化、小型化发展的产物。FMC 可以作为独立的生产设备,也可以作为 FMS 的一个组成部分。特别适用于中小企业。FMC 具有柔性制造的主要特征,它至少由一台数控机床(或加工中心),自动上、下料装置和刀具交换装置等组成。自动上、下料装置可以是工作台自动交换装置,也可以是工业机器人。它不需要钻、镗等专用设备,只要编好相应程序即可对各种工件自动地连续加工。可实现 24h 自动连续运转,白天工人把被加工的工件安装好,夜间可以实现无人看管自动运转
计算机集成制造系统(CIMS)	CIMS 的核心是集成。从某种意义上说,CIMS 就是计算机辅助生产管理与 CAD/CAM 及车间自动化设备的集成。所谓车间自动化设备是指 FMS、FMC、数控机床、数控加工中心、机器人等一系列自动化生产设备。换言之,CIMS 是在柔性制造技术、信息技术和系统科学的基础上,将制造工厂经营活动所需的各种自动化系统有机地集成起来,使其能适应市场变化和多品种、小批量生产要求的高效益、高柔性的智能生产系统。对于 CIMS 系统,只需输入所需产品的客户要求、有关技术数据等信息和原材料,就可以输出经过检验的合格产品

2.3　机电产品的机电一体化

原机电产品引入电子技术和计算机控制技术就形成了所谓的新一代产品——机电一体化产品。典型的机电一体化产品体现了机电的深度有机结合。近年来，新开发的机电一体化产品大多都采用了全新的工作原理，集中了各种高新技术，并把多种功能集成在一起，体积小、重量轻、成本低、高效节能，在市场上具有极强的竞争能力。由于在机电一体化产品中往往要引入仪器仪表技术，所以国内也有些人称之为机、电、仪一体化产品。

机电一体化产品，特别是复杂的机电一体化产品，存在着多种能量转换和多重复杂的非线性耦合。这些设备在工作过程中，要求各执行机构以所需的相对运动规律协调运动，但由于系统的复杂性以及制造误差，很难保证足够的运动精度和稳定性，从而使机器人手臂颤动；数控机床达不到所需的加工精度；高速运行的汽轮机转子由于运动规律的变化造成重大设备事故；带材冷连轧机在高速轧制薄规格带材时，轧机发生剧烈振动，迫使轧机降速运行，严重影响带材的质量和产量。这些都说明在复杂机电一体化产品中存在着深度的机电有机结合，而这种特性，特别是机电系统动力学特性在设备设计和运行过程中，还没有被充分考虑。因此，如何在复杂的机电一体化产品的结构设计和控制软件设计中充分考虑这些特性，使系统按所需运动规律协调运动，并能够保证足够的运动精度和稳定性，即在设计和运行过程中，把系统协调运动控制与机电系统动力学特性有机地结合起来，是机电一体化产品设计中必须认真解决的关键问题之一。

3　机电一体化的相关技术

从工程学角度来看，机电一体化技术是微电子学、机械学、控制工程、计算技术等多学科综合发展的产物，是利用多学科方法对机械产品与制造系统进行设计的一种集成技术。因此，目前普遍认为，机电一体化这一学科涉及四大基础学科，即机械学、控制论、电子学和计算机科学。具体内容见表 24.1-3。

表 24.1-3　机电一体化的相关技术

相关技术	说　明
机械技术	对于绝大多数的机电一体化产品,机械本体在重量、体积等方面都占有绝大部分。这些机械结构的设计和制造问题都属于机械技术的范畴。在这方面除了要充分利用传统的机械技术外,还要大力发展精密加工技术、结构优化设计方法、动态设计方法、虚拟设计方法等;研究开发新型复合材料,以便使机械结构减轻重量,缩小体积,改善在控制方面的快速响应特性;研究高精度导轨、高精度滚轴丝杠、具有高精密度的齿轮和轴承,以提高关键零部件的精度和可靠性;通过使零部件标准化、系列化、模块化以提高其设计、制造和维修的水平
传感技术	传感技术的核心是传感器。传感器按照一定的精度将被测量参数转换为与之有确定对应关系的电信号,通常由敏感元件、转换元件和转换电路组成 机电一体化产品中使用的传感器种类很多,按照原理分为电阻式、电感式、磁电式、压电式、光电式、热电式和气电式等,按照用途分为位置、压力、流量、温度、湿度、气味、声音和亮度等。目前,传感器一方面向高灵敏度、高精度和高可靠性方向发展,另一方面向集成化、智能化和微型化的方向发展
信息处理技术	信息处理技术是指利用电子计算机及其外部设备对信息进行输入、转换、运算、存储和输出等技术。这里所说的电子计算机包括工控机、单片机和可编程序控制器等 电子计算机及其外部设备可通过进一步提高集成度来提高其运算速度,以便于嵌入机械本体;通过自诊断、自恢复及容错技术来提高其可靠性;通过人工智能技术和专家系统来加速其智能化。通过以上这些措施,可以使计算机在恶劣的工业环境中长期、安全、可靠地工作

（续）

相关技术	说明
接口技术	在机电一体化系统中，计算机与外围设备（如执行机构、传感器、机械本体、动力源和人机交互设备等）之间的连接和信息交换环节称为接口。接口功能的实现除硬件电路外，还应包括相应的接口软件（驱动程序），通常通过接口硬件和接口软件的结合来实现接口任务。接口的作用是把外围设备输入给计算机的信息转换成计算机所能接受的格式或把计算机的输出信息转换成外围设备所能接受的格式，使计算机与外围设备之间信息的传输速度相互匹配，在计算机与外围设备之间对传输信息进行缓冲和对信号电平进行转换等
伺服驱动技术	伺服驱动技术主要是指与执行机构相关的一些技术问题。伺服驱动的方式主要有电动、气动和液压等各种类型。液压和气动装置主要包括泵、阀、液压（气）缸、液压（气动）马达及其附属液（气）压元器件等；电动机驱动装置主要包括交流伺服电动机、直流伺服电动机和步进电动机等。在机电一体化产品或系统中，对于各种液压和气动元件存在着功能、可靠性、标准化以及减轻重量和减小体积等问题；对于电动机驱动目前还存在着快速响应和效率等方面的问题，要求电动机转矩大，转子转动惯量小，以使电动机具有快速起动、停止的能力
系统总体技术	系统总体技术是一种从全局角度和系统目标出发，用系统的观点和方法将系统分解成若干个相互有联系的功能单元，找出能完成各个功能的技术方案，并将其进行分析、评价和优化的综合应用技术。系统总体技术的内容涉及许多方面，如接口技术、模块化设计技术、整体优化技术、软件开发技术、微机应用技术和成套设备自动化技术等。机电一体化系统作为一个整体，即使各个部分的性能、可靠性都很好，如果整个系统不能很好地协调，它也很难保证正常、可靠地运行。而性能一般的元件，只要从系统出发，组合得恰当，也可能构成性能优良的系统

4 机电一体化设计方法

传统的设计方法和各种现代设计方法是普遍适用的，当然也适用机电一体化产品的设计。而机电产品的机电一体化设计方法又是现代设计方法的重要组成部分。机电一体化是机械技术、电子技术和信息技术的有机结合，需考虑哪些功能由机械技术实现，哪些功能由电子技术实现，进一步还需要考虑在电子技术中哪些功能由硬件实现，哪些功能由软件实现；存在着机电有机结合如何实现，机、电、液传动如何匹配，机电一体化系统如何进行整体优化等不同于传统机电产品设计的一些特点。因此，机电一体化产品必然有一些特有的设计方法，能够综合运用机械技术和电子技术的特长，使其充分发挥机电一体化的优越性。

4.1 模块化设计方法

机电一体化产品或设备可设计成由相应于五大要素的功能部件组成，也可以设计成由若干功能子系统组成，而每个功能部件或功能子系统又包含若干组成要素。这些功能部件或功能子系统经过标准化、通用化和系列化，就成为功能模块。每一个功能模块可视为一个独立体，在设计时只需了解其性能规格，按其功能来选用，而无需了解其结构细节。

作为机电一体化产品或设备要素的电动机、传感器和微型计算机等都是功能模块的实例。如交流伺服驱动模块（AMDR）就是一种以交流电动机（AM）或交流伺服电动机（ASM）为核心的执行模块。它以交流电源为其主工作电源，使交流电动机的机械输出（转矩、转速）按照控制指令的要求而变化。

在新产品设计时，可以把各种功能模块组合起来，形成我们所需的产品。采用这种方法可以缩短设计与研制周期，节约工装设备费用，从而降低生产成本，也便于生产管理、使用和维护。例如，将工业机器人各关节的驱动器、检测传感元件、执行元件和控制器做成机电一体化的驱动功能模块，可用来驱动不同的关节；还可以研制机器人的机身回转、肩部关节、臂部伸缩、肘部弯曲、腕部旋转、手部俯仰等各种功能模块，并将其进一步标准化、系列化，就可以用来组成结构和用途不同的各种工业机器人。

4.2 柔性化设计方法

将机电一体化产品或系统中完成某一功能的检测传感元件、执行元件和控制器做成机电一体化的功能模块，如果控制器具有可编程序的特点，那该模块就成为柔性模块。例如，采用凸轮机构可以实现位置控制，但这种控制是刚性的，一旦运动则难以调节，若采用伺服电动机驱动，则可以使机械装置简化，且利用电子控制装置可以进行复杂的运动控制，以满足不同的运动和定位要求。采用计算机编程还可以进一步提高该驱动模块的柔性。例如，采用凸轮机构，若想改变原有的运动规律，则必须改变凸轮外廓的几何形状，但若采用计算机控制的伺服电动机驱动，则只需改变控制程序即可。

4.3 取代设计方法

取代设计方法又称为机电互补设计方法。该方法的主要特点是利用通用或专用电子器件取代传统机械产品中的复杂机械部件，以便简化结构，获得更好的功能和特性。

1）用电力电子器件或部件与电子计算机及其软件相结合取代机械式变速机构，如用变频调速器或直流调速装置代替机械减速器、变速器。

2）用PLC（可编程序控制器）取代传统的继电器控制柜，大大地减小了控制模块的重量和体积，并被柔性化。可编程序控制器便于嵌入机械结构内部。

3）用电子计算机及其控制程序取代凸轮机构、插销板、拨码盘、步进开关和时间继电器等，以弥补机械技术的不足。

4）用数字式、集成式（或智能式）传感器取代传统的传感器，以提高检测精度和可靠性。智能传感器是把敏感元件、信号处理电路与微处理器集成在一起的传感器。集成式传感器有集成式磁传感器、集成式光传感器、集成式压力传感器和集成式温度传感器等。

取代设计方法既适用于旧产品的改造，也适用于新产品的开发。例如，可用单片机应用系统（微控制器）、可编程序控制器（PLC）和驱动器取代机械式变速（减速）机构、凸轮机构、离合器，代替插销板、拨码盘、步进开关和时间继电器等。又如采用多机驱动的传动机构代替单纯的机械传动机构，可省去许多机械传动件，如齿轮、带轮和轴等。其优点是可以在较远的距离实现动力传动，大幅度提高设计自由度，增加柔性，有利于提高传动精度和性能。这就需要开发相应的同步控制、定速比控制、定函数关系控制及其他协调控制软件。

4.4 融合设计方法

融合设计方法是把机电一体化产品的某些功能部件或子系统设计成该产品所专用的部件或子系统的方法。用这种方法可以使该产品各要素和参数之间的匹配问题考虑得更充分、更合理、更经济、更能体现机电一体化的优越性。融合设计方法还可以简化接口，使彼此融为一体。例如，在激光打印机中就把激光扫描镜的转轴与电动机轴制作成一体，使结构更加简单、紧凑。在金属切削机床中，把电动机轴与主轴部件制作成一体，是驱动器与执行机构相结合的又一实例。

国外还有把电动机（驱动器）与控制器做成一体的。在大规模集成电路和微型计算机不断普及的今天，完全能够设计出传感器、控制器、驱动器、执行机构与机械本体完全融为一体的机电一体化产品。

融合设计方法主要用于机电一体化新产品的设计与开发。

4.5 优化设计方法

4.5.1 机械技术和电子技术的综合与优化

随着机械结构的日益复杂和制造精度的不断提高，机械制造的成本显著增加，仅仅依靠机械本身的结构和加工精度来实现高精度和多功能的要求是不可能的。而对于同样的功能，有时既可以通过机械技术来实现，也可以通过电子技术和软件技术来实现。这就要求设计者既要掌握机械技术，又要掌握电子技术和计算机技术，站在机电有机结合的高度，对机电一体化产品或系统予以通盘考虑，加以优化，以便决定哪些功能由机械技术来实现，哪些功能由电子技术来实现，并对机电系统的各类参数（机、电、光、液）加以优化，使系统或产品工作在最优状态，体积最小、重量最轻、功能最强、成本最低、功耗最小。常用的优化方法有数学规划法、最优控制理论和方法、遗传算法、神经网络等。

4.5.2 硬件和软件的交叉与优化

在机电一体化系统中，有些功能既可以通过硬件来实现，也可以通过软件来实现。究竟应该采用哪一种方法来实现，这也是对机电一体化产品或系统进行整体优化的重要问题之一。这里所说的硬件应该包括两个方面，一个是电子电路，一个是机械结构。例如，PID控制功能可以通过模拟电路PID控制器来实现，也可以通过计算机软件PID控制程序来实现。计算机控制在现代工业中已获得非常广泛的应用。计算机软件在控制精度以及性能价格比等方面都比模拟控制器有着明显的优越性，可以很方便地改变控制规律，尤其当采用计算机控制多个生产过程时，上述优点就显得更加突出。对于机械结构，也有很多功能可以通过软件来实现。首先，在利用通用或专用电子部件取代传统机械产品或系统中的复杂机械部件时，一般都需要配合相应的计算机软件。另外，由于微型计算机受字长与速度的限制，采用软件的速度往往没有采用硬件的速度快。例如，要实现数控机床的轮廓轨迹控制，其必不可少的一个重要功能就是插补功能，而实现插补就有硬件插补、软件插补和软硬件结合插补等多种方案。软件插补方便灵活，容易实现复杂的插补运算并获得较高的插补精度。若采用硬件插补，则费用必然增加。但采用硬件插补，只需配合普通微型计算机即可设计一块或几块专用大规模集成电路芯片（专用插补器），可以大大加快插补运算速度。如果既要求高的插补精度，又要求较高的插补速度，就可采用软硬件结合的办法。

对于由电子电路组成的硬件所能实现的功能，在大多数情况下既可以用硬件来实现，也可以用软件来实现。一般来说，如必须用分立元件组成硬件，那么不如采用软件，因为与采用分立元件组成的电路相比，采用软件不需要底板，不需要元器件，无需焊接，可以减少因焊接不良或脱焊而引起的故障，并且所需的功能也易于修改。如果能用通用的 LSI 和 VLSI 芯片组成所需电路，则最好采用硬件，因为用通用的 LSI 和 VLSI 芯片组成的电路不仅价廉，而且可靠性高，处理速度快。

4.5.3　机电一体化产品的整体优化

以计算机为工具，以非线性数学规划为方法的优化设计是普遍适用的，即首先建立机电一体化系统的数学模型，确定变量，拟定目标函数，列出约束条件，然后选择合适的计算方法，如搜索法、复合型法、可行方向法、惩罚函数法、坐标轮换法、共轭梯度法等，然后编制程序，用计算机求出最优解。但由于机电一体化系统的复杂性，目前还无法找到一个通用的机电一体化的数学模型来对机电一体化产品进行整体优化，而只能针对具体产品、具体问题进行优化求解。

5　机电一体化系统的设计流程

机电一体化系统的设计流程如图 24.1-3 所示，具体说明如下。

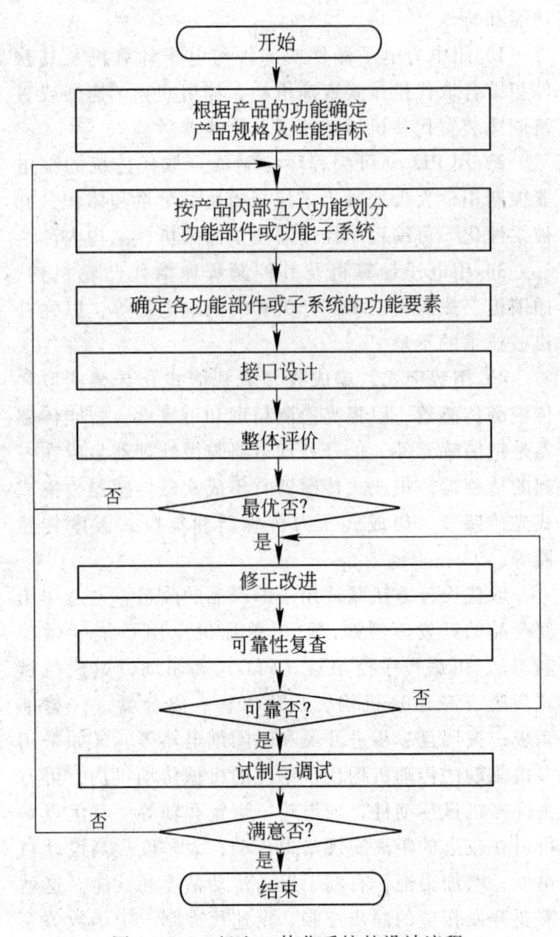

图 24.1-3　机电一体化系统的设计流程

（1）根据目的功能确定产品的规格和性能指标

系统的目的功能，不外乎是用来改变物质的形状、状态、位置尺寸或特性，也就是必须实现一定的运动，并提供必要的动力。基本性能指标主要指实现运动的自由度数、轨迹、行程、精度、速度、动力、稳定性和自动化程度。用来评价机电一体化系统质量的基本指标主要包括以下参数：

运动参数——用来表征机器工作运动的轨迹、行程、方向和起止点位置正确性的指标。

动力参数——用来表征机器输出动力大小的指标，如力、力矩和功率等。

品质指标——用来表征运动参数和动力参数品质的指标，如运动轨迹和行程的精度、运动行程和方向的可变性、运动速度的高低与稳定性、力和力矩的可调性或恒定性等。

同时，在满足基本性能指标的前提下，还需考虑如下一些指标。

1）工艺性指标。对产品结构提出的方便制造和维修的要求，要做到容易制造和便于维修。

2）人机工程学指标。考虑人和机器的关系，针对人类在生产和生活中所表现出来的卫生、体形、生理和心理学等对产品提出的综合性要求，如操作方便，噪声小等。

3）美学指标。对产品的外部性质，如外观、风格、匀称性、和谐性、色泽，以及与外部环境的协调等方面提出的要求。

4）标准化指标。即组成产品的元件、部件的标准化程度。

（2）系统功能部件、功能要素的划分

机电一体化系统必须具备适当的结构才能满足所需性能。要形成具体结构，并以各构成要素及要素之间的接口为基础来划分功能部件或功能子系统。复杂机器的运动常由若干直线或回转运动组合而成，在控制上形成若干自由度，因此也可以按运动的自由度划分成若干功能子系统，再按子系统划分功能部件。这种功能部件可能包括若干组成要素。各功能部件的规格要求可根据整机的性能指标确定。功能要素或功能子系统的选用或设计是指特定机器的执行机构和机体通常必须自行设计，而执行元件、检测传感元件和控制器等功能要素既可自行设计也可选购市售的通用产品。

（3）接口的设计

接口问题是各构成要素间的匹配问题。执行元件与运动机构之间、检测传感元件与运动机构之间通常是机械接口。机械接口有两种形式：一种是执行元件与运动机构之间的联轴器和传动轴，以及直接将检测传感元件与执行元件或运动机构连接在一起的联轴器（如波纹管、十字接头等）、螺钉、铆钉等，直接连接时不存在任何运动和运动变换；另一种是机械传动机构，如减速器、丝杠螺母等，控制器与执行元件之间的驱动接口、控制器与检测传感元件之间转换接口、微电子传输、转换电路。因此，接口设计问题也就是机械技术和微电子技术的具体应用问题。

（4）整体评价

对机电一体化系统的综合评价主要是对其实现目的功能的性能、结构进行评价。机电一体化的目的是提高产品的附加价值，而附加价值的高低必须以衡量产品性能和结构质量的各种定量指标为依据。不同的评价指标可选用不同的评价方法。具体设计时，常采用不同的设计方案来实现产品的目的功能、规格要求和性能指标。因此，必须对这些方案进行综合评价，从中找出最佳方案。关于评价和优化的具体方法，可参考现代设计方法中的有关具体内容。

（5）可靠性复查

机电一体化系统既可能产生电子故障、软件故障，又可能产生机械故障，而且容易受到电噪声的干扰，因此，可靠性问题显得格外突出，也是用户最关心的问题之一。在产品设计中，除采用可靠性设计方法外，还必须采取必要的可靠性措施，在产品设计初步完成之后还需要进行可靠性复查和分析，以便发现问题及时改进。

（6）试制与调试

样机试制是检验产品设计的制造可行性的重要阶段，通过样机调试，可验证各项性能指标是否符合设计要求。这个阶段也是最终发现设计中的问题，以便及时修改和完善产品设计的必要阶段。

第2章 基于工业控制机的控制器及其设计

1 工业控制机的种类与选择

1.1 工业控制机概述

工业控制机也称工业计算机（Industrial Personal Computer，IPC），是一种加固的增强型个人计算机，它可以作为一个工业控制器在工业环境中可靠运行。工业控制机是工业自动化和信息产业基础设备的核心，主要用于工业现场的测量、控制及数据采集等工作。

一般情况下，对工业控制机的要求是：温度、湿度适用范围大；防尘、防腐蚀、防振动冲击能力强；电磁兼容性好、抗干扰和共模抑制能力强；平均无故障工作时间长，故障修复时间短，运行效率高。

工业控制机的显著特点是采用了模块化的硬件板卡结构。它取消了PC中的母板，将原来的大母板上的总线插槽部分分成了通用的底板总线插座系统和PC插卡式主板，如各种无源底板和多种CPU卡。把各种工业控制功能都做成各种硬件板卡，如开关量I/O卡、模拟量I/O卡、计数器/定时器卡、通信板卡、数据采集卡和信号调理卡等基本模板，利用这些板卡可以很方便地组成各种控制系统。目前，工业控制计算机的厂商已开发出上千种的专业化板卡。这些板卡结构紧凑，现场功能丰富，使用方便，用户可以利用厂商提供的板卡很方便地组成自己需要的工控机系统硬件，并可以利用厂商提供的驱动程序，开发满足自己需要的控制程序，从而可有效缩短控制系统硬件的开发周期。典型的工业控制机系统的组成部分有：

1）主机：包括主板、显示器、磁盘驱动器、无源多槽底板、CPU卡、电源和机箱等。

2）输入接口模板：包括模拟量输入、数字量输入和频率量输入等。

3）输出接口模块：包括模拟量输出、数字量输出和脉冲量输出等。

4）通信接口模板：包括串行通信接口模板（RS-232、RS-422、RS-485等）与网络通信模板（Arcnet网板或Ethernet网板），还需配现场总线通信板等。

5）信号调理单元：该单元的作用是对输入信号进行隔离、放大、多路转换及统一电平信号等处理，对输出信号进行隔离、驱动及电压—电流信号转换等。该单元一般具有独立的机箱、供电电源和接线端子。

6）远程采集模块：将信号在工业现场直接采集，然后通过相应的通信方式传输至工控机。远程数据传输方式较多，可以使用RS-485总线、CAN总线和PROFIBUS总线等方式，还可以使用GSM、GPRS、无线电台和卫星通信等方式。

7）软件系统：包括系统软件、支持软件和应用软件三部分。其中，系统软件用来管理工控机及其外部的设备，支持应用软件的开发和运行，支持软件是工程技术人员开发软件时的辅助软件，包括汇编语言、高级语言、编译程序、编辑程序、调试程序和诊断程序等；应用软件是系统设计人员根据具体的控制要求编制的控制和管理程序。通常要求工控软件系统应具有实时性、多任务多线程、网络集成、开放性和人机界面友好等特性。

典型的工业控制机系统构成原理如图24.2-1所示。

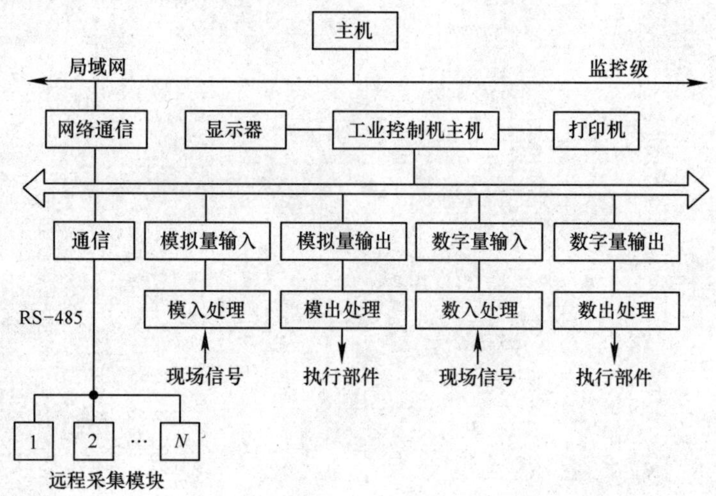

图24.2-1 工业控制机系统构成原理图

1.2 工业控制机的分类

1.2.1 按工业控制机的总线分类

按照工业控制机的总线不同，工业控制机可分为

STD 总线、Multiplus 总线、VME 总线、VXI 总线、ISA 总线、PC/104 总线、PCI 总线、CompactPCI 总线、PXI 总线、PCI Express 总线以及 AdvancedTCA 总线工业控制机等类型。

1.2.2　按工业控制机结构型式分类

根据工业控制机结构型式的不同，工业控制机可大体分为台式、盘装式、插箱式、嵌入式和工作站等。

1）台式工业控制机（见图 24.2-2）。台式工业控制机机箱为全钢结构，需外接显示器。该类工业控制机的主板和 ISA/PCI 总线型底板分离，底板一般有多个 PCMCIA、ISA、PCI 插槽。

图 24.2-2　台式工业控制机

2）盘装式工业控制机（见图 24.2-3）。盘装式工业控制机内部是全钢结构，外壳采用防火塑料，主机和 LCD 显示器可构成一体化结构，通常使用触摸屏作为信息输入工具，配有少量的 PCMCIA、ISA、PCI 插槽，并具有完善的接口功能，如串口、并口和 USB 接口等。

3）插箱式工业控制机（见图 24.2-4）。插箱式工业控制机有 ISA 总线和 PCI 总线两种类型。采用不同的总线时，底板、总线和板卡尺寸均有不同。两种插箱式工业控制机的板卡在结构上不能互换。

4）嵌入式工业控制机（见图 24.2-5）。嵌入式工业控制机不使用板滑道和总线底板，模块之间采用层叠式封装。较有代表性的为 PC/104 嵌入式工业控制机（尺寸为 96mm×90mm）、3.5in（1in = 25.4mm）嵌入式工业控制机（尺寸为 146mm×102mm）和 5.25in 嵌入式工业控制机（尺寸为 203mm×146mm）。

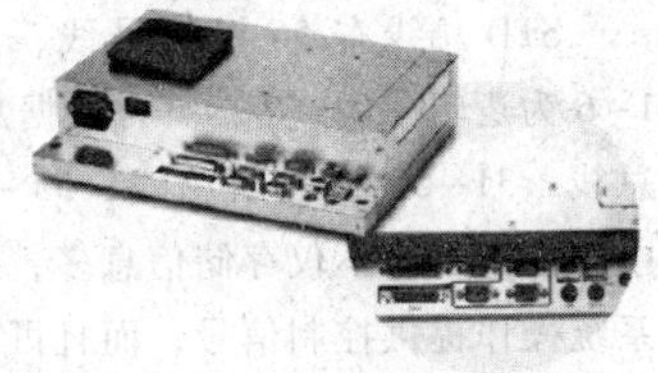

图 24.2-3　盘装式工业控制机

此外还有工业笔记本计算机及便携工业计算机等。

图 24.2-4　基于 ISA 总线的插箱式工业控制机

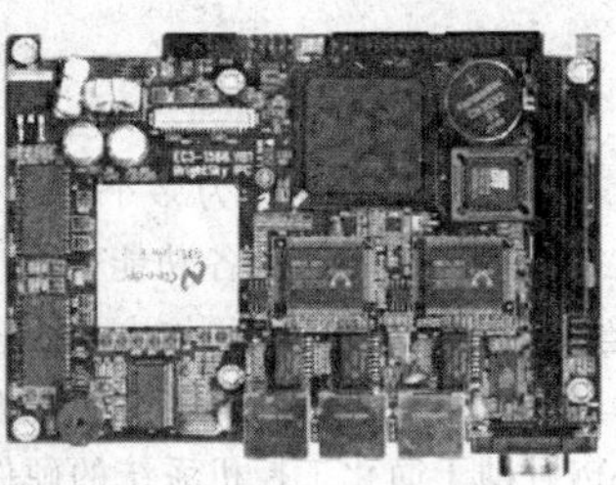

a)　　b)

图 24.2-5　嵌入式工业控制机

a）PC/104 嵌入式工业控制机

b）3.5in 嵌入式工业控制机

1.3　工业控制机的选择

工业控制机在整个控制系统中占据了主导地位。控制系统的性能指标、系统配置与主机的选型有着极大的关系。现在已形成了完整的产品系列，且主机的性能指标、结构型式、总线类型多种多样，因此，在实际开发控制系统时会涉及主机的选择问题。总体上，可根据“经济合理，留有扩充余地”的原则进行选择，并可具体考虑以下三个方面的问题：

（1）工业现场的环境和条件

首先，应充分了解工控机所在的工业现场的环境情况，如温度、湿度、粉尘、振动和电磁干扰等，选择的工控机主机及其内外部设备应能够在工业现场长时间正常运行；其次，为便于安装、放置或固定，应根据现场的空间和结构条件确定工控机的主机形式，如壁挂式、机架式和嵌入式等。

（2）控制系统所需的性能参数

不同的控制任务会对控制系统的性能指标有不同的要求，从经济性、稳定性和实用性的角度出发，应密切结合所需的性能参数选择工控机主机，如数据采集和传输速率高的场合应选择主频高的主机，若需要进行高速的图像信息传输可考虑选择 VESA 总线主机。另外，不宜追求过高的配置，过高的主频速度既是一种浪费，又可能影响系统的稳定性。

(3) 接口类型

控制任务、控制系统结构、外部设备、现场信号类型和数据传输方式等众多因素决定了所需的工控机应具备哪些类型的通信接口，常用的有 USB、RS-485 和以太网接口等。所以，应注意所选择的工控机是否提供了所需的接口。同时，还应考虑到控制系统存在升级或改进的可能，所选的工控机的接口类型可适当地留有余地，增加一些常用的通信接口。

2　工业控制机的总线

2.1　总线概述

总线是一组能为多个部件分时共享的信息传送线。计算机内部的各功能模块、计算机与外部设备、计算机与计算机之间均由总线进行连接。总线类型众多，每一种总线都有其总线标准，使用标准的总线结构有助于简化工控机系统的硬件结构设计，也便于功能模块的选型和控制软件开发。

按连接部件的不同，总线可分为内部总线、系统总线和外部总线。内部总线用于芯片一级的连接，位于计算机内部各外围芯片与处理器之间，如 I^2C 总线、SPI 总线和 SCI 总线等；系统总线用于插件板一级的连接，位于计算机中各插件板与系统板之间，如 ISA 总线、VESA 总线和 PCI 总线等；外部总线用于设备一级的连接，位于计算机与外部设备之间，如 RS-485 总线、USB 总线和 IEEE-488 总线等。

按传输信息的不同，总线可分为地址总线（Address Bus，AB）、数据总线（Data Bus，DB）和控制总线（Control Bus，CB）。地址总线用于传递计算机要访问的存储单元或 I/O 端口的物理地址信息，其宽度决定了可以访问的地址范围，如 16 位宽度的地址总线可访问的地址范围为 64KB。数据总线的作用是传递数据，通常是 CPU 将数据传递给存储器或 I/O 端口，或将数据传递给 CPU。数据总线的宽度通常与处理器的位数一致。控制总线传递的信息用于对数据传递和地址访问过程进行控制和监测，包括读/写操作、片选有效、I/O 选择、中断响应、复位及总线请求等。对于 CPU 而言，其控制总线的宽度和种类在一定程度上决定了 CPU 对外围器件的控制能力。

按信息传递方式的不同，总线可分为并行总线和串行总线。并行总线的信息传递效率较高，主要适用于短距离传输场合，但目前进一步提高传输速度的难度较大，从生产成本和空间布局的角度考虑也不宜无限制的增加总线宽度，常用的并行总线有 STD 总线、IEEE-488 总线和 PCI 总线等。串行总线相对于并行总线来说可达到更高的传输速度，并可实现远距离数据传递，如 CAN 总线的最大传输距离可达到 10km。常用的串行总线有 USB 总线、SPI 总线和 RS-485 总线等。

评价总线的性能指标主要包括工作频率、位宽和带宽（传输速率）。其中，总线的位宽是指数据总线的位数，三者的关系为：带宽 = 工作频率×位宽/8。如果 PCI 总线的工作频率为 33MHz，数据总线位宽为 32 或 64，则其带宽分别为 132Mb/s 和 264Mb/s。

为使不同厂家的产品能够互连，出现了总线标准，即使用总线连接器件和传输信息时需遵守的一些协议与规范。总线标准主要包括以下内容：

1) 机械结构规范：如模块尺寸、接口形状与尺寸、安装方式与尺寸、引脚的位置等。

2) 功能规范：如各信号线（引脚）的定义和功能。

3) 电气规范：如信号逻辑电平、负载能力及最大额定值、动态转换时间等。

4) 软件规范：如总线协议、驱动程序和管理程序等。

2.2　STD 总线

STD 总线（Standard Bus）由 Prolog 公司于 1978 年发明，1987 年被批准为国际标准 IEEE-961。最初的 STD 总线可以很好地支持 8 位处理器，1990 年，出现了可支持 32 位处理器的 STD32 总线。STD 总线的主要特点是采用小板结构，可使用多个 CPU，CPU 之间既相互独立又相互支持，适用于构建多处理器系统。

STD 总线采用公共母板结构，其总线布置在一块母板上，板上安装若干个插座，插座对应的引脚都连接到同一根总线信号线上。系统采用模块式结构，各种功能模块（如 CPU 模块、存储器模块、图形显示模块、A/D 模块、D/A 模块、开关量 I/O 模块等）都按标准的插件尺寸制造，从而各功能模块均可插入任意插座，并且只要模块的信号、引脚符合 STD 规范，就可以在 STD 总线上运行。

STD 总线有 56 根信号线，可分为 5 个功能组：1~6 为逻辑电源，7~14 为数据总线，15~30 为地址总线，31~52 为控制总线，53~56 为辅助电源。其中，控制总线不仅存储信息多，还可为 I/O 和基本的系统操作提供控制信号，而且可为存储器的扩展、存储器映射 I/O、动态存储器刷新、DMA 和多处理机处理慢速存储器、电源掉电再启动、查询中断、优先级向量中断、链型中断和总线响应等提供控制信号。STD 总线的引脚分配见表 24.2-1。

表 24.2-1　STD 总线引脚分配

元件面				线路面			
引脚	信号名称	信号流向	说明	引脚	信号名称	信号流向	说明
1	DC+5V	入	逻辑电源	2	DC+5V	入	逻辑电源
3	GND	入	逻辑地	4	GND	入	逻辑地
5	VBAT	入	电池电源	6	VBAT	入	电池电源
7	D3/A19	入/出	数据总线/地址扩展	8	D7/A23	入/出	数据总线/地址扩展
9	D2/A18	入/出		10	D6/A22	入/出	
11	D1/A17	入/出		12	D5/A21	入/出	
13	D0/A16	入/出		14	D4/A20	入/出	
15	A7	出	地址总线	16	A15/D15	出	地址总线/数据总线扩展
17	A6	出		18	A14/D14	出	
19	A5	出		20	A13/D13	出	
21	A4	出		22	A12/D12	出	
23	A3	出		24	A11/D11	出	
25	A2	出		26	A10/D10	出	
27	A1	出		28	A9/D9	出	
29	A0	出		30	A8/D8	出	
31	WR*	出	写存储器或 I/O	32	RD*	出	读存储器或 I/O
33	IORQ*	出	I/O 地址选择	34	MEMRO	出	存储器地址选择
35	IOEXP	入/出	I/O 扩展	36	MEMEX	入/出	存储器扩展
37	REFRESH*	出	刷新定时	38	MCSYNC*	出	CPU 机器周期同步
39	STATUS1*	出	CPU 状态	40	STATUS0*	出	CPU 状态
41	BUSAK*	出	总线响应	42	BUSRQ*	入	总线请求
43	INTAK*	出	中断响应	44	INTRQ*	入	中断请求
45	WAITRQ*	入	等待请求	46	NMIRQ*	入	非屏蔽中断
47	SYSRESET*	出	系统复位	48	PBRESET*	入	按钮复位
49	CLOCK*	出	系统时钟	50	CNTRL*	入	辅助定时
51	PCO	出	优先级链输出	52	PCI	入	优先级链输入
53	AUXGND	入	辅助地	54	AUXGND	入	辅助地
55	AUX+V	入	辅助正电源(+12V)	56	AUX-V	入	辅助负电源(-12V)

注：* 表示低电平有效。

2.3　ISA 总线

ISA（Industry Standard Architecture）总线是工业标准体系结构总线的简称，是一种由美国 IBM 公司在 1984 年推出的 8/16 位标准总线，1993 年前后被 PCI 总线取代。ISA 总线的可直接寻址空间为 16MB，最高时钟频率为 8MHz，最大稳态传输率为 16MB/s，支持 15 级中断，并允许多个 CPU 共享系统资源。

8 位 ISA 扩展总线插槽由 62 个引脚组成，用于 8 位插卡。8/16 位的扩展插槽除了具有一个 8 位 62 线的连接器外（见图 24.2-6a），还有一个附加的 36 线连接器（见图 24.2-6b），这种扩展总线插槽既可支持 8 位插卡，也可支持 16 位插卡。

ISA 总线的各引脚定义如下：

RESET、BCLK：复位及总线基本时钟，BCLK = 8MHz。

SA19-SA0：存储器及 I/O 空间 20 位地址，带锁存。

LA23-LA17：存储器及 I/O 空间 20 位地址，不带锁存。

BALE：总线地址锁存，外部锁存器的选通。

AEN：地址允许，表明 CPU 让出总线，DMA 开始。

SMEMR#、SMEMW#：8 位 ISA 存储器读写控制。

MEMR#、MEMW#：16 位 ISA 存储器读写控制。

SD15-SD0：数据总线，访问 8 位 ISA 卡时高 8 位自动传送到 SD7-SD0。

SBHE#：高字节允许打开 SD15-SD8 数据通路。

MEMCS16#、I/OCS16#：ISA 卡发出此信号确认可以进行 16 位传送。

I/OCHRDY：ISA 卡准备好，可控制插入等待周期。

NOWS#：不需等待状态，快速 ISA 发出不同插入等待。

I/OCHCK#：ISA 卡奇偶校验错。

IRQ15、IRQ14、IRQ12-IRQ9、IRQ7-IRQ3：中断请求。

DRQ7-DRQ5、DRQ3-DRQ0：ISA 卡 DMA 请求。

DACK7#-DACK5#、DACK3#-DACK0#：DMA 请求响应。

MASTER#：ISA 主模块确立信号，ISA 发出此信号，与主机内 DMAC 配合使 ISA 卡成为主模块，全部控制总线。

2.4　PCI 总线

PCI（Peripheral Component Interconnect）总线是外设互连总线的简称，是一种由美国 Intel 公司推出的 32/64 位标准总线，有 32 位和 64 位两种，32 位 PCI 总线有 124 个引脚，64 位有 188 个引脚。1991 年下半年，Intel 公司首先提出 PCI 总线概念，并与 IBM、Compaq、AST、HP、DEC 等 100 多家公司联合，于 1993 年推出了 PC 局部总线标准——PCI 总线，2004 年又推出了 PCI3.0 版本。

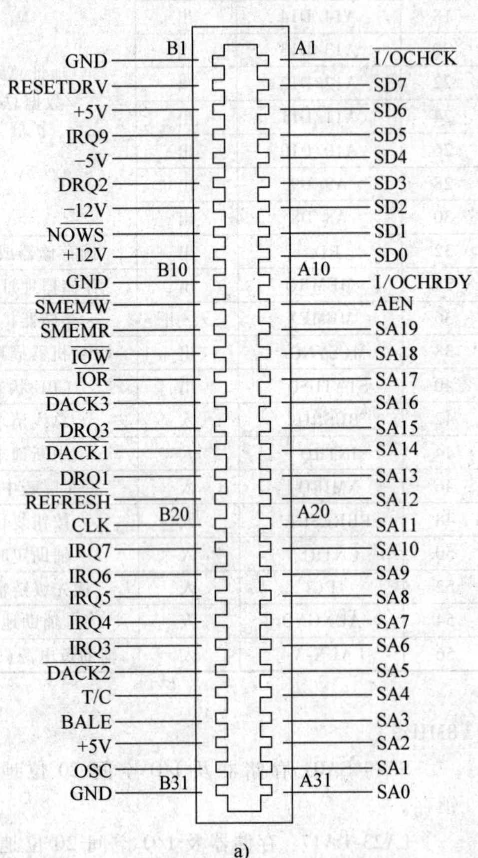

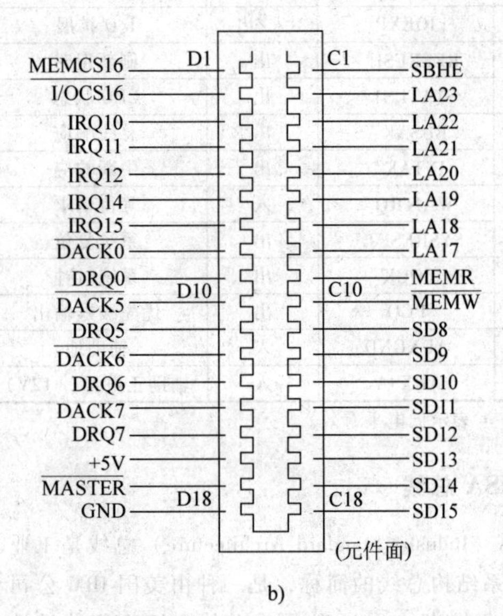

图 24.2-6　ISA 总线引脚图

a）8 位 ISA 扩展总线插槽　b）8/16 位 ISA 扩展总线插槽

PCI 总线是一种与 CPU 隔离的总线结构，并能与 CPU 同时工作。这种总线支持 64 位数据传输、多总线主控和线性突发方式（Burst），且适应性强，速度快，数据传输率为 132MB/s。从结构上看，PCI 是在 CPU 和原来的系统总线之间插入的另一级总线，由一个桥接电路实现对这一层的管理，并实现上下之间的接口以协调数据的传送。由于管理器提供了信号缓冲，使之能支持 10 种外设，并可在高时钟频率下保持高性能。同时，PCI 总线也支持总线主控技术，允许智能设备在需要时取得总线控制权，以加速数据传送。PCI 总线引脚如图 24.2-7 所示。

PCI 总线规定了长卡和短卡两种扩展卡及连接器。长卡为 64 位接口，插槽 A、B 两边共定义了 188 个引脚；短卡为 32 位接口，插槽 A、B 两边共定义了 124 个引脚。除去电源线、地线和未定义的引脚之外，其余信号线按功能分类列于图 24.2-7 中。

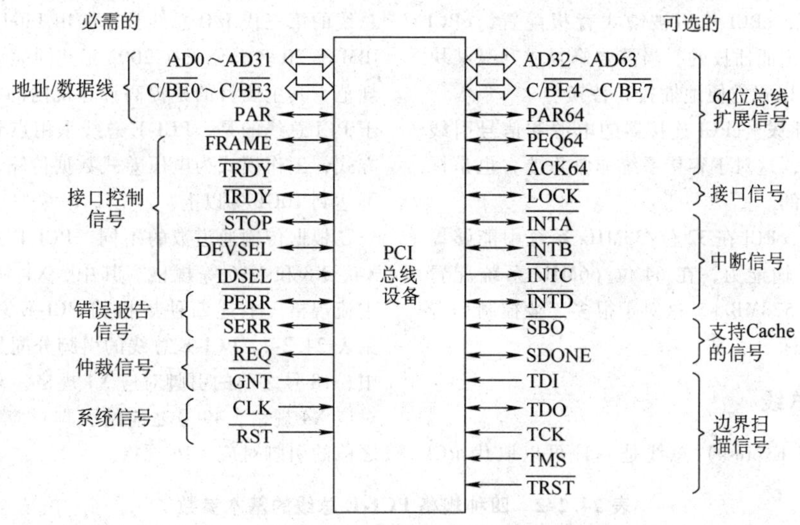

图 24.2-7　PCI 总线引脚图

PCI 总线引脚主要信号的名称和功能如下：

CLK：时钟信号，最高为 33MHz/66MHz。

RST：复位信号。

AD0~AD31：地址和数据分时复用信号。一个 PCI 总线传输包含了一个地址期和一个或多个数据期。地址期为一个时钟周期，该周期中 FRAME 有效，AD0~AD31 上含有一个物理地址（32 位）。对于 I/O 操作，它是一个字节地址；对于存储器操作和配置操作，它是双字地址。在数据期，$\overline{\text{IRDY}}$和$\overline{\text{TRDY}}$同时有效，是 32 位的数据信号。AD7~AD0 为最低字节，AD31~AD24 为最高字节。

C/$\overline{\text{BE3}}$~C/$\overline{\text{BE0}}$：总线命令和字节有效复用信号线，传输命令或字节选择信号。

PAR64：对 AD0~AD31 和 C/$\overline{\text{BE3}}$~C/$\overline{\text{BE0}}$的奇偶校验位。

$\overline{\text{FRAME}}$：有效预示总线传输的开始。

$\overline{\text{IRDY}}$：主设备准备好信号。

$\overline{\text{TRDY}}$：从设备准备好信号。

$\overline{\text{STOP}}$：表示当前从设备要求主设备停止数据传送。

$\overline{\text{LOCK}}$：表示当前主、从设备将独占总线资源。

IDSEL：初始化设备选择，参数配置读写时用作片选信号。

$\overline{\text{DEVSEL}}$：设备选择，表示总线上某一设备已被选中。

$\overline{\text{REQ}}$：请求信号，任何主设备请求占有总线时必须发出该请求，由 PCI 主控器仲裁。每个 PCI 总线主设备都有一根独用的 REQ 信号。

$\overline{\text{GNT}}$：允许信号，PCI 主控制器批准主设备请求后发回给主设备。每个 PCI 总线主设备都有一个独用的$\overline{\text{GNT}}$信号。

$\overline{\text{PERR}}$：奇偶校验错信号，由数据接收设备发出。

$\overline{\text{SERR}}$：系统错误信号，报告地址奇偶错误等可能引起灾难性后果的系统错误。

$\overline{\text{INTA}}$：中断请求信号，该信号允许与时钟信号不同步。

$\overline{\text{INTB}}$，$\overline{\text{INTC}}$，$\overline{\text{INTD}}$：多功能设备的中断请求信号。

2.5　cPCI 总线

cPCI 全称为 Compact PCI，是一种基于 PCI 总线标准开发的高性能工业总线，由 PICMG（PCI Computer Manufacturer's Group，PCI 工业计算机制造商联盟）在 1994 年提出，定义有两种尺寸规格，即 3U（100mm × 160mm）和 6U（233mm × 160mm）。cPCI 总线不是一种全新的总线形式，它与标准 PCI 完全兼容，同时，对 PCI 的各种规范进行了改造，使其既具有 PCI 总线的高性能又具有高可靠性。与其他总线相比，cPCI 具有如下特点：

1）高扩展性。cPCI 总线的体系结构扩展了 PCI 环境，使它能够适应更高的要求。cPCI 使用网桥芯片来实现对多板卡的支持。7 个 cPCI 插槽可相互桥接成一个 PIC 总线段，多个 PCI 总线段组成一个单一完整的系统。

2）更好的机械特性。cPCI 板遵从 Eurocard 封装标准，从而可为 PCI 环境增加工业级别的可靠性和可维护性。cPCI 的连接器本身是高低不同的引脚和槽式连接器，它可以提供更快的传播速度，减少接口上的反射，降低噪声，可更好地匹配阻抗，并且提高机械可靠性。同时，cPCI使用被动式背板配置，cPCI插卡是从系统的正面插拔的，当需要修复或升级某块cPCI插卡时，可以很方便地插拔和替换。

3）支持热插拔。cPCI连接器的电源和信号引线支持热插拔规范，这对于容错系统非常重要，也是标准PCI不能实现的。

4）高性能。cPCI在32位/33MHz系统中能够提供132MB/s的传输能力，在64位/66MHz系统配置情况下的性能为528MB/s。这对于很多工业控制场合是非常重要的指标。

2.6 PCI-E总线

PCI-E（PCI Express）总线是一种可以取代PCI总线的第三代I/O总线技术，由Intel、AMD、DELL、IBM等20多家公司在2002年共同完成该总线的技术规范，其主要目的是提高计算机内的总线速度。区别于PCI总线的是，PCI-E总线采用点到点的串行连接方式，工作模式为电压差式数据传输，最大传输速率可达到10GB/s以上。

根据传输通道数的不同，PCI-E总线可分为X1、X4、X8和X16等规格。其中，X1和X16是目前的主流规格。上述四种规格的PCI-E总线的基本参数见表24.2-2。PCI-E总线的引脚分配见表24.2-3。其中，18号之前的引脚对应X1规格，32号之前的引脚对应X4规格，49号之前的引脚对应X8规格，82号之前的引脚对应X16规格。

表24.2-2 四种规格PCI-E总线的基本参数

规格	引脚数目	主接口区引脚数目	总长度/mm	主接口区长度/mm	峰值带宽/(GB/s)
X1	36	14	25	7.65	5
X4	64	42	39	21.65	20
X8	98	76	56	38.65	40
X16	164	142	89	71.65	80

表24.2-3 四种规格PCI-E总线的基本参数

引脚	名称	说明	引脚	名称	说明
A1	PRSNT1#	热插拔检测	A28	GND	地
A2	+12V	+12V电压	A29	HSip(3)	3号信道
A3	+12V	+12V电压	A30	HSin(3)	信号对
A4	GND	地	A31	GND	地
A5	JTAG2	测试时钟	A32	RSVD	保留引脚
A6	JTAG3	测试数据输出	A33	RSVD	保留引脚
A7	JTAG4	测试模式选择	A34	HSip(4)	4号信道
A8	JTAG5	测试模式选择	A35	HSin(4)	信号对
A9	JTAG	复位时钟+3.3V电压	A36	GND	地
A10	+3.3V	+3.3V电压	A37	GND	地
A11	PWRGD	电源准备好信号	A38	GND	地
A12	GND	地	A39	HSip(5)	5号信道
A13	REFCLK+	差分信号参考时钟	A40	HSin(5)	信号对
A14	REFCLK-	差分信号参考时钟	A41	GND	地
A15	GND	地	A42	GND	地
A16	HSlOp(0)	0号信道	A43	HSip(6)	6号信道
A17	HSln(0)	信号对	A44	HSin(6)	信号对
A18	GND	地	A45	GND	地
A19	GND	地	A46	GND	地
A20	HSip(1)	1号信道	A47	HSip(7)	7号信道
A21	HSin(1)	信号对	A48	HSin(7)	信号对
A22	GND	地	A49	GND	地
A23	GND	地	A50	RSVD	保留引脚
A24	GND	地	A51	GND	地
A25	HSip(2)	2号信道接收差分信号对	A52	HSip(5)	8号信道
A26	HSin(2)		A53	HSin(8)	信号对
A27	GND	地	A54	GND	地

（续）

引脚	名称	说明	引脚	名称	说明
A55	GND	地	B28	HSOn(3)	信号对
A56	HSip(9)	9号信道	B29	GND	地
A57	HSin(9)	信号对	B30	RSVD	保留引脚
A58	GND	地	B31	PRSNT2#	热插拔检测
A59	GND	地	B32	GND	地
A60	HSip(10)	10号信道	B33	HSOp(4)	4号信道
A61	HSin(10)	信号对	B34	HSOn(4)	信号对
A62	GND	地	B35	GND	地
A63	GND	地	B36	GND	地
A64	HSip(11)	11号信道	B37	HSOp(5)	5号信道
A65	HSin(11)	信号对	B38	HSOn(5)	信号对
A66	GND	地	B39	GND	地
A67	GND	地	B40	GND	地
A68	HSip(12)	12号信道	B41	HSOp(6)	6号信道
A69	HSin(12)	信号对	B42	HSOn(6)	信号对
A70	GND	地	B43	GND	地
A71	GND	地	B44	GND	地
A72	HSip(13)	13号信道	B45	HSOp(7)	7号信道
A73	HSin(13)	信号对	B46	HSOn(7)	信号对
A74	GND	地	B47	GND	地
A75	GND	地	B48	PRSNT2#	热插拔检测
A76	HSip(14)	14号信道	B49	GND	地
A77	HSin(14)	信号对	B50	HSOp(8)	8号信道
A78	GND	地	B51	HSOn(8)	信号对
A81	HSin(15)	信号对	B52	GND	地
A82	GND	地	B53	GND	地
B1	+12V	+12V电压	B54	HSOp(9)	9号信道
B2	+12V	+12V电压	B55	HSOn(9)	信号对
B3	RSVD	保留引脚	B56	GND	地
B4	GND	地	B57	GND	地
B5	SMCLK	系统时钟	B58	HSOp(10)	10号信道
B6	SMDAT	系统总线	B59	HSOn(10)	信号对
B7	GND	地	B60	GND	地
B8	+3.3V	+3.3V	B61	GND	地
B9	JTAG1	测试复位	B62	HSOp(11)	11号信道
B10	3.3Vaux	3.3V电源	B63	HSOn(11)	信号对
B11	WAKE#	激活信号	B64	GND	地
B12	RSVD	保留引脚	B65	GND	地
B13	GND	地	B66	HSOp(12)	12号信道
B14	HSOp(0)	0号信道	B67	HSOn(12)	信号对
B15	HSOn(0)	信号对	B68	GND	地
B16	GND	地	B69	GND	地
B17	PRSNT2#	热插拔检测	B70	HSOp(13)	13号信道
B18	GND	地	B71	HSOn(13)	信号对
B19	HSOp(1)	1号信道	B72	GND	地
B20	HSOn(1)	信号对	B73	GND	地
B21	GND	地	B74	HSOp(14)	14号信道
B22	GND	地	B75	HSOn(14)	信号对
B23	HSOp(2)	2号信道	B76	GND	地
B24	HSOn(2)	信号对	B77	GND	地
B25	GND	地	B78	HSOp(15)	15号信道
B26	GND	地	B81	PRSNT2#	热插拔检测
B27	HSOp(3)	3号信道	B82	RSVD	保留引脚

PCI-E 总线设备的体系结构可划分为四个层次，包括物理层、数据链路层、事物处理层和软件层。其中，物理层负责接口或设备之间的物理接口的连接，也即完成数据的传输；数据链路层的主要功能是保证数据的正确传递；事务处理层的作用是根据软件层送来的读、写请求建立请求包传输到链接层；软件层的功能是提供事务类型、地址、需传输的数据量、消息索引和数据等信息给事务处理层，或从事务处理层接收信息，同时，软件层还需解决与 PCI 设备的兼容问题。

PCI-E 总线的最大特点是采用点到点的串行数据传输技术，从而 PCI-E 设备的每个引脚都可以获得比传统 I/O 接口更多的带宽，因此，一方面可以得到更高的传输速率，另一方面还可以减小 PCI-E 设备的体积。同时，这种点到点的连接方式可使每个设备都独享一定的带宽资源，可为每个设备分配独享通道带宽，不需要在设备之间共享资源，从而可保障数据传输的高速性和稳定性。另外，PCI-E 总线还具有支持热插拔、可灵活扩展、低功耗、支持同步数据传输、兼容 PCI 等特点。

2.7　现场总线

现场总线是一种连接智能现场设备和自动化系统的数字式、双向串行传输、多分支结构的通信网络。现场总线系统将现场的各数字化测量和控制设备用总线连接，并按公开、规范的通信协议进行信息传递，从而可使不同现场设备之间实现信息共享。现场设备的运行参数可通过总线传送到控制中心，控制中心又可现场总线发送控制指令给具体的现场设备。图 24. 2-8 所示为现场总线控制系统与传统控制系统的结构比较。由图可见，相对于传统控制系统，采用现场总线的控制系统具有两个鲜明特点：

1）由于现场设备中都安装有测试、控制和通信模块，可对现场设备进行相对独立的控制与监测，从而实现了真正的分散式控制。

2）由于在设备现场就将模拟信号转换为数字信号，从而只需一对信号线即可将所有现场设备的信号与中央控制器相连。相对于传统的模拟信号传输方式来说，数字化传输极大地简化了信号线路，而且易于实现信息共享。

以分散式控制和数字化信号传输为基础，现场总线具有较好的系统开放性、互可操作性、现场设备功能自治性等技术特点。同时，采用现场总线技术无需大量的信号变送器，现场接线也十分简便，一对信号传输线上可挂接多个设备，新增设备时只需连接在原有传输线路上即可，从而在降低系统成本，提高设计与维护灵活性、便捷性等方面较传统控制方式有着显著优势。

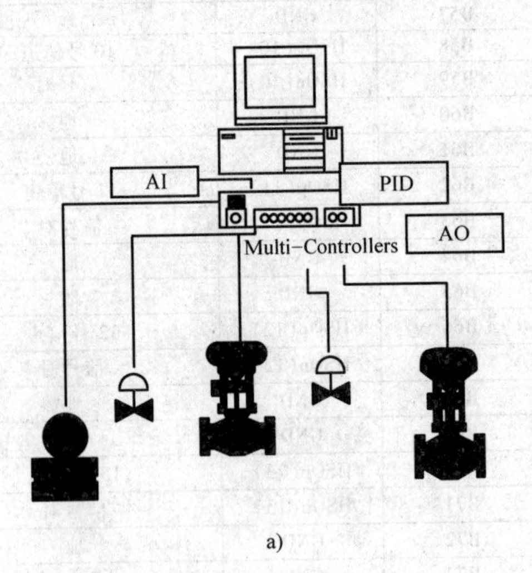

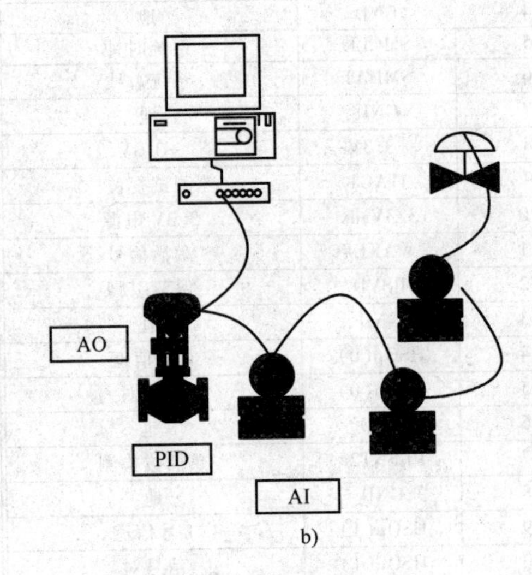

图 24. 2-8　现场总线控制系统与传统控制系统的结构比较
a）传统控制系统结构示意图　b）现场总线控制系统示意图

现场总线是一种通信网络，因此，现场总线的设计开发也多以国际标准化组织 ISO 提出的开放式通信系统互联参考模型 OSI 为基本框架。OSI 模型为 7 层结构，从第 1 层至第 7 层分别为物理层、数据链路层、网络层、传输层、会话层、表示层和应用层。不同类型的现场总线的体系结构均参照 OSI 模型，但不一定是完整的 7 层结构。

几种现场总线的性能对比见表 24. 2-4。

表 24.2-4　几种现场总线的性能对比

总线名称	FF	CAN	PROFIBus	CC-Link	InterBus	LonWorks	WorldFip	DeviceNet
开发公司	Fisher-Rosemount	Bocsh	SIEMENS	三菱电机	Phoenix Contact	Echelon	Honeywell，A-B（Allen-Bradley），CECELEC，Telemechanique	Allen-Bradley
推出时间	1996 年	1986 年	1987 年	1996 年	1984 年	1990 年	1993 年	1994 年
传输介质	双绞线、同轴电缆、光纤	双绞线、同轴电缆、光纤	双绞线、光缆	屏蔽双绞线	铜缆、光纤、微波、蓝牙、红外线	双绞线、同轴电缆、电力线、电源线、光纤、红外	屏蔽双绞线、光纤	粗电缆、细电缆、扁平电缆
最大传输速率/(kbit/s)	31.25(H1)、10000(HSE)、100000(HSE)	1000	9.6~12000	156~10000	500，2000	39(RS-485)、1.25000(只支持总线型)、78(允许总线型、环形、网络拓扑)、5.4 或 3.6(电力线)	25000	125、250、500
传输信号	曼彻斯特编码	差分信号	异步 NRZ(RS-485)	NRZI	CRC—循环冗余编码	双绞线：差动式曼彻斯特编码电力线：扩频无线：FSK	曼彻斯特码传输	差分信号
OSI 层次	1、2、7、(8)	1、2、7	DP：1、2、用户接口 FMS：1、2、7 PA：扩展的 DP 协议	—	1、2、7	1、2、3、4、5、6、7	1、2、7	1、2、7
网络拓扑	总线形、星形、菊花链、树形	总线形、环形、星形、网状	线形、树形或总线形	多点接入、T 形分支、星形结构	环形、树形	总线、星形、环形、自由拓扑	总线形	干线-分支
最大节点数	32	110	127(RS-485)	64	512	32385	65536	64
最远通信距离/m	1900	10000	90000(光纤)	13200(T 型中继器)	12800(双绞线)	2700	40000(光纤)	500
介质访问方式	集中式令牌	带优先级的 CSMA/CD	令牌传递，主从通信	循环传输和瞬时传输	中央主-从访问	主从、对等、C/S	令牌网	点对点、多主、主从
是否支持总线供电	是	是	是	是		是		是
主要应用领域	流程工业自动化	汽车	车间级通信、工业自动化、楼宇自动化	半导体生产线、自动化传送线、食品加工线、汽车生产线	汽车、烟草、造纸、包装、食品、仓储	楼宇自动化、智能家居、工业自动化、轨道交通	输电、铁路运输、地铁、化工、空间技术、汽车制造	资讯交换、安全设备及大型控制系统

3 工业控制机常用的功能模块

工业控制机控制系统采用模块化设计，可根据控制需求选择对应的功能模块进行组装。目前，功能模块种类众多，如数据采集卡、模拟量和数字量输入输出模块、通信模块、运动控制模块、远程控制终端等。为保证通用性，功能模块应符合相应的总线标准，从而可保证与工业控制机正常连接，也方便设计与安装。表24.2-5列出了部分I/O外围模板的用途。

表24.2-5 部分I/O外围模板的用途

输入/输出信息来源及用途	信息种类	相配套的接口模板产品
温度、压力、位移、转速、流量等来自现场设备运行状态的模拟电信号	模拟量输入信息	模拟量输入模板
限位开关状态、数字装置的输出数码、接点断通状态、"0""1"电平变化	数字量输入信息	数字量输入模板
执行机构的控制执行、记录等(模拟电流/电压)	模拟量输出信息	模拟量输出模板
执行机构的驱动执行、报警显示蜂鸣器、其他(数字量)	数字量输出信息	数字量输出模板
流量计算、电功率计算、转速、长度测量等脉冲形式输入信号	脉冲量输入信息	脉冲计数/处理模板
操作中断、事故中断、报警中断及其他需要中断的输入信号	中断输入信息	多通道中断控制模板
步进驱动机构的驱动控制信号输出	间断信号输出	步进马达控制模板
串行/并行通信信号	通信收发信息	多口RS-232/RS-422通信模板
远距离输入/输出模拟(数字)信号	模拟量/数字量远端信息	远程(REMOTE I/O)模板

3.1 数据采集卡

当控制系统的输入、输出量较少且现场环境较好时，可使用数据采集卡进行测量与控制。数据采集卡一般会具备模拟量输入、数字量输入、模拟量输出和数字量输出等功能，用户可基于数据采集卡的驱动程序自行开发控制软件。数据采集卡的基本技术指标包括A/D和D/A的位数、输入输出通道数、采样速率等。其中，A/D和D/A的位数决定了输入和输出的精度，位数越高，精度也会越高；通道数决定了是否满足控制系统需求；采样速率则对于快变输入信号(如振动和噪声信号)的采集具有意义。

目前市场上已有的数据采集卡种类繁多，表24.2-6列出了一些国内外品牌的数据采集卡及其主要参数。总体上，数据采集卡与工控机之间主要通过PCI、USB、PCI-E总线连接。其中，基于USB总线的数据采集卡通常以外围部件的形式通过USB线与工业控制机连接，基于PCI和PCI-E总线的采集卡则直接安装在工业控制机主板的相应插槽中。

在构建控制系统时，应注意采集卡的输入输出量程和类型、触发方式、程控放大倍数、DI和DO的高低电平标准、采集卡跳线设置、同步采样通道数、是否提供了定时器、计数器和以太网连接功能等特性。

在开发测控软件时，对采集卡的各种操作，如参数设置、启动采集和输出信号等，都通过采集卡提供的驱动程序实现，无需直接操作采集卡硬件。各种品牌的采集卡也均提供了适用于不同软件开发环境的驱动程序，如LabView、C++、Delphi等。

表24.2-6 部分数据采集卡及其主要参数

品牌	型号	模拟量输入通道		模拟量输出通道	数字I/O	A/D位数	D/A位数	采样速率/(S/s)	总线
		单端	差分						
NI	USB-6001	8	4	4	13(双向)	14	14	20k	USB
	USB-6002	8	4	2	13(双向)	16	16	50k	USB
	USB-6341	16	8	2	24(双向)	16	16	500k	USB
	PCI-6225	80	40	2	24(双向)	16	16	833k	PCI
	PCI-6289	32	16	4	48(双向)	18	16	2.8M	PCI
	PCI-6154	0	4	4	6(DI),4(DO)	16	16	250k	PCI
	PCIe-6321	16	8	2	24(双向)	16	16	250k	PCI-E
	PCIe-6353	32	16	4	48(双向)	16	16	1.25M	PCI-E

（续）

品牌	型号	模拟量输入通道		模拟量输出通道	数字 I/O	A/D位数	D/A位数	采样速率/(S/s)	总线
		单端	差分						
研华	USB-4716	16	—	2	6(DI),16(DO)	16	16	100k	USB
	PCL-818HG	16	8	1	16(DI),16(DO)	12	12	100k	ISA
	MIC-3716	16	8	2	16(DI),16(DO)	16	16	250k	cPCI
	PCI-1716	16	8	1	16(DI),16(DO)	16	16	250k	PCI
	PCIE-1816H	16	8	2	24(双向)	16	32	5M	PCI-E
阿尔泰	PCI-9610	16	8	2	24(双向)	16	16	250k	PCI
	USB-2850	64	32	8	16(DI),16(DO)	16	12	500k	USB
凌华	USB-1902	16	8	2	8(DI),4(DO)	16	16	250k	USB
	PCI-9111HR	16	—	1	16(DI),16(DO)	16	12	100k	PCI

3.2 远程 I/O 模块

远程（I/O）（输入输出）模块包括模拟量输入（AI）、模拟量输出（AO）、数字量输入（DI）和数字量输出（DO）模块，其功能是将远程现场信号传入计算机或将计算机输出信号传递给被控对象。工业现场常见的模拟量有电压、温度和压力等，数字量包括数字信号和开关量。一般情况下，输入输出模块通过 RS-485 总线或基于 MODBUS 协议与工控设备相连，选择模块时需注意是否支持所用的控制器。

远程 I/O 模块可直接放置在现场，由于各模块均是隔离的，因此可将这些来自不同模块的信号成组地与通信网络相连，从而大大减少了现场接线的成本。远程 I/O 模块在主机的指令下，可完成 I/O 通道的选择、编程增益、A/D 和 D/A 变换、校验参数、数据比较、报警设定、双向通信、显示、计数等功能。通过看门狗的设置，可使故障发生时自动恢复正常工作，采用光电隔离和防电源干扰措施。供给模块的电源为 10~30V 直流电源。模块可安装在面板上或托架上，具有耐高温、耐潮湿、耐低温、抗振动冲击和电磁干扰能力。

图 24.2-9 所示为远程 I/O 模块连接示意图。表 24.2-7~表 24.2-9 分别为部分 AI、AO 和 DIO 模块产品。

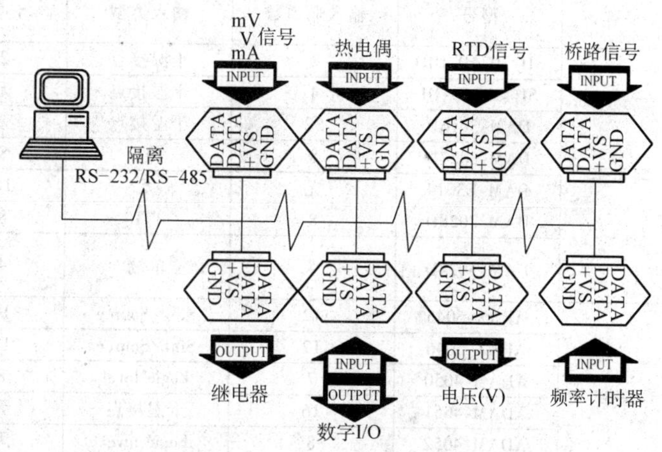

图 24.2-9 远程 I/O 模块的连接

表 24.2-7 部分 AI 模块

品牌	型号	通道数	输入类型	采样频率/Hz	分辨率/bit	精度(%)	看门狗	功耗
阿尔泰	DAM-3046	6	热电阻	10	16	±0.1	内置	1.1W@24VDC
	DAM-E3046	6	带 DO 的热电阻	10	16	±0.1	内置	2W@24VDC
	DAM-3038	8	热电偶模拟量	10	16	±0.1	内置	0.8W/24VDC
	DAM-3039	8	热电偶模拟量	10	16	±0.1	内置	0.8W/24VDC
	DAM-3039F	6	热电偶模拟量	10	16	±0.2	内置	0.8W/24VDC
	DAM-3048	14	热电阻	10	16	±0.2	内置	1.1W@24VDC
研华	ADAM-4117	8	电压/电流	10/100	16	±0.1/±0.2	内置	1.1W@24VDC
	ADAM-4118	8	热电偶/电流、电压	10/100	16	电压±0.1 电流±0.2	内置	1.2W@24VDC
	ADAM-6015	7	Pt Balco Ni RTD	10	16	±0.5	内置	2W@24VDC
	ADAM-6018	8	J, K, T, E, R, S, B	10	16	±0.1	内置	2W@24VDC
	ADAM-6017	8	mV V mA	10	16	±0.1	内置	2W@24VDC

（续）

品牌	型号	通道数	输入类型	采样频率/Hz	分辨率/bit	精度(%)	看门狗	功耗
康耐德	C2000 MDIA	8	电压	250	12	±0.3	—	60mA@12VDC
	C2000 MDVA	8	电压	200	12	±0.3	—	60mA@12VDC
	C2000 M2IA	8	电流	10/100M	12	±0.3	—	<2W

表 24.2-8 部分 AO 模块

品牌	型号	通道数	输出类型	分辨率/bit	精度(%)	看门狗	功耗
阿尔泰	DAM-3060C	4	电流(mA)	12	±0.2	支持双看门狗	2.4W@24VDC
	DAM-3060V	4	电压(V)	12	±0.2	支持双看门狗	0.8W@24VDC
研华	ADAM-4021	1	电压(V)、电流(mA)	12	电流±0.1 电压±0.2	内置	1.4W@24VDC
	ADAM-4024	4	电压(V)、电流(mA)	12	电流、电压±0.1	支持双看门狗	3W@24VDC

表 24.2-9 部分 DIO 模块

品牌	型号	输入通道数	输入类型	输出通道数	输出类型	看门狗
阿尔泰	SH-3024D-DIO	2	干湿接点	2	A型继电器	内置
	SH-3024D-DI	4	干湿接点	无	无	内置
	DAM-3016D	32	干湿接点	无	无	内置
	DAM-3027D	8	TTL	8	TTL	双看门狗
	DAM-E3014	无	无	16	集电极开路	—
	DAM-3028D	8	TTL	8	集电极开路	双看门狗
	DAM-3024D	4	单端	4	继电器(2路A型，2路C型)	双看门狗
研华	APAX-5045	12	Sink/Source	12	Sink	—
	APAX-5046	12	Sink/Source	12	Sink	—
	ADAM-4050	7	Logic level	8	集电极开路	内置
	ADAM-4051	16	干湿接点	无	无	内置
	ADAM-4052	8	Logic level	无	无	内置
	ADAM-4053	16	干湿接点	无	无	内置
康耐德	C2000 M244-A	4	干接点输入	4	2路C型继电器输出，2路集电极开路输出	—
	C2000 M2S44	4	干接点输入	4	2路C型继电器输出，2路集电极开路输出	—
	C2000 MDS88	8	干接点输入	8	集电极开路输出	—
	C2000 MDS44	4	干接点输入		C型继电器	—

3.3 通信模板

通信模板是沟通PC与PC、PC与其他设备之间的数据通信设计的外围模板，分为智能型和非智能型，通信方式多采用485/232方式，或兼有两种方式，通信口从4通道到16通道。通信模板采用串行通信方式进行通信，比特率为75~56000bit/s。

3.4 信号调理模板

工业设备输出量可能存在的问题主要有：

1）瞬间高电压干扰和过电压。处理的措施常为：隔离、过压保护、防爆保护等。

2）接口噪声。可通过滤波电路浮空技术、隔离等措施消除。

3）工业设备输出的是电流信号。需进行电流/

电压变换。

4）电压幅度过高、过低或反向等不符合接口输入的 TTL 标准电平。需采用电压变换电路进行降压、升压或反向以满足采集系统的需求。

5）开关触点抖动。采用 R-S 触发器、双向消抖动电路等。

这些问题一般都需配备相应的模块加以解决，部分信号调理模块及其功能见表 24. 2-10。

表 24. 2-10　部分信号调理模块及其功能

品牌	型号	功　能
研华	ADAM-3011	隔离热电偶输入模块，1000V 直流电完全隔离，可配置热电偶类型，线性化热电偶测量
	ADAM-3013	隔离热电阻输入模块、输入信号调节模块，在 1000V(DC)下，在输入、输出和功率间有三条独立的通道、开关结构的输入、输出
	ADAM-3014	隔离 DC 输入/输出模块，可现场进行配置的隔离信号调节装置可在周围的有害作用、发动机噪声和其他电磁干扰的情况下用于保护程序信号
	ADAM-3016-AE	隔离应变片输入模块，mV 或 V 输入的转换结构，电压或电流输出转换结构，1000V(DC)3 路光隔离
	ADAM-3112	隔离交流电压输入模块，交流电压测量，1000V 直流隔离输出和电力，2500V 交流隔离输出和输入，单个+ 24V 直流操作
	ADAM-3114	隔离交流电流输入模块，交流电压测量，1000V 直流隔离输出和电力，2500V 交流隔离输出和输入，单个+ 24V 直流操作
	ADAM-3854	4 通道 DIN 导轨支架电源继电器，带有 4 个工业级单刀双掷(C 型)功率继电器
	ADAM-3864	4 通道 DIN 导轨 SSR 输入/输出载波模块，固态继电器数字量 I/O 模块载板，可任意组合
阿尔泰	S1101D	调理热电偶信号，具有断线检测功能，输出信号：V、±5V、1~5V、0~10V、±10V、4~20mA、0~20mA
	S1102D	热电阻信号调理，具有断线检测功能，采用三线制输入方式，输出信号：0~5V、1~5V、±5V、0~10V、±10V、0~20mA、4~20mA
	ASE2100	将安全区信号变换传输到危险区，电源、输入和输出三部分相互隔离，适用于阀门定位器、电/气转换器等现场设备
	S4432	继电器输出隔离，输入通道数为 4，输出通道数为 4，输入、输出互相隔离，隔离电压：2500V(AC)/min
	S4430	直流开关输入隔离变送器，4 路输入，4 路输出，输入、输出两端隔离，DIN T 型导轨安装
	S2205	直流信号隔离分配模块，双路输入，双路输出，三端口隔离，DIN T 型导轨安装
	S2221	无源电流隔离器，具有断线检测功能，不需外接电源，输入、输出端口隔离，DIN T 型导轨安装
	ASE1100	将直流电流信号从危险区隔离传输到安全区，电源、信号输入、信号输出三隔离

3.5　运动控制器

运动控制器（也称多轴运动控制器）是一种专门用于电机控制的功能模块，它可根据控制需求，对电机进行位置控制、速度控制、加速度控制、力矩或力的控制。运动控制器通常同时控制多台电机，通过多台电动机的驱动使末端执行机构完成既定的运动轨迹，在数控机床、机器人、自动化生产线等领域中获得十分广泛的应用。

根据功能和应用领域，运动控制器可分为点位控制器、连续轨迹控制器和同步运动控制器。根据可控制的电机数目，运动控制器可分为 2 轴、4 轴、6 轴、8 轴、16 轴和 32 轴控制器，可根据被控设备的实际情况选择相应轴数的控制器。

从结构来看，运动控制器可以分为 3 类：

1）基于标准总线的运动控制器。这种控制器自身具有运动轨迹规划、插补、伺服控制、PLC 和信号检测等功能，并提供了各种与功能相应的驱动程序，编程控制软件开发，在硬件形式上完全独立于计算机。

2）软件型开放式运动控制器，即与运动控制相关的功能均以软件形式安装于计算机中，硬件部分主要是计算机与电动机驱动器间的连接。这种类型的运动控制器具有开放性好的特点，使用灵活便捷，特别适用于个性化运动控制系统设计与开发。

3）嵌入式运动控制器，即将计算机嵌入运动控制器，可以实现独立运行，运动控制器与计算机之间仍使用总线相连，但连接方式更为可靠，适于工业现场使用。

另外，根据核心处理器的不同，运动控制器包括以下 3 类：

1）以单片机等微处理器为核心。这类运动控制器的成本较低，但计算精度和速度均不高，只适用于低速和对运动精度要求不高的场合。

2）以专用芯片（ASIC）为核心。这类运动控制器结构比较简单，多采用开环控制方式，可实现单轴的点位控制，但不宜用于需进行连续插补和多轴协调运动的控制场合。

3）以DSP和FPGA为核心，并基于标准的计算机总线。这类运动控制器可以通过总线与计算机相连，计算速度快，程序开发便捷，适用于多轴协调运动控制，能够实现复杂的运动轨迹，且具有实时插补、误差补偿和闭环控制等功能。这种类型的运动控制器在数控机床、机器人和电子加工的领域中获得广泛应用。

表24.2-11列出了部分品牌的运动控制器产品，这些产品均为板卡形式，可通过总线插槽与工业控制机连接。

表24.2-11　部分品牌的运动控制器产品

品牌	型号	总线类型	轴数	输入类型	输出类型	插补算法
PMAC	PMAC PCI	PCI	8	[A/B/C(Z)]增量编码器输入	16位±10V模拟量输出	S曲线加减速的直线插补 S曲线加减速的圆弧插补 三次样条插补 三次隐式样条插补
	Turbo PMAC PCI lite	PCI	32	[A/B/C(Z)]增量编码器输入 4个标示信号输入(回零,限位,报警)	16位±10V模拟量输出 2个标示信号输出(使能,比较)	
	PMAC PCI Mini	PCI	2	[A/B/C(Z)]增量编码器输入/另有2通道增量编码器输入 4个标示信号输入(回零,限位,报警)		
	Clipper	PCI	12	3路标准差分/单端编码器信号输入	模拟量±10V(12位)输出	
研华	PCI-1285	PCI	8	两种编码脉冲输入类型:A/B相或加/减	两种脉冲输出类型:CW/CCW 或 脉冲/方向	直线插补,轴圆弧插补,轴螺旋插补
	PCI-1265	PCI	6			
	PCL-839+	ISA	3		双脉冲(CW/CCW)或单脉冲(脉冲,方向)模式	线性和圆弧插补
	PCM-3240	PC/104	4		两种脉冲输出类型:CW/CCW 或 脉冲/方向	2/3轴线性插值功能 2轴圆弧插值功能 连续插补功能
阿尔泰	PCI-E1020	PCIe	4	编码器输入脉冲可以选择独立2相脉冲/上下脉冲输入 传感器输入 伺服马达输入 超越限制信号输入 紧急停止信号输入	脉冲输出模式:CP/DIR,CW/CCW 驱动状态信号输出	任意2轴或3轴直线插补 任意2轴圆弧插补 任意2轴或3轴位模式插补 连续插补
	PCI-E1010	PCIe	2	编码器输入脉冲可以选择独立2相脉冲/上下脉冲输入 伺服马达输入 超越限制信号输入 紧急停止信号输入	独立2轴脉冲输出(1~4MHz)	2轴直线插补,圆弧差补 2轴位模式插补,连续插补
	ART1020	PC104	4			任意2轴或3轴直线插补 任意2轴圆弧插补 任意2轴或3轴位模式插补 连续插补 步进插补
	PCI1040	PCI	8	编码器输入脉冲A相、B相、Z相输入,每个轴各1个 可以选择独立2相脉冲/上下脉冲输入 传感器输入	PULSE/DIR, CW/CCW 最高频率5MHz 可选择2脉冲/1脉冲方向方式	任意2轴或3轴或4轴直线插补

（续）

<table>
<tr><th>品牌</th><th>型号</th><th>总线类型</th><th>轴数</th><th>输入类型</th><th>输出类型</th><th>插补算法</th></tr>
<tr><td rowspan="3">固高</td><td>GH-800-PV-PCI</td><td>PCI</td><td>8</td><td>限位、伺服报警输入
通用数字输入</td><td rowspan="3">模拟量或脉冲量输出</td><td>直线、圆弧、螺旋线、二次曲线、多项式样条函数自由曲线插补规划</td></tr>
<tr><td>GT-X00-SV</td><td>PCI</td><td>2,4</td><td>4/2 轴编码器输入 2 路辅助编码器输入</td><td rowspan="2">支持直线插补、圆弧插补，插补方式：立即插补、缓冲区插补</td></tr>
<tr><td>GE-400-SV-LASER</td><td>PCI</td><td>4</td><td>通用数字输入</td></tr>
<tr><td rowspan="4">凌华</td><td>AMP-204C/AMP-208C</td><td>PCI</td><td>4/8</td><td rowspan="2">编码器输入</td><td>脉冲量输出</td><td>3D 直线/圆弧/螺线插补</td></tr>
<tr><td>PCI-8254/8258</td><td>PCI</td><td>4/8</td><td>模拟量或脉冲量输出</td><td>任意 2~4 轴线性插补
任意 3 轴圆弧插补
3 轴螺旋插补</td></tr>
<tr><td>cPCI-8168</td><td>PCI</td><td>8</td><td>增量编码器输入</td><td rowspan="2">脉冲量输出</td><td>2~4 轴线性插补
2 轴圆弧插补
多轴连续插补</td></tr>
<tr><td>PCI-8102</td><td>PCI</td><td>2</td><td>增量式编码器输入
机械限位开关输入</td><td>2 轴线性插补，圆弧插补，连续插补</td></tr>
</table>

第3章　可编程序控制器

1　可编程序控制器概述

可编程序控制器（Programmable Logic Controller），简称可编程控制器，英文缩写为PLC。国际电工委员会（IEC）在其标准中将可编程序控制器定义为一种数位运算操作的电子系统，专为在工业环境下应用而设计。可编程序控制器及其有关外部设备，都按易于与工业控制系统连成一个整体、易于扩充其功能的原则来设计。

PLC具有可靠性高、抗干扰能力强、配套齐全、功能完善、适用性强、易学易用及系统建造周期短等一系列的优点，深受工程技术人员欢迎。目前PLC是工业领域使用最广泛的计算机，工厂自动化领域中约有90%以上的控制系统使用PLC。

1.1　可编程序控制器的发展概况

1969年，美国数字设备公司研制成功了世界上第一台可编程序逻辑控制器。该控制器应用在美国通用汽车公司生产线上并取得了成功，自此开创了可编程序控制器的时代。最初的设计思想是为了取代继电器控制装置，因此仅有逻辑运算、定时和计数等顺序控制功能。

20世纪70年代末至80年代初，微处理器技术日趋成熟，可编程序控制器的处理速度大大提高，增加了许多特殊功能，如浮点运算、函数运算及查表等。可编程序控制器不仅可以进行逻辑控制，而且还可以进行模拟量控制。

20世纪80年代后，随着大规模和超大规模集成电路技术的迅猛发展，以16位和32位微处理器构成的微机化可编程序控制器得到了惊人的发展，使之在概念上、设计上和性能价格比等方面有了重大的突破。

20世纪90年代，随着工控编程语言IEC61131-3的正式颁布，PLC开始了它的第三个发展时期，在技术上取得了新的突破。PLC除了机械设备自动化控制外，更发展了以PLC为基础的分布式控制系统、监控和数据采集系统、柔性制造系统、安全连锁保护系统等，全方位地提高了PLC的应用范围和水平。

进入21世纪以来，PLC技术取得了更大的进展，除了处理速度更快、功能更强大外，还在网络化功能增强方面有所表现，小型PLC都有网络接口，中、大型PLC更有专用网络接口，PLC的通信联网能使其与PC和其他智能控制设备很方便地交换信息，实现分散控制和集中管理。

1.2　可编程序控制器的特点和应用

1.2.1　PLC的主要特点

由于控制对象的复杂性、使用环境的特殊性和运行工作的连续长期性，使得PLC在设计、结构上具有其他许多控制器所无法相比的特点。

(1) 可靠性高，抗干扰能力强

为了满足PLC“专为在工业环境下应用而设计”的要求，PLC通常采用了如下硬件和软件的措施：

1）数字输入输出部分采用光电耦合隔离，模拟输入通道加入R-C滤波器，可有效地防止干扰信号的进入。

2）内部采用电磁屏蔽，可防止电磁辐射干扰。

3）采用优良的开关电源，以防止电源线引入的干扰。对程序及有关数据用电池作后备电源，一旦断电或运行停止，可保证有关状态及信息不会丢失。

4）具有良好的自诊断功能。可随时对系统内部电路进行监测，检查判断故障迅速方便。

5）对采用的器件都进行了严格的筛选和老化，可排除因器件问题而造成的故障。

6）采用了冗余技术进一步增强可靠性。对于某些大型的PLC，还采用了双CPU构成的冗余系统，或三CPU构成的表决式系统。一般PLC的平均无故障时间可达到几万小时。

(2) 配套齐全，功能完善，适用性强

现在的PLC产品都已系列化和模块化了，PLC配备有各种各样、品种齐全的I/O模块和配套部件供用户使用，系统的功能和规模可根据用户的实际需求自行组合。特殊功能模块的种类也较以前增加了许多，如定位模块、通信模块和温控模块，有的PLC甚至提供了两轴插补模块。丰富的功能模块使得PLC系统功能更强，系统设计实现更容易。

除功能模块外，触摸屏作为一种适合与PLC相连接的人机界面发展得非常快。各PLC厂家几乎都有配套的触摸屏提供。触摸屏与PLC之间采用RS-485或其他现场总线相连，代替传统的操作面板，成为了一种新的常见模式。触摸屏本质也是一种自带

CPU、可以通过组态软件进行编程的工业计算机。

（3）易学易用，系统开发周期短

PLC 是一种新型的工业自动化控制装置，其主要的使用对象是广大的电气技术人员。PLC 生产厂家考虑到这种实际情况，提供了一种特殊的编程方法，即采取与继电器控制原理图非常相似的梯形图（Ladder Diagram）语言，工程人员学习、使用这种编程语言十分方便。这也是为什么 PLC 能迅速普及和推广的原因之一。由于系统硬件的设计任务仅仅是依据对象的要求配置适当的模块，如同点菜一样方便，这样也就大大缩短了整个设计所花费的时间，加快了整个工程的进度。此外，触摸屏等人机界面运行的编程软件也采用图形化、模块化的组态软件，开发者可以在几个小时的时间内完成程序开发。

（4）对生产工艺改变适应性强，可进行柔性生产

PLC 实质上就是一种侧重于 I/O 接口控制环节的工业用计算机，其控制操作的功能是通过软件编程来确定的。当生产工艺发生变化时，不必改变 PLC 硬件设备，只需改变 PLC 中的程序。这特别适合现代化的小批量、多品种产品的生产方式。

1.2.2　可编程序控制器与其他工业控制系统的比较

（1）PLC 与通用计算机的比较（见表 24.3-1）

PLC 本质上是一种工业控制用计算机，是工业控制用计算机的一种存在形式。悬挂式工业控制机、工业平板计算机、一体化工作站等在软、硬件体系结构上都与通用计算机相似。PLC 与通用计算机的运行方式则有很大的区别，主要体现在 PLC 采用循环扫描的工作方式，而通用计算机采用中断处理方式。

表 24.3-1　PLC 与通用计算机的比较

比较项目	通用计算机	PLC
工作目的	科学计算，数据处理等	工业自动控制
工作环境	对工作环境的要求较高，本身无抗干扰设计	对环境的要求低，可在恶劣的工业现场工作
工作方式	中断处理方式	循环扫描方式，扫描周期一般为几十毫秒
系统软件	需自备功能较强的系统软件，如 Windows	一般只需简单的监控程序
采用的特殊措施	掉电保护等一般性措施	采用多种抗干扰措施，I/O 有效隔离、自诊断，断电保护，可在线维修
编程语言	汇编语言、高级语言，如 Visual C、Labview、Matlab 等	梯形图，助记符语言，SFC 标准化语言
对操作人员要求	需专门培训，并具有一定的计算机基础	一般的技术人员，稍加培训即可操作使用
对内存的要求	容量大	容量小
其他	应用范围更广泛，通用、开放程度高	机种多，模块种类多，易于构成系统

（2）PLC 与集散控制系统的比较

由前所述可知，PLC 是由继电器逻辑控制系统发展而来的。而集散控制系统（Distribution Control System，DCS）是由回路仪表控制系统发展起来的分布式控制系统，它在模拟量处理、回路调节等方面有一定的优势。随着微电子技术、计算机技术和通信技术的发展，PLC 无论在功能上、速度上、智能化模块以及联网通信上，都有了很大的提高，并开始与小型计算机连成网络，构成了以 PLC 为重要部件的分布式控制系统。这样便具备了集散控制系统的形态，加上 PLC 的性价比高和可靠性的优势，使之可与传统的集散控制系统相竞争。但由于 PLC 的工作方式为循环扫描方式，其扫描周期一般要限制在几十毫秒范围内，因此不适于单独构成需要进行较大数据量处理的集散控制系统。

1.2.3　PLC 的应用范围

近年来，随着微处理器芯片及其有关元器件价格的大幅度下降，PLC 的成本也随之下降。与此同时，PLC 把自动化技术、计算机技术、通信技术融为一体，其性能在不断完善，PLC 的应用由早期的开关逻辑控制扩展到现在工业控制的各个领域。根据 PLC 的特点，可以将其应用形式归纳为如下几种类型：

1）开关逻辑控制。利用 PLC 最基本的逻辑运算、定时、计数、比较、数字量输入输出等功能实现逻辑控制，可以取代传统的继电器控制，用于单机控制、多机群控制、生产自动线控制等。

2）过程控制。现代 PLC 能够完成 A/D、D/A 转换，能够接受模拟量输入和输出模拟量信号，从而实现对模拟量的控制。模拟量控制中最常用的 PID 控制算法被大多数 PLC 厂家固化在 CPU 内部。PLC 支持一个程序中存在多个 PID 回路，如西门子小型 PLC S7-200 系列的一个程序中最多可以存在 8 个 PID 回路，因此 PLC 在过程控制系统中被广泛使用。

3）顺序控制。顺序控制侧重于生产设备的启停和工艺流程的联动与互锁关系，PLC 为这一类的控制

专门提供顺序控制指令和顺序控制继电器，大大减少了采用逻辑关系来实现编程的难度。

4）监控保护。PLC可以应用于大型电力、工矿、交通、环境的状态监测与保护系统。PLC高速、网络化、远程I/O以及丰富的组态软件为状态监测提供了硬件设备和便利。触摸屏等人机界面的使用也使得监测系统可以生动、实时再现工业现场的状况。组态软件自带的图形库方便编程人员迅速建立形象的系统静态或者动态状态图。

1.3 可编程序控制器的发展趋势

（1）向高速、大存储容量方向发展

为了提高数据处理的能力，要求PLC具有更高的响应速度和更大的存储容量。例如，三菱电机可编程序控制器在F1、F2、A系列的基础上推出了超小型FX_{2N}系列，基本指令处理速度加快到0.08μs/命令，控制距离达100m（最远可达400m）。

目前在存储容量方面，大型PLC是几百KB，甚至几MB。西门子公司的CPU417为2MB。总之，各公司都把PLC的扫描速度、存储容量作为一个重要的竞争指标。

（2）向多品种方向发展

为了适应市场的各个方面的需求，世界各厂家不断对PLC进行改进，推出功能更强、结构更完善的新产品。

1）在结构、规模上：整体结构向小型模块化方向发展，使配置更加方便灵活。例如，日本三菱电机公司近年推出了超小型的FX_{0N}、FX_{2N}等系列PLC。

在规模上向两头发展。小型PLC一般指I/O点数在256点以下、CPU和I/O为一体、结构紧凑的PLC，可以像继电器一样安装于导轨上。近年来，小型PLC应用十分普遍，超小型PLC的需求也日趋增多。国外许多PLC厂家都在研制开发各种小型、超小型、微型PLC，如西门子公司的S7 CPU221（I/O点为14点），System公司的AP41（仅有9点）。

在发展小型和超小型PLC的同时，为适应大规模控制系统的需求，对于大型的PLC除了在向高速、大容量和高性能方向发展外，还不断地增加输入、输出点数，如MIDICON公司的984-780、984-785的最大开关量输入输出点数为16384，这些大规模PLC可与主计算机联机，实现对工厂全过程的集中管理。

2）开发更丰富的I/O模块（其中包括智能模块）。在增强PLC的CPU功能的同时，不断推出新的I/O模块，如数控模块、语音处理模块、高速计数模块、远程I/O模块、通信和人机接口模块等。另外，模块逐渐向智能化方向发展。因为模块本身就有微处理器，这样，它与PLC的主CPU并行工作，占用主CPU的时间少，有利于PLC扫描速度的提高。所有这些模块的开发和应用，不仅提高了功能，减小了体积，也大大地扩大了PLC的应用范围。

（3）发展容错技术

为了更进一步提高系统的可靠性，必须发展容错技术，如采用I/O双机表决机构，采用热备用等。

（4）高性能，组态编程

随着工厂自动化和计算机集成制造系统的发展，功能强大的PLC需求日益增加。其高性能主要体现在：函数运算及浮点运算，数据处理和方案处理，队列和矩阵运算，PID运算以及超前、滞后补偿，多段斜坡曲线，配方和批处理，菜单组合的多窗口技术，控制与管理综合，组态编程简便等。

（5）分散型、智能型和现场总线型I/O子系统

分散型、智能型和现场总线型I/O子系统也是一种发展趋势，这种趋势甚至比PLC自身的进步还要强劲。

（6）增强通信网络功能

增强PLC的通信联网功能就可以使PLC与PLC之间、PLC与计算机之间能够通信、交换信息，形成一个分布式控制系统。

（7）实现软、硬件标准化

长期以来PLC的研制走的是专门化的道路，但其在获得成功的同时也带来许多的不便，如各个公司的PLC都有通信联网的能力，但不同公司的PLC之间是无法通信联网的。因此，制定PLC的国际标准将是今后发展的趋势。

2 可编程序控制器的基本组成和工作原理

要正确地应用PLC去完成各种不同的控制任务，首先应了解PLC的结构特点和工作原理。目前，可编程序控制器的产品很多，不同厂家、不同型号的PLC结构也各不相同，但就其基本组成和基本工作原理而言，却大致相同。

2.1 可编程序控制器的基本组成

PLC实质上就是一台工业控制计算机，其硬件结构与微型计算机基本相同，特殊的地方主要在于它更侧重于与外界对象的交互和干涉、I/O接口的输入输出控制及抗干扰环节。PLC硬件系统由主机、扩展模块，还包括根据需要配置人机界面等输入和显示设备。扩展模块包括I/O扩展模块、智能扩展模块、通信模块等。PLC组成结构一般分为整体式和模块式。

整体式主要应用于小型控制领域，控制点数不多。模块式一般应用于中、大型系统，组成系统的模块多且不同，设计者按需完成硬件组态。

PLC 最小系统是能够实现几个数字量输入输出功能的基本单元，其基本结构如图 24. 3-1 所示。

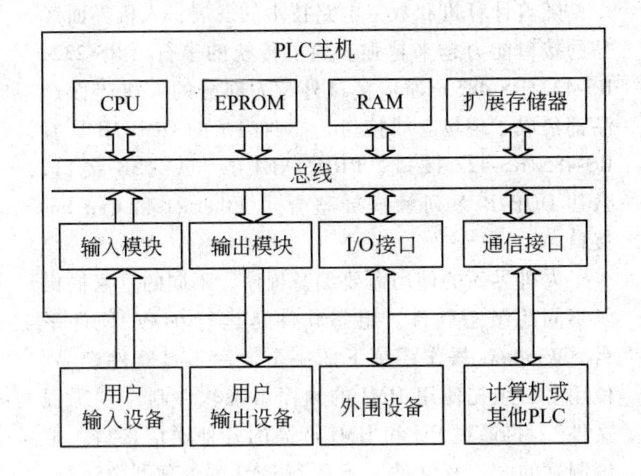

图 24. 3-1　PLC 硬件系统基本结构框图

在图 24. 3-1 中，主机由：微处理器（CPU）、存储器（EPROM、RAM）、输入/输出模块、通信接口、外围设备接口及电源（图中未画出）组成。对整体式的 PLC，如西门子 S7-200 系列，其 CPU221 是自带 6 个数字量输入、4 个数字量输出的无扩展能力的整体式小型 PLC，输入、输出全部集中在一个机壳内，还可以自带通信接口和触摸屏通信。整体式结构的 PLC 也可以进行扩展，增强应用能力，比如西门子 S7-200 系列的 CPU222～CPU226 都可以进行扩展，这种 PLC 结构也称为混合式结构。

而对于模块式结构的 PLC，比如西门子 S7-300/400，各部件独立封装，被称为模块。各模块通过机架和电缆线连接在一起。一个系统的硬件组态首先包括电源模块、CPU 模块、基本 I/O 模块，在此基础上还可以扩展功能模块。

目前，PLC 程序普遍使用离线编程方式，在 PC 机上编制好的程序通过传送线下载到 PLC 主机，或保存至 Flash 存储卡，插入主机。

主机内的各个部分均通过总线连接。总线分为电源总线、控制总线（CB）、地址总线（AB）和数据总线（DB）。根据实际应用的需要配备一定的外部设备，可构成不同的 PLC 控制系统。常用的外部设备有人机界面、打印机、EPROM 写入器等。PLC 也可以通过通信接口与上位机及其他的 PLC 进行通信，构成 PLC 工业控制局域网或集散型控制系统。下面分别介绍 PLC 各组成部分及其作用。

2. 1. 1　中央处理单元（CPU）

CPU 是 PLC 的核心部分，由控制器和运算器组成。其中，控制器是用来统一指挥和控制 PLC 工作的部件，运算器则是进行逻辑、算术等运算的部件。PLC 在 CPU 的控制下不断地循环扫描整个用户程序，从而实现对现场各设备预定的控制任务。

CPU 的具体作用如下：

1）以扫描方式接收来自输入单元的数据和状态信息，并存入相应的数据存储区。

2）诊断电源、PLC 内部电路工作状态和编程过程中的语法错误等。

3）执行监控程序和用户程序。完成数据和信息的逻辑处理，产生相应的内部控制信号，完成用户指令规定的各种操作。

4）响应外部设备（如编程器、打印机）的请求。

一般说来，小型 PLC 大多采用 8 位微处理器或单片机作为 CPU，如：Z80A、8085、8031 等，具有价格低、普及通用性好等优点。

对于中型的 PLC，大多采用 16 位微处理器或单片机作为 CPU，如 Intel8086、Intel96 系列单片机，具有集成度高、运算速度快、可靠性高等优点。

对大型 PLC，大多采用高速位片式微处理器，它具有灵活性强、速度快、效率高等优点。

目前，一些厂家生产的 PLC 中，还采用了冗余技术，即采用双 CPU 或三 CPU 工作，进一步提高了系统的可靠性。采用冗余技术可使 PLC 的平均无故障工作时间达几十万小时以上。

2. 1. 2　存储器

PLC 系统中的存储器主要用于存放系统程序、用户程序和工作状态数据。

1）系统程序存储区。采用 PROM 或 EPROM 芯片存储器。用来存放生产厂家预先编制并固化好的永久存储的程序和指令称为监控程序，一般包括 I/O 初始化、自诊断、键盘显示处理、指令编译及监督管理等功能。用户不能改写这部分存储器的内容。

2）数据存储区。采用随机存储器 RAM。用来存储需要随机存取的一些数据，这些数据一般不需要长久保存。数据存储区一般包括输入、输出数据映像区，定时器/计数器、内部寄存器和当前值的数据区等。

3）用户程序存储区。一般采用 FLASH 或 EEPROM 存储器。用于存放用户通过编程器输入的应用程序，用户可擦除重新编程。用户程序存储器的容量一般代表PLC的标称容量。通常，小型机小于8KB，中型机小于50KB，而大型机可在50KB以上。

2.1.3　输入/输出模块

PLC的控制对象是工业生产过程或生产机械，输入/输出（I/O）模块是CPU与生产现场I/O设备或其他外部设备之间的连接部件。生产过程有许多控制变量，如温度、压力、液位、速度、电压、开关量和继电器状态等，因此，需要有相应的I/O模块作为CPU与工业生产现场的桥梁，且这些模块应具有较好的抗干扰能力。

2.1.4　编程器

编程器是PLC的重要外部设备。目前市场上的编程器种类很多，性能、价格相差很悬殊，有手持式、便携式、显示屏式和台式等多种形式。编程器的基本功能是输入、修正、检查及显示用户程序，调试程序和监控程序的执行过程，查找故障和显示I/O、各继电器的工作占用情况、信号状态和出错信息等。编程器是人机对话的窗口，有的还可嵌在PLC的本体上。工作方式既可以是连机编程，又可以是脱机编程，还可以是梯形图编程；也可以用助记符指令编程。同时编程器还可以与打印机、绘图仪等设备相连，并有较强的监控功能。

近年来，采用通用计算机编程是发展的新趋势，通过硬件接口和专用软件包，用户可以直接在计算机上以连机或脱机的方式编程，既可以运用梯形图编程，也可以采用助记符指令编程，并有较强的监控能力。这样用户就可以充分利用现有的计算机，省去了编程器。

2.1.5　人机界面

人机界面（Human Machine Interface，HMI）是系统和用户之间进行交互和信息交换的媒介，它实现了信息内部形式与人类可以接受形式之间的转换。人机界面产品由硬件和软件两部分组成，硬件部分包括处理器、显示单元、输入单元、通信接口、数据存储单元等，其中处理器的性能决定了HMI产品的性能高低，是HMI的核心单元。HMI软件一般分为两部分，即运行于HMI硬件中的系统软件和运行于PC机Windows操作系统下的画面组态软件。

目前，人机界面产品的分类如下：薄膜键输入的HMI，显示尺寸小于5.7in，属初级产品，如西门子的TD200、TD400文本显示器，台达OIP系列文本显示器等；触摸屏输入的HMI，显示屏尺寸为5.7~12.1in，属中级产品，如西门子的6in触摸屏TP177，台达5.7in触摸屏DOP-A57CSTD；基于平板电脑、多种通信接口、高性能的HMI，显示尺寸大于10.4in，属高端产品，如研华的TPC-1560、西门子的MP370触控彩色多功能面板。

随着计算机和数字电路技术的发展，人机界面产品的接口能力越来越强。除了传统的串行（RS-232、RS-422/RS-485）通信接口外，大部分的人机界面产品都集成了现场总线接口，如西门子的OP177B具有RS-485/RS-422接口、PROFINET接口、USB接口，台达DOP-B系列触摸屏整合了Ethernet和Can bus接口。

人机界面的使用需要编写程序，不同的厂家提供了不同的组态软件。组态软件是运行在PC硬件平台、Windows操作系统下的一个通用工具软件产品。使用者必须先使用HMI的画面组态软件制作“工程文件”，再通过PC和HMI产品的各种通信接口，把编制好的“工程文件”下载到HMI的处理器中运行。西门子触摸屏的组态软件是WINCC FLEXIBLE，台达触摸屏组态软件是ScreenEditor。

2.2　可编程序控制器的工作原理

2.2.1　循环扫描工作方式

PLC的工作方式与微型计算机有本质的不同。PLC是采用循环扫描的工作方式，而不是采用微型计算机的中断处理方式，即PLC对用户程序进行反复的循环扫描，逐条地解释用户程序并加以执行，其工作原理如图24.3-2所示。单片机、DSP以及微型计算机语句执行是按照顺序、循环、选择的基本结构进行，一般在程序结束处设计空循环语句，CPU对控制对象的输入和输出是以中断方式处理的。PLC循环扫描工作方式在一个扫描周期中按顺序执行CPU自诊断、处理通信、扫描输入、执行PLC程序、将内存结果输出。每个扫描周期都会首先读取输入信号、执行程序、将结果输出。

通常一个输出线圈或逻辑线圈被接通或断开，该线圈的所有触点（包括它的常开触点和常闭触点）不会像电气继电控制中的继电器那样立即动作，而是必须等程序全部执行完，再将输出映像寄存器的值输出至输出端口。由于PLC扫描用户程序的时间一般只有几十毫秒，因此可以满足大多数工业控制的需要。特殊的立即输出线圈会在程序执行后立即将结果输出，但程序中这样的输出不宜过多，会影响PLC程序的执行。循环扫描工作方式简单直观，简化了程序设计，为PLC可靠运行提供了有力的保证。

PLC 也支持中断方式，在有的情况下根据需要也可插入中断方式，允许中断正在扫描运行的程序，以处理急需处理的事件。例如，西门子 S7-200 最多支持 25 个中断源，包括通信中断、I/O 中断和时基中断。但是，PLC 的中断程序要求“越短越好”，否则就会导致执行 PLC 程序周期过长，而引起控制设备异常。

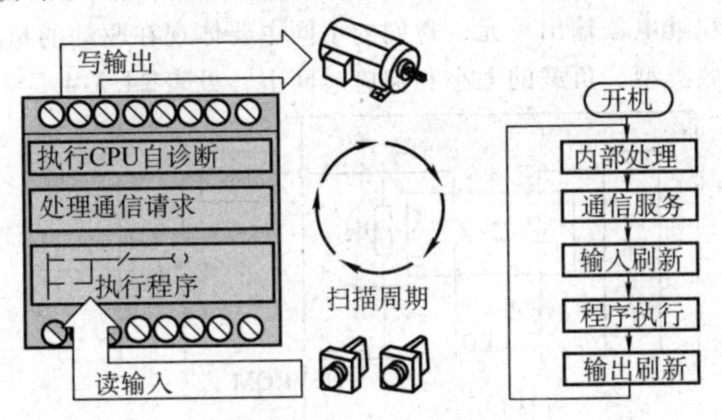

图 24.3-2　PLC 工作原理

2.2.2　可编程序控制器的工作过程

PLC 的工作过程就是程序执行过程。接通电源之后，首先要对所有 I/O 通道进行初始化；为消除各元件状态的随机性，将内部寄存器和定时器进行清零或复位处理；为保证自身的完好性，在没有进行扫描之前，先行检查 I/O 单元连接是否正确，再执行一段程序，使它涉及各种指令和内存单元。如果执行的时间不超过规定的时间范围，则证明自身完好，否则系统关闭。上述操作完成后，将时间监视定时器复位，才允许扫描用户程序。扫描工作所要完成的一系列操作大致可分为自诊断测试、网络通信、读输入、执行用户程序、写输出五类。

(1) 自诊断测试

公共操作是在每次扫描程序前都进行一次自检，若发现故障，除了显示灯亮之外，还判断故障性质。对于一般性故障，只报警不停机，等待处理；对于严重故障，则停止运行用户程序，此时 PLC 切断一切输出联系，防止出现误动作。

(2) 网络通信

在网络通信处理阶段，CPU 处理从通信接口或智能模块接收到的信息，如读取智能模块的信息并存放在缓冲区中，在适当的时候将信息传送给通信请求方。网络通信处理 PLC 之间、PLC 与计算机之间、PLC 与人机界面之间的信息传递。

(3) 读输入

在读输入阶段，CPU 对各个输入端子进行扫描，通过输入电路将各输入点的状态锁入输入映像寄存器中。

(4) 执行用户程序

CPU 将按照先左后右、先上后下的顺序对指令依次进行扫描，根据输入映像寄存器和输出映像寄存器的状态执行用户程序，同时将执行结果写入输出映像寄存器中。在程序执行期间，即使输入端子状态发生了变化，输入状态寄存器的内容也不会立即改变(输入端子状态变化只能在下一个工作周期的读输入阶段才被集中读入)。

(5) 写输出

在输出扫描过程中，CPU 把输出映像寄存器的“位”锁定到实际输出点。

扫描周期的长短跟程序长短有关。程序长，扫描周期则长，有条件跳转指令也会根据条件而使程序执行时间不同。扫描周期跟系统连接 I/O 点数有关，I/O 点数多，每一次扫描 I/O 的时间就多，扫描周期就长。

2.3　输入/输出接口模块

PLC 系统的基本组成方式中，完全的集成式只能适用于极少数的应用场合，因为集成式 PLC 本身所带的 I/O 点数一般很少。大部分的 PLC 是需要扩展输入输出的。目前，生产厂家已开发出各种型号的模块供用户选择。常用的 PLC 扩展模块分类见表 24.3-2。

表 24.3-2　PLC 扩展模块分类

种　类	名　称
基本扩展模块	数字量输入模块、数字量输出模块、模拟量输入模块、模拟量输出模块
智能模块	计数器模块、定位模块、高速布尔处理模块、闭环控制模块、温度控制模块、电子凸轮控制模块
通信模块	RS-232C 模块、PROFIBUS 模块、以太网模块
特殊模块	仿真模块、占位模块、热电偶模块、热电阻模块

2.3.1　数字量输入、输出模块

PLC 通过数字量输入和输出模块处理按钮、位置开关、操作开关、继电器触点、接近开关、拨码器等提供的开关量。这些信号经过输入电路进行滤波、光电隔离、电平转换等处理后，变成 CPU 能够接受和处理的信号。数字量输出模块将 CPU 处理后的弱电信号通过光电隔离、功率放大等处理，转化成外部设备所需要的强电信号，以驱动各种执行元器件，如接触器、电磁阀、指示灯和继电器等。

为适应不同的外部电气连接需要，数字量输入可分为直流输入、交流输入类型。

（1）直流输入

直流输入单元的电路如图24.3-3所示，外接的直流电源的极性任意。虚线框内是PLC内部的输入电路，框外左侧为外部用户连接线。图中只画出对应于一个输入点的输入电路，而各个输入点对应的输入电路均相同。图24.3-3中，A为一个光耦合器，发光二极管和光敏晶体管封装在一个管壳中。当二极管中有电流时发光，可使光敏晶体管导通。R_1为限流电阻；R_2和C构成滤波电路，可滤除输入信号中的高频干扰；LED显示该输入点的状态。

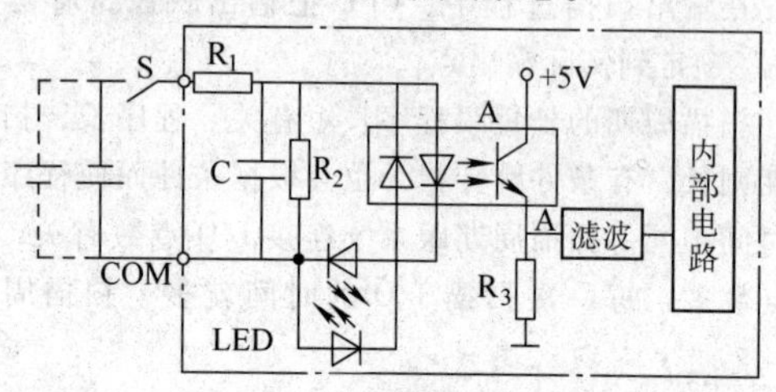

图24.3-3 直流输入单元电路

（2）交流输入

交流输入单元的电路如图24.3-4所示。电容C为隔直电容，对交流相当于短路。电阻R_1和R_2构成分压电路。这里光耦合器中是两个反向并联的发光二极管，任何一个二极管发光均可以使光敏晶体管导通。用于显示的两个发光二极管LED也是反向并联的。该电路可以接收外部的交流输入电压。

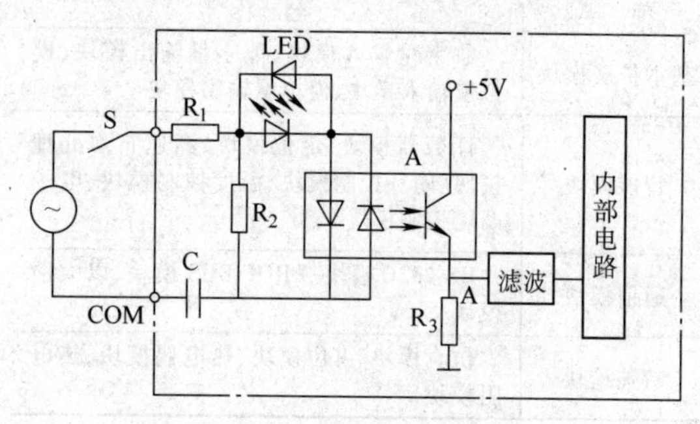

图24.3-4 交流输入单元电路

典型直流输入和交流输入模块的电气特性对比见表24.3-3。

表24.3-3 典型的直流输入和交流输入模块电气特性对比

类型		直流输入	交流输入
输入电压	额定值	DC24V	AC120V或AC230V
	"1"信号	15~30V	AC79~260V（47~63Hz）
	"0"信号	0~5V	AC0~20V
"1"信号输入电流		4mA	8mA或16mA
额定电压时输入延时		4.5ms	15ms

（3）数字量输出

数字量输出单元电路原理图如图24.3-5所示。数字量输出的作用是用PLC的输出信号来驱动外部负载，并将PLC内部的电平信号转换为外部所需要的电平等级。每个输出点的输出电路可以等效成一个输出继电器，通常按输出电路所用的开关器件不同，PLC的数字量输出单元可分为晶体管输出单元、晶闸管输出单元和继电器输出单元，它们的不同主要体现在驱动的负载类型、负载的大小和响应时间上，见表24.3-4。

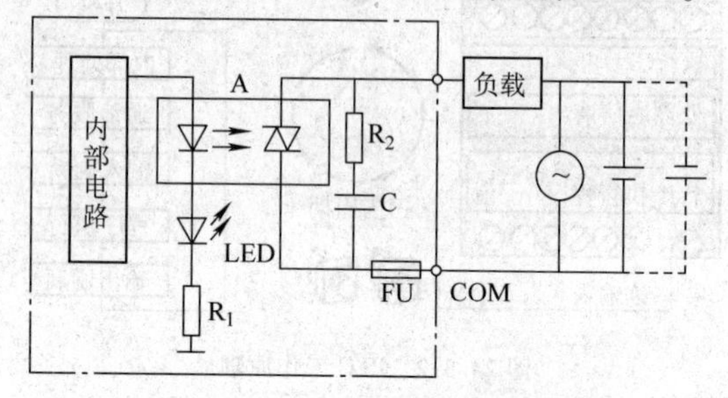

图24.3-5 数字量输出单元电路原理图

表24.3-4 数字量输出类型

类型	负载类型	负载大小	响应时间	寿命
晶体管输出	直流	小	最小	长
晶闸管输出	直流、交流	较大	较小	长
继电器输出	直流、交流	最大	大	短

2.3.2 模拟量输入、输出模块

（1）模拟量输入模块

模拟量输入模块将外部模拟量传感器信号转化为PLC可以处理的数据。一般模拟量输入模块既可以接受电压信号，也可以接受电流信号。电压信号可以分为单极性和双极性两种。信号种类有0~10V，0~5V，±5V，±2.5V，0~20mA。模拟量输入模块的分辨率有9位、12位、13位、14位、15位不等。典型模拟量输入模块的技术规范见表24.3-5。

表24.3-5 EM231 4输入12位模拟量输入模块技术规范

输入点数		4		
输入分辨率	类型	量程	输入分辨率	数据格式
	电压（单极性）	0~10V	2.5mV	0~+32000
		0~5V	1.25mV	0~+32000
	电压（双极性）	±5V	2.5mV	-32000~+32000
		±2.5V	1.25mV	-32000~+32000
	电流	0~20mA	5μA	0~+32000
模数转换时间		<250μs		
输入阻抗		≥10MΩ		
最大输入电压		30V		
最大输入电流		32mA		

EM231 4 输入 12 位模拟量输入模块原理图如图 24.3-6 所示。RA 为采样电阻，可将电流信号转化为电压，一般 RA 的值为 250Ω，标准电流变送器输出的 4~20mA 信号将被转化为 1~5V 的电压信号。

EM231 4 输入 12 位模拟量输入模块端子外部接线如图 24.3-7 所示。每一路模拟输入可以连接为差分电压输入或电流输入。当连接差分电压输入时，RA 端子悬空；当连接电流输入时，将 RX 与相应的 X+相连；当模拟量输入没有使用时，应将 X+与 X-之间短路。

（2）模拟量输出模块

模拟量输出模块将 PLC 处理后内存中的数据输出给外部负载。一般模拟量输出模块既可以输出电压，也可以输出电流。典型模拟量输出模块 EM232 2 路模拟量输出模块技术规范见表 24.3-6。

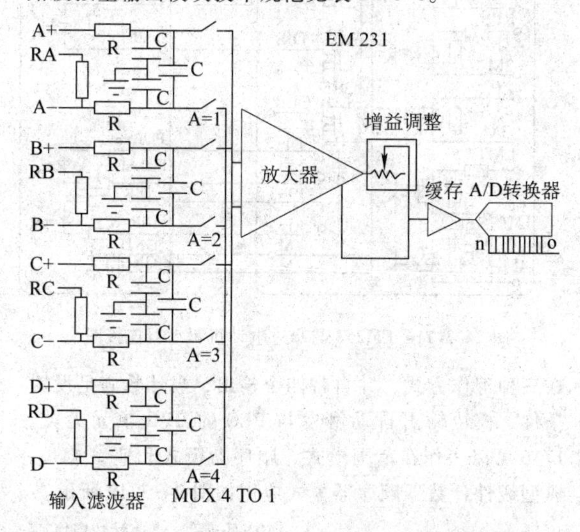

图 24.3-6　EM231 4 输入 12 位模拟量输入模块内部原理图

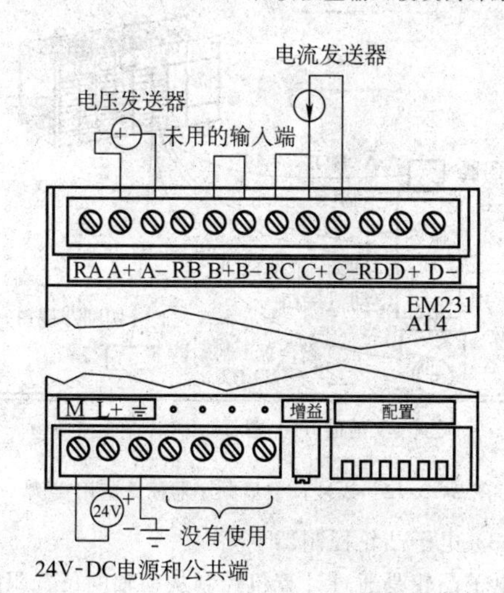

图 24.3-7　EM231 4 输入 12 位模拟量输入模块端子外部接线图

表 24.3-6　EM232 2 路模拟量输出模块技术规范

输出类型	信号格式	分辨率	数字格式	稳定时间	最大驱动@ 24V 用户电源
电压输出	±10V	12 位	-32000~+32000	100μs	最小 5000Ω
电流输出	0~20mA	11 位	0~+32000	2ms	最大 500Ω

模拟量输出接线时应考虑驱动能力。当以电压形式输出时，负载的阻值不宜过小，否则会由于电流过大而使输出模块受损；当以电流形式输出时，负载的阻值不宜过大，否则将无法驱动负载。西门子 EM232 2 路模拟量输出模块的接线图如图 24.3-8 所示，其内部原理图如图 24.3-9 所示。

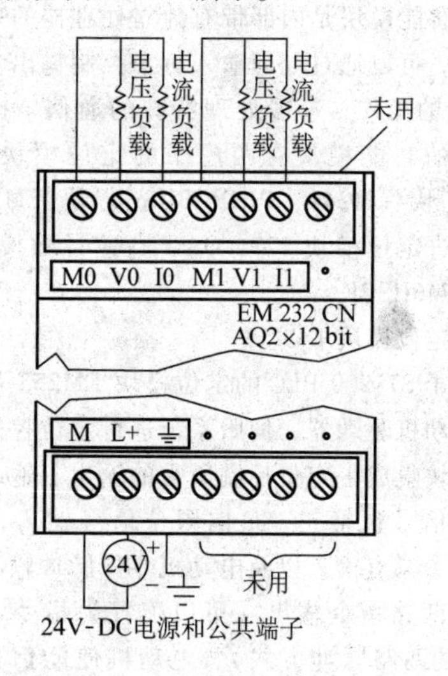

图 24.3-8　EM232 2 路模拟量输出模块接线图

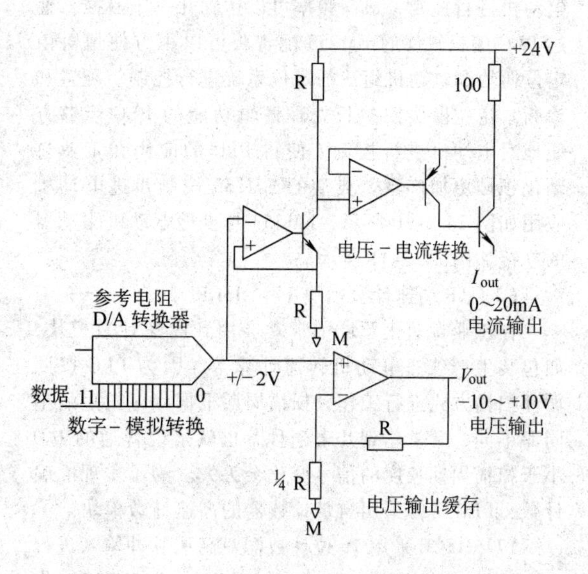

图 24.3-9　EM232 2 路模拟量输出模块内部原理图

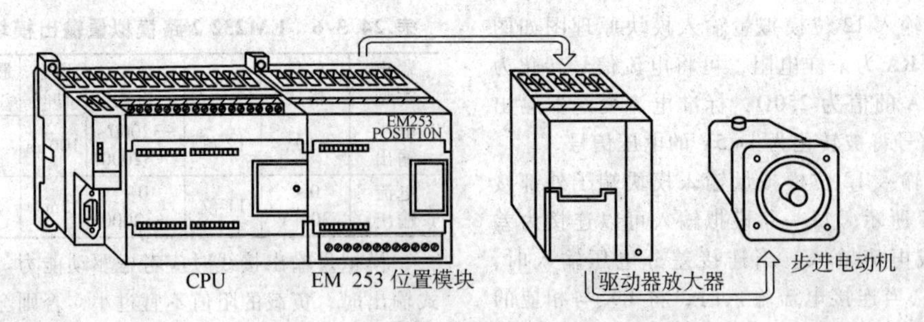

图 24. 3-10 EM253 控制步进电动机示意图

2.4 智能模块

PLC 智能模块是内部带有独立处理器的特殊功能扩展模块，可以通过处理输入量来控制输出量，而不需要 CPU 的操作，一般处理特殊的通信、控制等任务。常见的智能模块有西门子的定位模块 EM253、Modem 模块 EM241、PROFIBUS 模块 EM277，AB PLC 的步进定位模块 1771-QA、高速计数模块 1771-VHSC、1746HSCE。

（1）定位模块 EM253

西门子 S7-200 PLC 的定位模块 EM253 是专为连接步进电动机驱动器、伺服系统进行定位控制的智能模块。模块集成了定位控制所需的输出、输入信号接口。输入信号包括正、负向限位信号输入，急停输入，回零参考点输入以及电动机零位脉冲输入。输出信号包括两路指令输出（可以配置为指令、脉冲或相差 90°的两路脉冲方式）、电动机使能信号、脉冲寄存器清零输出型号。

定位模块可以发出脉冲串，对步进电动机、伺服电动机进行控制，最高频率可以达到几十千赫兹。通过 PLC 编程软件的 EM253 配置板可以很方便地对由定位模块和电动机组成的定位系统进行控制、配置和诊断。定位模块使擅长处理逻辑功能的 PLC 能够方便地对电动机进行控制，使得 PLC 的应用在工业自动化领域更加广泛。典型的 EM253 控制步进电动机应用如图 24. 3-10 所示，EM253 与步进电动机驱动器的连接如图 24. 3-11 所示。

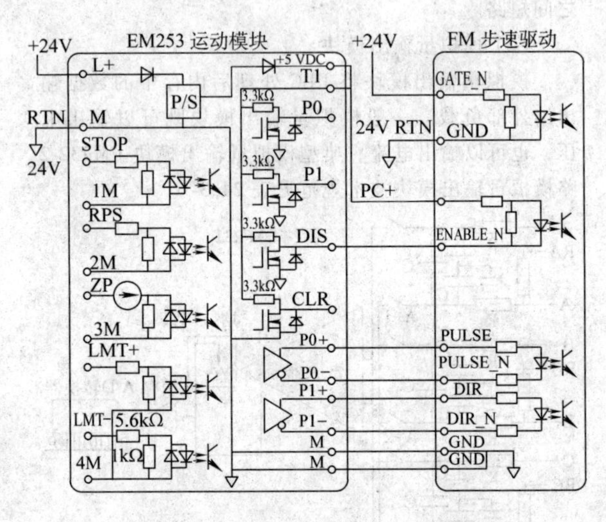

图 24. 3-11 EM253 与步进电动机驱动器连接图

（2）AB 高速计数模块 1746HSCE

在工业自动化领域中常常会用到高速计数模块，如包装生产线、电动机转速计算等。因为 PLC 按照循环扫描方式进行工作，扫描周期根据程序长短的不同而不同，常常达到几十毫秒，也就是说普通的 I/O 小于扫描周期长度的信号变化会丢失。为了实现准确计数，PLC 常常采用自带计数器的高速计数模块。

1746HSCE 采用 16 位计数器对高速脉冲输入进行双向计数，最高频率可以达到 50kHz。1746 可以工作在三种工作方式，并自带四个输出，当计数满足设置条件，模块输出自动触发与 PLC 的 CPU 单元无关。1746 可以工作在范围模式、顺序器模式和速率模式。典型线性计数器顺序器模式应用如图 24. 3-12 所示。

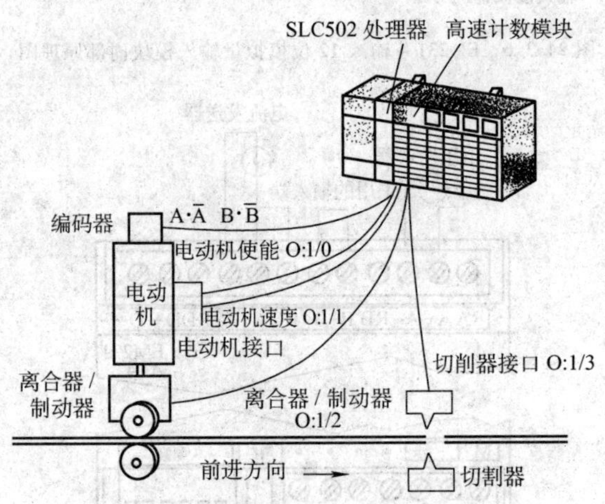

图 24. 3-12 线性计数器顺序器模式应用实例

（3）电子凸轮控制器

电子凸轮是通过计算机控制从动轴的位置跟踪主动轴的位置变化，代替机械凸轮的功能模块。PLC 电子凸轮控制器模块通过传感器检测主动轴的位置，根据模块内部存储的凸轮轨迹控制多个从动轴运行。凸轮可以定义为位置凸轮或时间凸轮。电子凸轮广泛应用于机床、传送带和冲压自动化等应用领域。

FM352是用于S7-300 PLC的单通道电子凸轮控制器，它支持转动轴和线性轴，即主动轴和从动轴可以是直线运动也可以是旋转运动。它可以接多种类型的编码器，如2线BERO传感器、增量编码器、绝对值编码器（只支持格雷码类型）。它最大可以设定128个位置或时间凸轮，可以分配32个凸轮轨迹输出，其中前13个可以通过模板的数字量输出点直接输出，其他可以通过程序输出到别的数字量输出点。FM352可以用在中央机架上，也可以用在分布式I/O（ET200M）机架上。FM352技术规范见表24.3-7。

表24.3-7　FM352技术规范

电源电压		DC24V	
数字量输入		参考点切换、运行中设定实际值/长度测量，制动释放使能3号轨迹输出	
数字量输入信号	电压(额定DC24V)	"0"信号	-3~5V
		"1"信号	11~30V
	电流(2线制BERO)	"0"信号	2mA
		"1"信号	9mA
数字量输出	数量	13个	
	作用	凸轮轨迹输出	
位置传感器	增量式编码器(对称的)	A，A反，B，B反，N，N反；5V差分信号；1MHz	
	增量式编码器(不对称的)	A，B，N；24 V；25m电缆时50kHz，100m电缆时25kHz	
	绝对值编码器(SSI)	DATA，DATA反；CL，CL反；13或25位；1MHz；格雷码	
	2线制BERO	"0"信号时最大2mA；"1"信号时最大9mA	

（4）闭环控制模块

闭环控制模块是为了满足工厂自动化领域中温度、压力、流速和位置等量需要的闭环控制而设计的。闭环控制模块可以实现多路模拟量控制，控制算法固化在模块内部或者由组态软件进行设计。采样时间根据模拟量输入AD转换精度的不同而不同，转换精度越大，需要的时间越长，则采样时间也越长。西门子4路闭环控制模块F355技术规范见表24.3-8。

表24.3-8　F355技术规范

型　号	F355S	作为步进或脉冲控制器使用，带8个数字量输出，用于控制4路动力(集成的)执行器或二进制控制执行器(如电热片和电热管)
	F355C	作为一个连续控制器使用，带4个模拟量输出，用于驱动4路模拟量执行器
采样时间	12bit	20~100ms
	14bit	100~500ms(取决于使能模拟量输入的数量)
传感器		热电偶、Pt 100、电压编码器、电流编码器
标准控制结构		定点数控制，级联控制，比例控制，组件控制
控制算法		自优化温度算法、PID算法
应用领域		温度、压力、流速、位置

2.5　远程I/O

远程I/O在自动化系统组态中通常集中安装在一起。在过程I/O和自动化系统之间的距离越长，接线的工作量会越大且越复杂，从而使得系统越易受到电磁干扰而削弱其可靠性。远程I/O（分布式I/O）成了此类系统的理想解决方案：主站CPU位于中央位置，远程I/O系统通过现场总线与CPU相连，在远程位置就地操作。高性能的各类现场总线及其高数据传输率实现了在CPU及其远程I/O系统之间进行顺畅的通信。

西门子的远程I/O系列模块基于PROFIBUS DP和PROFINET网络总线标准。远程I/O模块在现场也由总线连接器、电源模块、数字量输入输出模块、模拟量输入输出模块、特殊模块等组成。西门子基于PROFIBUS网络的ET200远程I/O应用如图24.3-13所示，西门子基于PROFINET网络的ET200远程I/O应用如图24.3-14所示。

西门子ET200分类见表24.3-9，远程I/O包括数字量、模拟量、电动机起动、变频器控制模块等。其中，ET200pro的组成见表24.3-10。

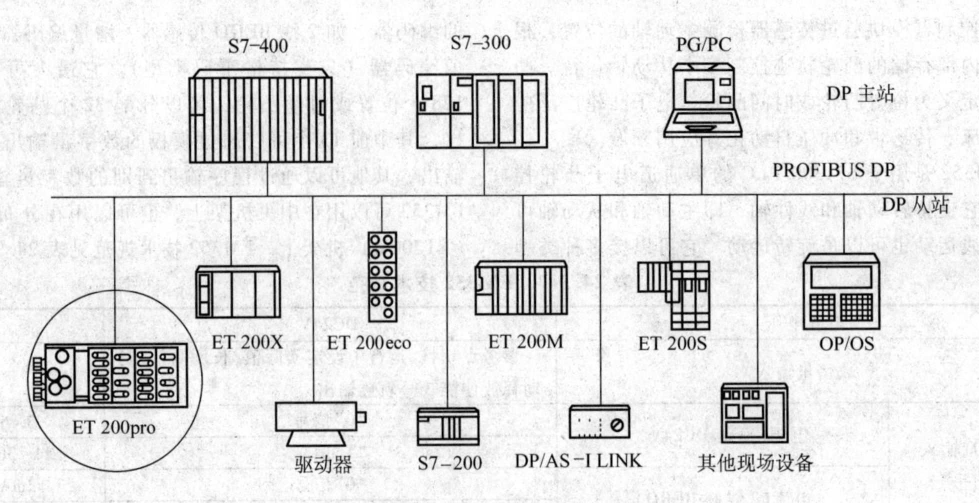

图 24.3-13　西门子基于 PROFIBUS 网络的 ET200 远程 I/O 示例

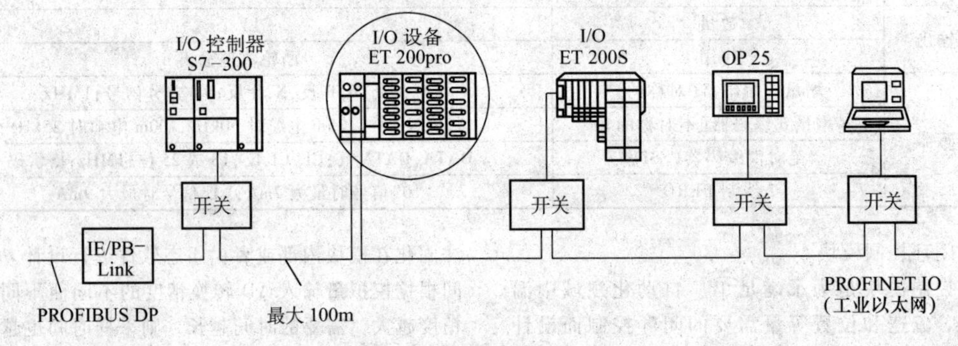

图 24.3-14　西门子基于 PROFINET 网络的 ET200 远程 I/O 示例

表 24.3-9　西门子 ET200 分类

ET 200pro	SIMATIC ET 200pro 是多功能、模块化、防护等级为 IP65/66/67 产品、支持包括数字量/模拟量/电动机起动器/变频器/气动模块/RFID 模块在内的多种模块，同时支持 PROFIBUS 和 PROFINET 现场总线，并且在汽车、钢铁、电力等行业有着极为广泛的应用
ET 200eco DP	SIMATIC ET 200eco PROFIBUS DP 是一款紧凑型、防护等级为 IP65/66/67 的分布式 I/O 模块，也是低成本解决方案的最佳选择
ET 200M	SIMATIC ET 200M 是一款高密度、模块化、防护等级为 IP20 的分布式 I/O 产品，可以使用 S7-300 的 I/O 模块和部分功能模块，同时支持 PROFIBUS DP 和 PROFINET 现场总线，IM153-2 接口模块可以扩展最大 12 个模块
ET 200iSP	SIMATIC ET 200iSP 是一款模块化、本质安全型分布式 I/O 产品，可以直接安装于危险 1 区，但可以连接来自危险 0 区的传感器/执行器信号，其防护等级为 IP30，可以节省安全栅的使用，减少故障的可能性
ET 200S/ET 200S Compact	SIMATIC ET 200S 是一款按位模块化，防护等级为 IP20，同时支持 PROFIBUS 和 PROFINET 现场总线的分布式 I/O 产品，其模块的宽度只有 15mm 或 30mm，并且可以连接包括数字量、模拟量、高速计数器、步进电动机起动器和变频器在内的所有模块，在烟草、钢铁、汽车和 OEM 行业具有广泛的应用前景 SIMATIC ET 200S Compact 接口模块是一款集成 32DI 或 16DI/16DO 的 PROFIBUS DP 接口模块，同时可以扩展 12 个 I/O 模块
ET 200eco PN	SIMATIC ET 200eco PN 是一款防护等级为 IP65/66/67、支持 PROFINET 现场总线的紧凑型 I/O 产品，该产品具有快速启动功能，最短的启动时间为 500ms

表 24.3-10　西门子远程 I/O ET200pro 组成

<table>
<tr><th>ET200pro 模块组成</th><th colspan="2">描　述</th></tr>
<tr><td>接口模块</td><td colspan="2">与 CPU 单元的连接，PROFIBUS DP 或 PROFINET 可选</td></tr>
<tr><td>电源模块管理模块</td><td colspan="2">用于对 ET200pro 站内的电气模块进行补充供电，PM-E，DC24V，10A</td></tr>
<tr><td rowspan="2">数字量扩展模块</td><td>ET141</td><td>8 路 24V 输入</td></tr>
<tr><td>ET142</td><td>4 路 24V，2A 输出；8 路 24V，0.5A</td></tr>
<tr><td rowspan="2">模拟量扩展模块</td><td>ET144</td><td>4 路±10V，±5V，0～10V，0～5V 电压输入
4 路±20mA，0～20mA，4～20mA 电流输入
4 路 0～150Ω，0～300Ω，0～600Ω，0～3000Ω 热电阻</td></tr>
<tr><td>ET145</td><td>4 路±10V，0～10V，0～5V 电压输出
4 路±20mA，0～20mA，4～20mA 电流输出</td></tr>
<tr><td rowspan="3">特殊模块</td><td>RF170C</td><td>通信模块，将 ET200 与西门子射频识别 RFID 系统相连接</td></tr>
<tr><td>气动控制模块</td><td>CPV 10，10 点输出，CPV 14，14 点输出，电流与气动阀匹配</td></tr>
<tr><td>电动机起动器</td><td>直接电动机起动器、可逆电动机起动器</td></tr>
</table>

2.6　可编程序控制器的编程语言

IEC1131-3 为 PLC 制定了五种标准的编程语言，包括图形化编程语言和文本化编程语言。图形化编程语言包括：梯形图（Ladder Diagram，LD）、功能块图（Function Block Diagram，FBD）、顺序功能图（Sequential Function Chart，SFC）。文本化编程语言包括：指令表（Instruction List，IL）和结构化文本（Structured Text，ST）。IEC 1131-3 的编程语言是 IEC 工作组对世界范围的 PLC 厂家的编程语言在合理吸收、借鉴的基础上形成的一套针对工业控制系统的国际编程语言标准，它不但适用于 PLC 系统，而且还适用于更广泛的工业控制领域，为 PLC 编程语言的全球规范化做出了重要的贡献。

2.6.1　梯形图语言

（1）梯形图与继电器控制的区别

梯形图语言表达的逻辑关系最简明，应用最广泛。它是基于继电器控制系统的梯形原理图开发得到的，因此梯形图结构沿用了继电控制原理图的形式，仅符号和表示方式有所区别。对于同一控制电路，继电器控制原理图和梯形图的输入、输出信号基本相同，控制过程等效，但有本质的区别：继电器控制原理图使用的是硬件继电器和定时器，靠硬件连接组成控制线路；而 PLC 梯形图使用的是内部软继电器，定时器/计数器等，靠软件实现控制。因此 PLC 的使用具有很高的灵活性，修改控制过程非常方便。

（2）梯形图设计方法简介

1）梯形图按行依次从左至右、从上到下顺序编写。PLC 程序执行顺序与梯形图的编写顺序一致。

2）梯形图左边垂直线称母线。左侧放置输入接点和内部继电器接点。梯形图接点有两种，即常开接点和常闭接点。这些接点可以是 PLC 的输入接点或内部继电器接点，也可以是内部寄存器、定时/计数器的状态。从梯形结构的最左侧开始，每一个指令单元的有效输出信号都作为其右边一个控制指令单元是否被执行的条件，直到这一支路被执行完为止；如果中间某处条件不满足，将不再往右扫描，输出信号置零，转向下一支路执行。

3）梯形图的最右侧必须放置输出元素。PLC 的输出元素用圆圈（或括号）表示。圆圈（或括号）可以表示内部继电器线圈、输出继电器线圈或定时/计数器的逻辑运算结果。其逻辑动作只有在线圈接通后，对应的接点才动作。

4）梯形图中的输入接点和内部继电器接点可以任意串、并联，而输出元素只能并联不能串联。

5）输出线圈只对应输出映像区的相应位，不能直接驱动现场设备。该位的状态，只有在程序执行周期结束后，对输出刷新。刷新后的控制信号经 I/O 接口对应的输出模块驱动负载工作。

根据 PLC 类型的不同，在每一个支路中，横向和纵向能容纳的指令单元数是不同的，一个支路上允许的输出线圈数也不同。

利用通用计算机（作为上位机）进行编程时，只要按梯形图的编写顺序把逻辑行输入到计算机内即可。也可将梯形图转换成助记符语言，经编程器逐句输入 PLC。典型梯形图及对应指令表语句如图 24.3-15所示。

2.6.2　顺序功能图语言

新一代的 PLC 除了采用梯形图编程外，还可以采用适于顺序控制的标准化语言——顺序功能图编制。

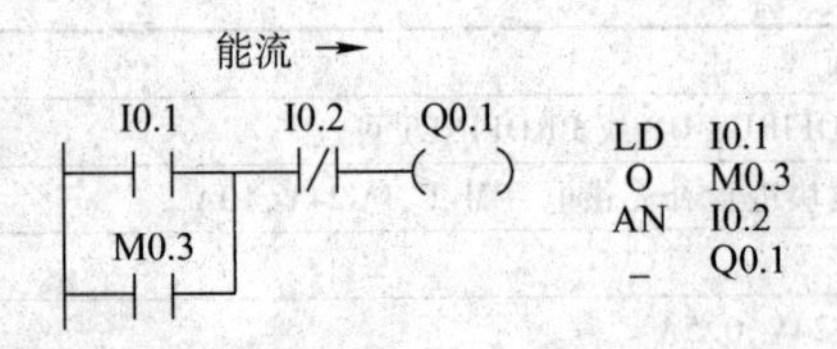

图 24.3-15　典型梯形图及对应指令表语句

顺序功能图又称状态转移图或状态流程图。它是描述控制系统的控制过程、功能和特性的一种图形，是分析和设计 PLC 顺序控制的得力工具。

(1) 顺序功能图（SFC）概念

顺序功能图由状态、转移、转移条件和动作或命令四个内容构成，图 24.3-16 所示为某机械手机构及工作顺序功能图。

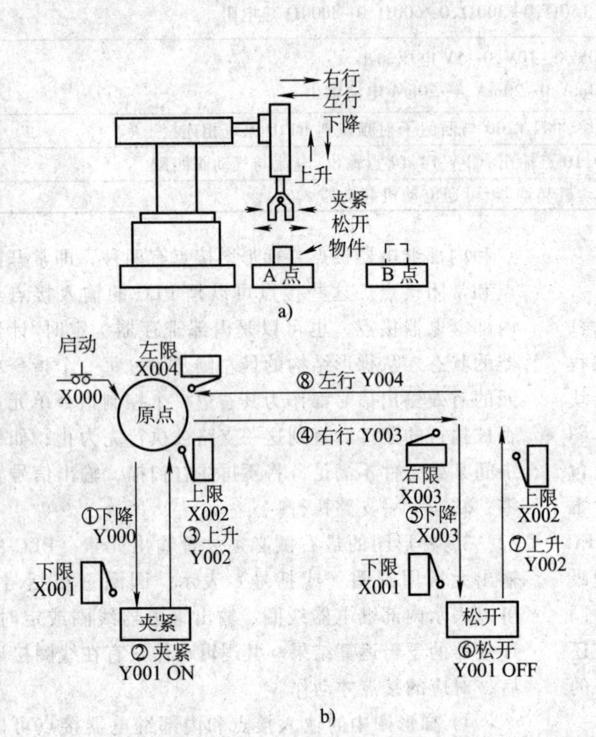

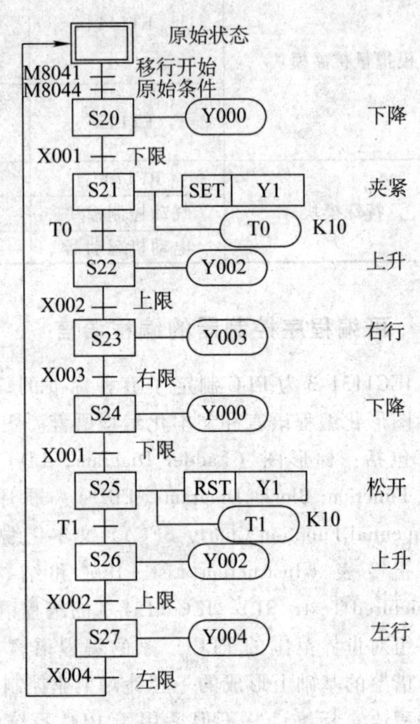

图 24.3-16　某机械手机构及其工作顺序功能图

a）动作机构　b）控制机构　c）顺序功能图

1）状态。用顺序功能图设计顺序控制系统的 PLC 梯形图时，根据系统输出量的变化，将系统的一个工作循环过程分解成若干个顺序相连的阶段，这些阶段就称之为“步”（Step）或状态。例如，在机械工程领域，每一步就表示一个特定的机械动作，称之为“工步”。因此，状态的编号可以用该状态对应的工步序号，也可以用与该状态相对应的编程元件（如 PLC 内部继电器、移位寄存器、状态寄存器等）作为状态的编号。而状态则用矩形框表示。框中的数字是该状态的编号。原始状态（“0”状态）用双线框表示。

2）转移。转移用有向线段表示。在两个状态框之间必须用转移线段相连接，也就是说，在两相邻状态之间必须用一个转移线段隔开，不能直接相连。

3）转移条件。转移条件用与转移线段垂直的短画线表示。每个转移线段上必须有 1 个或 1 个以上的转移条件短画线。在短画线旁，可以用文字、图形符号、逻辑表达式注明转移条件的具体内容。当相邻两状态之间的转移条件满足时，两状态之间的转移得以实现。

4）动作或命令。在状态框的旁边，用文字来说明与状态相对应的工步内容也就是动作或命令，用矩形框围起来，以短线与状态框相连。动作与命令旁边往往也标出实现该动作或命令的电气执行元件的名称。

(2) 顺序功能图的几种结构形式

1）分支。某前级状态之后的转移，引发不止一个后级状态或状态流程序列，这样的转移将以分支形式表示。各分支画在水平直线之下。

① 选择性分支。如果从多个分支状态或分支状态序列中只选择执行某一个分支状态或分支状态序列，则称为选择性分支，如图 24.3-17a 所示。这样

的分支画在水平单线之下。选择性分支的转移条件短画线画在水平单线之下的分支上。每个分支上必须具有 1 个或 1 个以上的转移条件。

在这些分支中，如果某一个分支后的状态或状态序列被选中，当转移条件满足时就会发生状态的转移。而没有被选中的分支，即使转移条件已满足，也不会发生状态的转移。选择性分支可以允许同时选择 1 个或 1 个以上的分支状态或状态序列。

② 并行性分支。所有的分支状态或分支状态流程序列都被选中执行的，则称为并行性分支，如图 24. 3-17b所示。

并行性分支画在水平双线之下。在水平双线之上的干支上必须有 1 个或 1 个以上的转移条件。当干支上的转移条件满足时，允许各分支的转移得以实现。干支上的转移条件称为公共转移条件。在水平双线之下的分支上，也可以有各分支自己的转移条件。在这种情况下，表示某分支转移要得以实现，除了具有公共转移条件之外，还必须具有特殊转移条件。

2）分支的汇合。分支的结束称为汇合。

选择性分支汇合于水平单线。在水平单线以上的分支上，必须有 1 个或 1 个以上的转移条件。而在水平单线以下的干支上则不再有转移条件，如图 24. 3-17a所示。

并行性分支汇合于水平双线。转移条件短画线画在水平双线以下的干支上，而在水平双线以上的分支上则不再有转移条件，如图 24. 3-17b 所示。

3）跳步。在选择性分支中，会有跳过某些中间状态不执行而执行后边的某状态，这种转移称为跳步。跳步是选择性分支的一种特殊情况，如图 24. 3-17a所示。

4）局部循环。在完整的状态流程中，会有按一定条件在几个连续状态之间的局部重复循环运行。局部循环也是选择性分支的一种特殊情况，如图 24. 3-17a所示。

5）封闭图形。状态的执行按有向连线规定的路线进行，它是与控制过程的逐步发展相对应的，一般习惯的方向是从上到下或由左到右展开。为了更明显地表示进展的方向，也可以在转移线段上加箭头指示进展方向，特别是当某转移不是由上到下或由左到右时，就必须加箭头指示转移进展的方向。

机械运动或工艺过程为循环式工作方式时，当一个工作循环中的最后一个状态之后的转移条件满足时，自动转入下一个工作循环的初始状态。因此，可由状态、转移和转移条件构成封闭图形。图 24. 3-16c、图 24. 3-17a 和图 24. 3-17b 所示都是封闭图形。

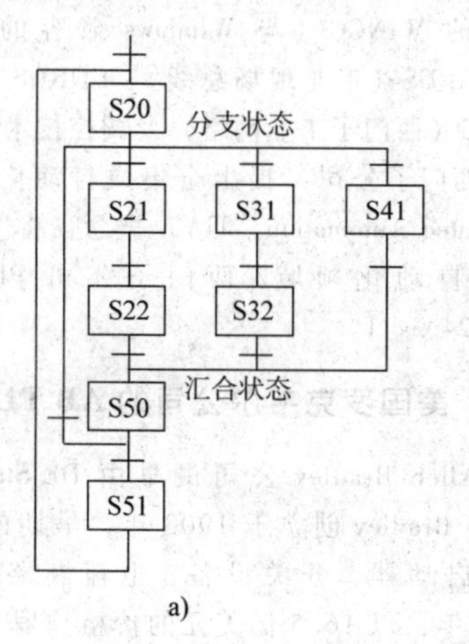

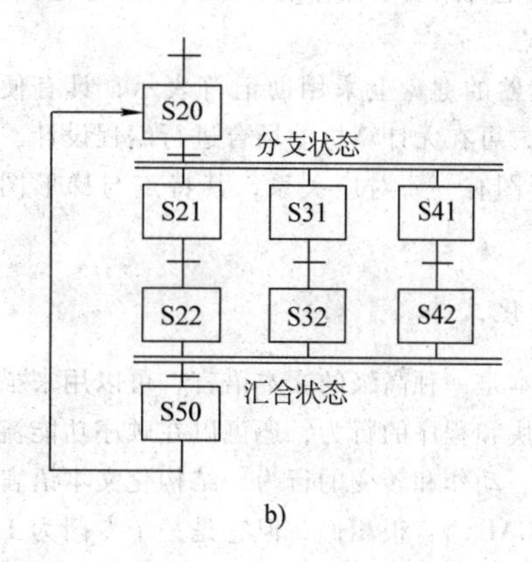

图 24. 3-17　有并行性分支的顺序功能图
a）选择性分支　b）并行性分支

（3）顺序功能图设计方法简介

顺序功能图完整地表现了顺序控制系统的控制过程、各状态的功能、状态转移的顺序和条件。它是进行 PLC 应用程序设计得很方便的工具。利用状态流程图进行程序设计时，大致按以下几个步骤进行：

1）按照机械运动或工艺过程的工作内容、步骤、顺序和控制要求画出顺序功能图。

2）在顺序功能图上，以 PLC 输入点或其他元件定义状态为转移条件。当某转移条件的实际内容不止一个时，每个具体内容定义一个 PLC 元件编号，并以逻辑组合形式表现为有效转移条件（例如，X000 · X001+X002）。

3）按照机械或工艺提供的电气执行元件功能表，在顺序功能图上对每个状态和动作命令配画上实现该状态或动作命令的控制功能的电气执行元件，并以对应的 PLC 输出点编号定义这些电气执行元件。

2.6.3　功能块图

这是一种类似于数字逻辑门电路的编程语言，有数字电路基础的编程人员很容易掌握。该编程语言用类似与门、或门的方框来表示逻辑运算关系，方框的左侧为逻辑运算的输入变量，右侧为输出变量，输入、输出端的小圆圈表示“非”运算，方框被“导线”连接在一起，信号自左向右流动。图 24.3-18 中的控制逻辑与图 24.3-15 中的相同。西门子公司的“LOGO!”系列微型 PLC 使用功能块图语言，除此之外，国内很少有人使用功能块图语言。

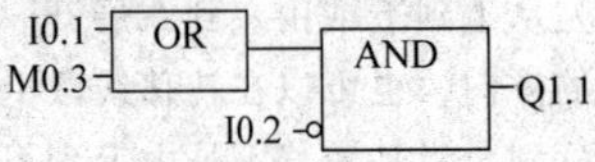

图 24.3-18　功能块图

2.6.4　指令表

指令表编程语言类似于计算机中的助记符汇编语言，它是可编程序控制器最基础的编程语言。所谓指令表编程，是用一个或几个容易记忆的字符来代表可编程序控制器的某种操作功能。指令表程序设计语言有如下特点：

1）采用助记符来表示操作功能，具有容易记忆，便于掌握的特点。

2）在编程器的键盘上采用助记符表示，具有便于操作的特点，可在无计算机的场合进行编程设计。

3）与梯形图有一一对应关系，其特点与梯形图语言基本类同。

2.6.5　结构化文本

结构化文本是一种高级的文本语言，可以用来描述功能、功能块和程序的行为，还可以在顺序功能流程图中描述步、动作和转变的行为。结构化文本语言表面上与 PASCAL 语言很相似，但它是一个专门为工业控制应用开发的编程语言，具有很强的编程能力，用于对变量赋值、回调功能和功能块、创建表达式、编写条件语句和迭代程序等。结构化文本程序设计语言有如下特点：

1）采用高级语言进行编程，可以完成较复杂的控制运算。

2）需要有一定的计算机高级程序设计语言的知识和编程技巧，对编程人员的技能要求较高，普通电气人员无法完成。

3）直观性和易操作性等性能较差。

4）常被用于采用功能模块等其他语言较难实现的一些控制功能的实施。

3　可编程序控制器的生产厂家及产品介绍

目前，可编程序控制器的生产厂家有几百家，生产的产品从微型 PLC 到大型 PLC 都有许多型号和系列。在我国市场上常见的可编程序控制器产品的国外生产厂家主要有：德国西门子公司、美国罗克韦尔公司、日本立石公司。

3.1　德国西门子（SIEMENS）公司

西门子公司的 PLC 产品最早是 1975 年投放市场的 SIMATIC S3，它实际上是带有简单操作接口的二进制控制器。1979 年，S3 系统被 SIMATIC S5 所取代，该系统广泛地使用了微处理器。20 世纪 80 年代初，S5 系统进一步升级为 U 系列 PLC，较常用机型有：S5-90U、S5-95U、S5-100U、S5-115U、S5-135U、S5-155U。1994 年 4 月，S7 系列诞生，它具有更国际化、更高性能等级、安装空间更小、更良好的 Windows 用户界面等优势，其机型为：S7-200、S7-300、S7-400。1996 年，在过程控制领域，西门子公司又提出了 PCS7（过程控制系统 7）的概念，将其优势的 WINCC（与 Windows 兼容的操作界面）、PROFIBUS（工业现场总线）、COROS（监控系统）、SINEC（西门子工业网络）及调控技术融为一体。现在，西门子公司又提出全集成自动化系统（Totally Integrated Automation，TIA）概念，将 PLC 技术溶于全部自动化领域。西门子公司 PLC 产品分类见表 24.3-11。

3.2　美国罗克韦尔公司的 AB PLC

Allen-Bradley 公司最早由 Dr. Stanton Allen 和 Lynde Bradley 创立于 1903 年，早期的产品主要有自动启动器、开关设备、电流断路器、继电器。1985 年，以 16.5 亿美元的价格被罗克韦尔国际集团（Rockwell Internation）收购，Allen-Bradley 成为罗克韦尔自动化旗下重要的品牌。1981 年前后，Allen-Bradley 公司基于 AMD 微处理器的 PLC-3 面世。1986 年前后，Allen-Bradley 基于摩托罗拉 68000 芯片的 PLC-5 面世。1991 年前后，Allen-Bradley SLC500 PLC 面世。1995 年，Allen-Bradley 推出了 Micrologix 1000 控制器和 Flex I/O 产品。1998 年~1999 年，Allen-bradley 推出了 ControlLogix PLC。罗克韦尔公司的 AB PLC 按照应用领域的主要分类见表 24.3-12。

表 24. 3-11　西门子公司 PLC 产品分类

类型	应用领域	编程软件	CPU 型号	
S7-200	小型	STEP7-Micro/WIN32	CPU221/222/224/224XP/226	
S7-300	中型	SIMATIC S7	紧凑型	CPU312C/313C/313C-2PtP/313C-2DP/314C-2PtP/314C-2DP
			标准型	CPU312/314/315-2DP/315-2PN/DP/315-2DP/315-2PN/DP/CPU319-3PN/DP
			技术功能型	CPU315T-2DP/317T-2DP
			故障安全型	CPU317F-2DP
SIPLUS S7-300	中型、恶劣特殊环境	SIMATIC S7	SIPLUS CPU312C/314/315-2DP 等	
S7-400	大型、高性能、复杂场合	SIMATIC S7	CPU412-1/412-2/414-2/414-3/416-2/416-3/417-4DP/417H	

表 24. 3-12　罗克韦尔公司的 AB PLC 按照应用领域的主要分类

类型	所属分类	编程软件	产品目录号
MicroLogix500	低端	RSLogix500	1761
SLC500	中端小型机	RSLogix500	1747
CompactLogix	中端新产品	RSLogix5000	1769
ControlLogix5000	高端主流机型	RSLogix5000	1756
PLC-5	高端老机型	RSLogix5	1785

3.3　日本立石（OMRON，欧姆龙）公司

20 世纪 80 年代初期，OMRON 的大、中、小型 PLC 分别为 C 系列的 C2000、C1000、C500、C120、C2000 等。20 世纪 80 年代后期，OMRON 开发出了 H 型机，大、中、小型分别对应有 C2000H/C1000H、C200H、C60H/C40H/C28H/C20H。20 世纪 90 年代初期，OMRON 推出了无底板模块式小型机 CQM1、大型机 CV 系列。1997 年，推出了小型机 CPM1A、中型机 C200Hα。1999 年，在中国市场上又推出了 CS1 系列大型机以及 CPM2A、CPM2C、CPM2AE 等小型机，CQM1H 中型机。按照应用领域的不同，目前市场上存在的 OMRON 系列 PLC 分类见表 24. 3-13。

表 24. 3-13　OMRON 系列 PLC 分类

分类	CPU 型号
小型 PLC	CP、SRM2C、CPM2AH、CPM2AH-S、CPM2C、CPM2A、CPM1A
中型 PLC	CJ1、CQM1H、CJ1M、C200Hα
大型 PLC	CS1D、CV 系列、CVM1D、CVM1、CS1

3.4　其他 PLC 公司

国外 PLC 生产企业有：

1）美国通用电气（GENERAL ELECTRIC）公司，简称 GE 公司。

2）法国施耐德公司（SCHNEIDER）公司。

3）日本三菱（MITSUBISHI）公司。

4）日本日立（HITACHI）公司。

5）日本富士（FUJI）公司。

国内 PLC 生产企业有：

1）无锡市信捷科技电子有限公司，产品有 XC 系列、FC 系列 PLC，网址 http：//www. xinje. com。

2）北京凯迪恩自动化技术有限公司，产品有 KDN-K3 系列 PLC，网址 http：//www. kdnautomation. com。

3）南京冠德科技有限公司，产品有嘉华 PLC，网址 http：//www. guande. com。

4）台达电子集团，网址 www. delta. com. tw。

5）永宏电机股份有限公司，网址 www. fatek. com。

4　可编程序控制器应用系统设计的内容和步骤

4.1　PLC 应用系统设计的内容和步骤

PLC 系统设计包括硬件设计和软件设计两部分，主要内容及步骤见表 24. 3-14。

4.2　PLC 应用系统的硬件设计

4.2.1　PLC 的型号选择

PLC 型号选择应当遵循表 24. 3-15 中的原则。

4.2.2　I/O 模块的选择

PLC 的硬件设计要根据需要选择合适的数字量、模拟量输入输出模块。I/O 选择原则见表 24. 3-16。

表 24.3-14 PLC 应用系统设计主要内容及步骤

步骤	内 容	描 述
1	需求分析	统计 I/O 点数以及类型、网络要求、有无特殊功能模块要求等
2	选择 PLC 型号	PLC 的品牌往往根据客户需求选择，根据被控系统的复杂程度、特殊功能需求等选择合适的 PLC 型号
3	硬件组态	包括数字量、模拟量扩展模块、网络通信模块、人机界面的组态
4	分配 I/O 点	根据信号输入输出与传感器、执行元件一一对应，并留 10%～15% I/O 余量
5	设计操作台、控制柜	总电源、急停等按钮，人机界面的布置，PLC 机架安装，布线
6	设计控制程序	编写 PLC 的控制程序（使用梯形图语言等）以及人机界面的显示程序（组态软件等）
7	编制系统文件	软件使用说明书、电气原理图、电气布置图、电气安装图、元器件明细表、I/O 对照表

表 24.3-15 PLC 型号选择应遵循的原则

原 则	描 述
结构合理	工艺过程固定，小型系统选择集成式 PLC，否则选择模块式 PLC
功能强弱适当	综合考虑系统要求、成本各因素，尽量选择满足功能中最经济的组态方式
机型统一	企业内部 PLC 应做到机型统一，便于维修维护，并可通过工业网络实现多级分布式控制系统
根据环境安全选择适当的产品	易燃、易爆恶劣环境可以选择相应安全型模块或安全型 CPU，如西门子的 SIMPLUS S7-300 系列 CPU，ET200iSP 远程 I/O 模块

表 24.3-16 I/O 选择原则

类型	参数	选择原则
数字量	频率	继电器类型数字量输出不宜超过 1Hz
	电压	交流输出、直流输出的区别
	功率	晶体管输出可过电流 750mA，继电器输出可过 2A
	传输距离	低于 24V 电压不宜传输距离过远，如 12V 电压一般不超过 10m
模拟量	普通型	双极性电压型 -10～10V，单极性电压型 0～10V，电流型 4～20mA
	特殊型	热电偶、热电阻

4.2.3 电源选择

电源模块的选择一般只需考虑输出电流。电源模块的额定输出电流必须大于处理器模块、I/O 模块、专用模块等消耗电流的总和。表 24.3-17 为选择电源的一般规则。

表 24.3-17 PLC 选择电源的一般规则

序号	选择原则
1	根据电压一致原则确定所需电源模块
2	将所有 I/O 模块所需背板电流相加计算 I/O 模块所需背板电流
3	处理器所需背板电流
4	远程 I/O 所需背板电流
5	电源电流按照 2～4 项中的总和进行选择

4.3 PLC 的应用软件设计

PLC 应用系统软件设计内容见表 24.3-18。

表 24.3-18 PLC 应用系统软件设计内容

步骤	主要内容
需求分析	控制、操作、自诊断等功能分析
	I/O 信号及数据结构分析
	编写需求规格说明书（包括任务概述、功能需求、性能需求、运行需求）
软件设计	程序结构设计
	数据结构设计
	软件过程设计
	编写软件设计规格说明书（包括技术要求、程序编制依据、软件测试）
编程实现	程序编制
	程序测试
	编制程序设计说明书
软件测试	检查程序、寻找程序中的错误、测试软件、程序运行限制条件与功能软件、验证软件文件

4.4 PLC 的应用实例——自动搬运机械手

图 24.3-19 所示为自动搬运机械手，其用于将左工作台上的工件搬到右工作台上。机械手的全部动作由气缸驱动，气缸由电磁阀控制。

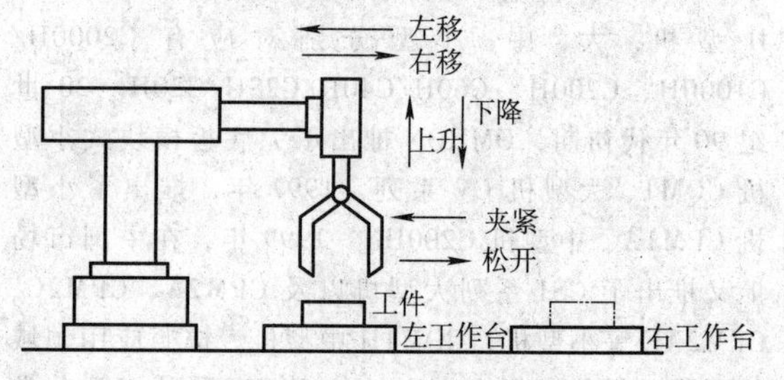

图 24.3-19 自动搬运机械手

（1）机械手动作分析

将机械手的原点（即原始状态）定为左工位、高位、放松状态。在原始状态下，检测到左工作台上有工件时，机械手下降到低位并夹紧工件，然后上升到高位，向右移到右工位。在右工作台上无工件时，机械手下降到低位，松开工件，然后机械手上升到高位，左移回原始状态。

动作过程中，上升、下降、左移、右移、夹紧（放松）为输出信号。放松和夹紧共用一个线圈，线圈得电时夹紧，失电时放松。低位、高位、左工位、右工位、工作台上有无工件作为输入信号。

(2) PLC 控制系统的硬件设计

搬运机械手控制系统中共有 13 个输入信号、7 个输出信号，逻辑关系较为简单。因此，可选用 C40P 来实现该任务。假定输入信号全部采用常开触点。手动控制 I/O 分配见表 24.3-19。

表 24.3-19　手动控制 I/O 分配

输入信号	工位号	输出信号	工位号
高位	0000	上升	0504
低位	0001	下降	0505
左工位	0008	左移	0506
右工位	0003	右移	0507
工作台有工件	0004	夹紧	0508
自动	0005	手动指示	0509
手动	0006	自动指示	0510
手动上升	0007		
手动下降	0008		
手动左移	0009		
手动右移	0010		
手动夹紧	0011		
手动放松	0012		

图 24.3-20 所示为机械手 PLC 控制系统的硬件原理。动作指示利用发光二极管与输出接触器并联。

(3) PLC 控制系统的软件设计

PLC 控制系统的梯形图如图 24.3-21 所示。

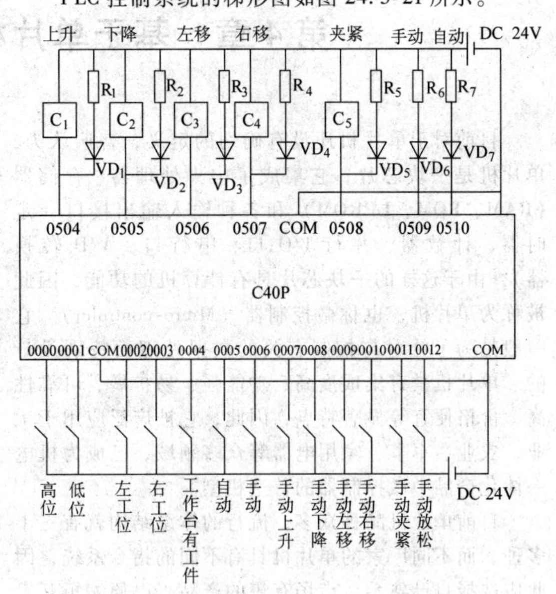

图 24.3-20　机械手 PLC 控制系统的硬件原理

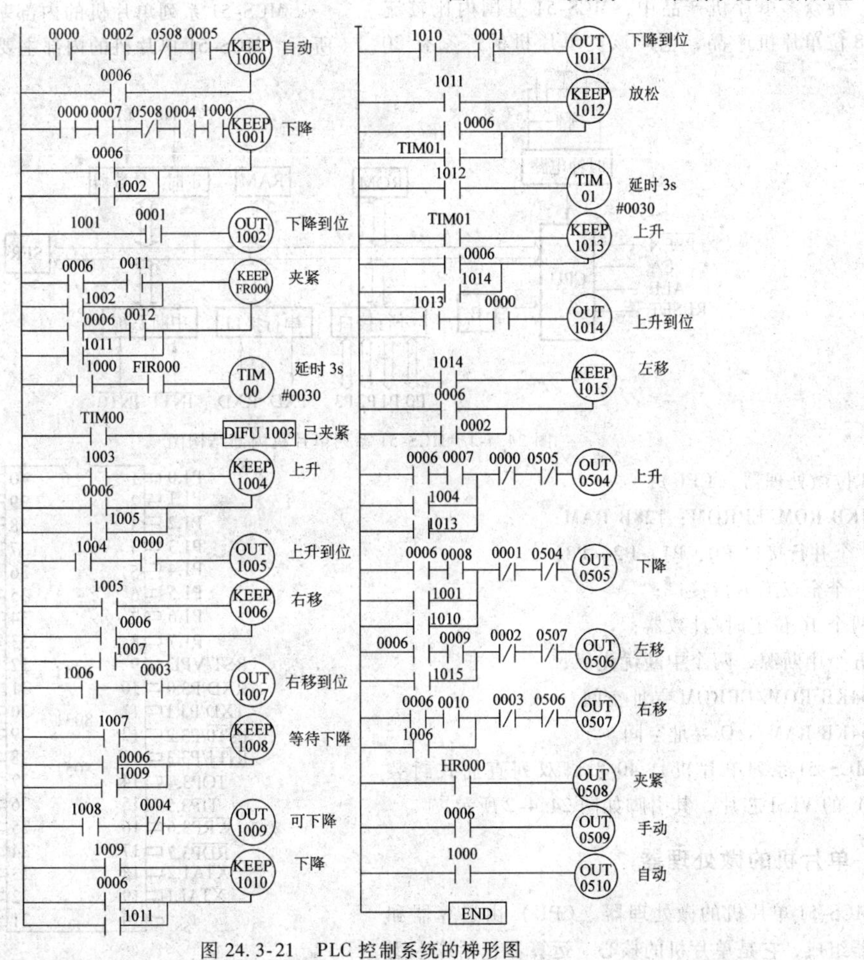

图 24.3-21　PLC 控制系统的梯形图

第 4 章　基于单片机的控制器及其设计

目前对于单片机还没有确切的定义，普遍认为，单片机是一块芯片，它集成了中央处理器、存储器（RAM、ROM、EPROM）和各种输入输出接口（定时器、计数器、并行 I/O 口、串行口、A/D 转换器），由于这样的一块芯片具有计算机的功能，因此被称为单片机，也称微控制器（Micro-controler）。它一般是为了针对与控制有关的数据处理而特别设计的。单片机具有集成度高、功能强、易扩展、可靠性高、价格便宜等显著特点，因此，它被广泛应用于工业、农业、军事、家用电器等众多领域，已成为机电一体化产品中微控制器的首选机型。

目前单片机品种众多，流行的体系结构就有三十多种，而不同厂家的单片机具有不同的指令系统，因此应选择自己熟悉、市场有售的产品，以便缩短开发周期。在众多单片机产品中，MCS-51 是国内比较流行的 8 位单片机产品，生产该类单片机的厂家有 20 多家，并衍生出 300 多种机型。同时，MCS-51 系列一直在单片机的实际应用中占据重要地位，且具有长盛不衰的趋势。因此，下面主要以 MCS-51 单片机为例，并结合其他种类单片机介绍基于单片机的微控制器的原理、扩展接口电路及软件编程方法。

1　单片机的硬件结构

1.1　单片机的基本结构

计算机一般由运算器、控制器、存储器、输入和输出设备五部分组成。作为一种微型计算机，单片机将微型化的计算机基本部件集成到一块芯片上，通常在芯片内部采用单一总线将各个部件连接到一起。

MCS-51 系列单片机的内部基本结构如图 24.4-1 所示。MCS-51 单片机的内部主要有：

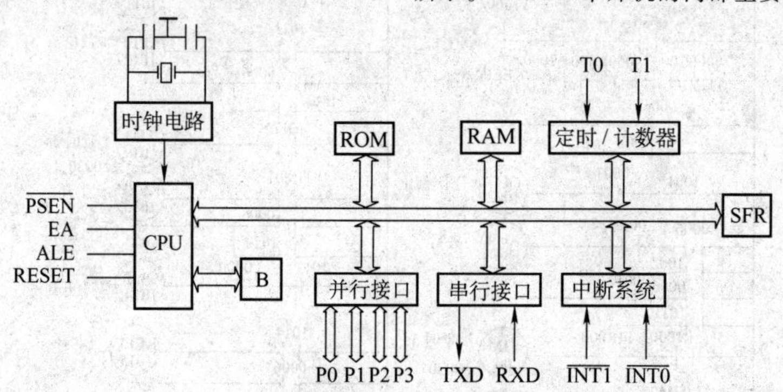

图 24.4-1　MCS-51 系列单片机内部结构图

8 位微处理器（CPU）；

4KB ROM/EPROM；128B RAM；

4 个并行接口 P0、P1、P2、P3；

一个全双工串行接口；

两个 16 位定时/计数器；

五个中断源，两个中断优先级；

64KB ROM/EPROM 寻址空间；

64KB RAM/I/O 寻址空间。

MCS-51 系列单片机是 40 引脚双列直插式封装（DIP）的 VLSI 芯片，其引脚如图 24.4-2 所示。

引脚名	引脚	引脚	引脚名
P1.0	1	40	V_{CC}
P1.1	2	39	P0.0
P1.2	3	38	P0.1
P1.3	4	37	P0.2
P1.4	5	36	P0.3
P1.5	6	35	P0.4
P1.6	7	34	P0.5
P1.7	8	33	P0.6
RST/VPD	9	32	P0.7
RXD/P3.0	10	31	$\overline{EA}$/V_{PP}
TXD/P3.1	11	30	ALE/$\overline{PROG}$
$\overline{INT0}$/P3.2	12	29	$\overline{PSEN}$
$\overline{INT1}$/P3.3	13	28	P2.7
TOP3.4	14	27	P2.6
TIP3.5	15	26	P2.5
$\overline{WR}$P3.6	16	25	P2.4
$\overline{RD}$P3.7	17	24	P2.3
XTA1.2	18	23	P2.2
XTAL1	19	22	P2.1
V_{SS}	20	21	P2.0

8751　8031　8051

图 24.4-2　MCS-51 芯片引脚图

1.2　单片机的微处理器

MCS-51 单片机的微处理器（CPU）由运算器和控制器组成，它是单片机的核心。运算器包括算术逻辑运算单元 ALU、8 位累加器 A、8 位寄存器 B、暂存器 TMP1 和 TMP2、8 位程序状态寄存器 PSW 以及布尔处理器等。运算器的工作原理与一般微处理器基本相同。寄存器 B 是为执行乘法和除法操作设置的，也可以把它当作一个暂存器使用。程序状态字 PSW 用以说明程序的状态信息，其各位的定义如图24.4-3所示。其中 P 是奇偶校验位，当累加器 A 中 1 的个数为奇数时 P 的值为 1，否则为 0。

MCS-51 的独特之处是专门设计了一个独立的布尔处理器，从而使其具有强大的实时控制能力。布尔处理器有自己的累加器，即 PSW 中的进位标志 CY；有自己的存储器，即 RAM 位寻址区和 SFR 中的可寻址位。布尔处理器还有一套指令系统。

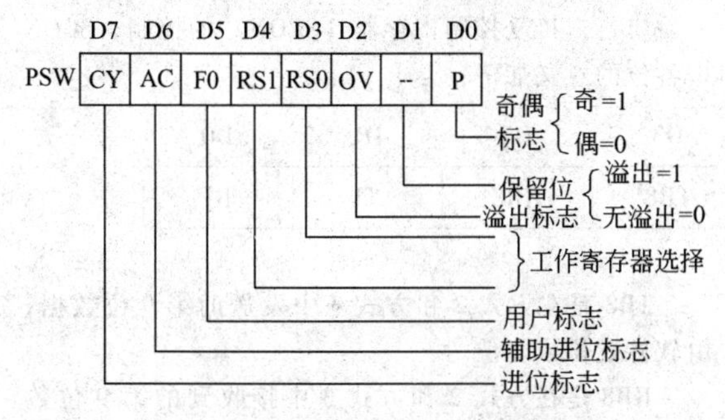

图 24.4-3 PSW 各状态标志位的定义

控制器是单片机的神经中枢，存放在 ROM/EPROM 中的指令被逐条送到指令寄存器，经译码器译码后，发出各种控制信号，产生一系列的微操作，把单片机的各部分组织在一起协调地工作。

1.3 MCS-51 的存储器

MCS-51 的存储器包括程序存储器（ROM/EPROM）和数据存储器（RAM），它们相互独立，各有 64KB 的寻址空间。

1.3.1 程序存储器

在 MCS-51 中，内部程序存储器（ROM/EPROM）和外部扩展程序存储器的地址是连续的，内部（4KB）为 0000H～0FFFH，外部（64KB）为 1000H～FFFFH，如图 24.4-4 所示。

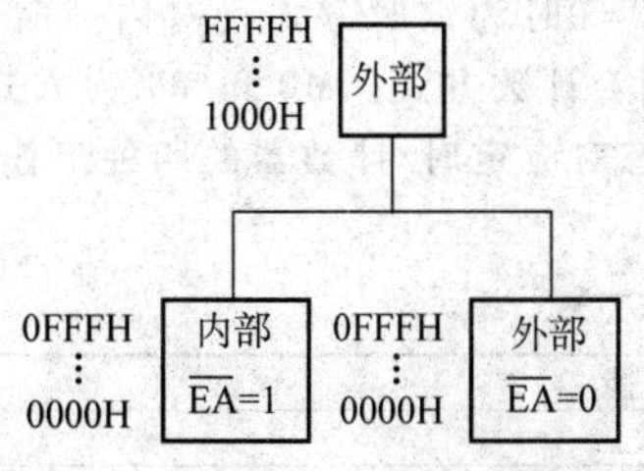

图 24.4-4 MCS-51 程序存储器结构

在使用 8051/8751 时，应使引脚 $\overline{EA}=1$。对于 8031，因为内部没有程序存储器，所以应使 $\overline{EA}=0$，CPU 完全从外部程序存储器（地址为 0000H～FFFFH）读取指令。

1.3.2 数据存储器

MCS-51 内部 RAM 共有 128 个单元，地址为 00H～7FH。MCS-51 对内部 RAM 有丰富的操作命令，编程非常方便。MCS-51 还可以在片外扩展 64KB 的 RAM 或 I/O 口，可以满足一般应用系统的需要。MCS-51 数据存储器的结构如图 24.4-5 所示。

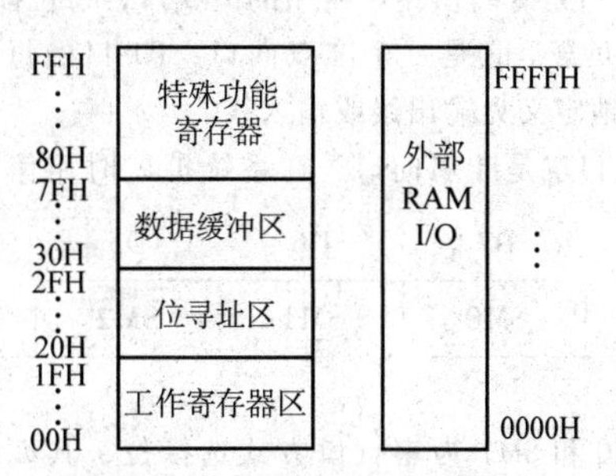

图 24.4-5 MCS-51 数据存储器的结构

MCS-51 的内部数据存储器可以划分为四个区域：

（1）工作寄存器区

MCS-51 的内部 RAM 从 00H～1FH 为工作寄存器区，共 32 个单元，每 8 个单元为一组，共分 4 组，每组内各寄存器编号分别为 R0～R7。可通过 PSW 中的 RS1、RS0 两位选择其中的一组工作。

（2）位寻址区

内部 RAM 的 20H～2FH 为位寻址区，该区内每一位都有一个 8 位地址，编址为 00H～7FH。此外，部分特殊功能寄存器（SFR）也可以按位寻址，但不是所有的 SFR 都可以，只有其地址能被 8 整除的 SFR 才能按位进行寻址。所有这些可寻址位就构成了布尔处理器的存储空间。

（3）数据缓冲区

内部 RAM 的 30H～7FH 为数据缓冲区。实际上，在分配好工作寄存器组、位标志区以及堆栈区以后，剩下的 RAM 均可作为数据缓冲器使用。MCS-51 的堆栈原则上可以设置在内部 RAM 的任意区域。但由于 00H～1FH 为工作寄存器区，20H～2FH 为位寻址区，所以堆栈可根据具体情况进行设置。

（4）特殊功能寄存器（SFR）

特殊功能寄存器是一些具有特殊功能的单元，如并行口锁存器、串行口数据缓冲器、定时计数器以及各种控制寄存器和状态寄存器等。SFR 总共 21 个单元，离散地分布在 80H～FFH 地址区域内。

1.4 MCS-51 的并行口和串行口

1.4.1 并行口

由图 24.4-1 所示的 MCS-51 单片机内部结构可知，MCS-51 内部有 4 个并行口，每个口有 8 条 I/O 线，共 32 条 I/O 线。

P0 口是三态双向口，每位能驱动 8 个 TTL 负载。在访问外部存储器时，分时地作为地址总线的低 8 位和数据总线。由于是分时输出，故应在 P0 口加地址锁存器，地址锁存控制信号为 ALE。

P1 口是专门供用户使用的 I/O 口，每位能驱动 4 个 TTL 负载。它是一个准双向口，P1 口的每一位都能独立地定义为输出线或输入线。

P2 口也是准双向口，在系统扩展时用作地址总线的高 8 位。如果没有系统扩展，P2 口也可以作为 I/O 口使用。它可以驱动 4 个 TTL 负载。

P3 口是一个双功能口，驱动能力与 P1 口相同。作为第一功能使用时，口的结构及操作与 P1 口相同。P3 口的每一位均可独立地定义为第一功能或第二功能。

1.4.2 串行口

MCS-51 不仅有四个并行口，还有一个功能很强的全双工的串行口，该口有一个数据缓冲器（SBUF），在物理上，对应着发送缓冲器和接收缓冲器，前者只能写入不能读出，后者只能读出不能写入，两个缓冲器占用一个地址，由读写指令来区分。

串行口接受控制寄存器（SCON）的控制，SCON 中各位的意义如下：

D7	D6	D5	D4	D3	D2	D1	D0
SM0	SM1	SM2	REN	TB8	RB8	TI	RI

SM0 和 SM1 为串行口方式选择位，其编码对应四种工作方式，见表 24.4-1。

表 24.4-1 串行口工作方式选择

方式	SM0	SM1	功能	波特率
0	0	0	移位寄存器方式	fosc/12
1	0	1	8 位 UART 方式	可变
2	1	0	9 位 UART 方式	fosc/32，fosc/64
3	1	1	9 位 UART 方式	可变

注：fosc 为晶体振荡频率。

在方式 2 和方式 3 中，SM2 为多机通信允许位。若 SM2 置为 1，且所接收的 RB8=1，则 RI=1；若 SM2 置为 1 且 RB8=0，则 RI=0。在方式 1 中，若 SM2=1，则只有收到有效的停止位时 RI=1，否则 RI=0。在方式 0 中，SM2 应该为 0。

REN 为串行接收允许位。REN=1，允许接收；REN=0，禁止接收。该位由软件控制。

TB8 是在方式 2 和方式 3 中发送的第 9 位数据，由软件置位或复位。

RB8 是在方式 2 和方式 3 中接收到的第 9 位数据。在方式 1 中，若 SM2=0，则 RB8 是接收到的停止位。在方式 0 中，RB8 未使用。

TI 为发送中断申请标志。该位由硬件置位，由软件来清除。

RI 为接受中断申请标志。

1.5 MCS-51 的定时器

MCS-51 单片机内部有两个 16 位可编程定时/计数器 T0 和 T1，它们分别由两个 8 位寄存器组成，高 8 位分别为 TH0 和 TH1，低 8 位分别为 TL0 和 TL1。T0 和 T1 由特殊功能寄存器 TMOD 和 TCON 控制。

1.5.1 方式控制寄存器 TMOD

TMOD 的格式如下：

D7	D6	D5	D4	D3	D2	D1	D0
GATE	C/T	M1	M0	GATE	C/T	M1	M0

D7～D4 用于设定 T1 的工作方式，D3～D0 用于设定 T0 的工作方式。GATE 是门控位。GATE=1 时，只有（X=0 或 1）GATE=1 且 TRX=1 时，定时/计数器才能工作，而当 GATE=0 时，则与之无关。C/T=0时为定时方式（对内部时钟脉冲计数），否则为计数方式。M0 和 M1 为方式选择位，其四种状态对应定时/计数器的四种工作方式，见表 24.4-2。

表 24.4-2 定时/计数器的工作方式

方式	M1,M0	功 能
0	0 0	THX 的 8 位与 TLX 的低 5 位构成 13 位定时/计数器
1	0 1	THX 与 TLX 组成 16 位定时/计数器

（续）

方式	M1, M0	功　能
2	1　0	TLX 作为 8 位定时/计数器，THX 作为常数寄存器，THX 的内容自动装入 TLX
3	1　1	方式 3 只适用于 T0。T0 被拆成两个独立的 8 位计数器 TH0 和 TL0，TL0 使用原 T0 的控制位控制，可用于计数或定时；TH0 只能用作定时器；并借用 T1 的控制位 TR1 和 TF1，同时占用 T1 的中断源。这时 T1 可工作于不产生中断的方式 2，用作串行口波特率发生器

1.5.2　定时器控制寄存器 TCON

TCON 的格式如下：

D7	D6	D5	D4	D3	D2	D1	D0
TF1	TR1	TF0	TR0	IE1	IT1	IE0	IT0

TFX（X=0，1）是 TX 溢出中断申请标志位。当 TX 溢出时，TFX 由硬件置位，中断响应时由硬件清除。

TRX 是 TX 的运行控制位，由软件置位和复位。TRX=1 时启动定时/计数器，TRX=0 时停止计数。其余各位均与中断有关，将在下一节中介绍。

1.6　MCS-51 的中断系统及其控制

MCS-51 单片机的中断系统有五个中断源，并提供两个中断优先级。各中断源的中断服务程序入口地址见表 24.4-3。每个中断源的优先级可以通过中断优先级寄存器 IP 来编程设定。当某位为 1 时，相应的中断源处于高优先级，相反则为低优先级。IP 各位所代表的中断源如图 24.4-6 所示。MCS-51 各中断源的开中断/关中断由中断允许寄存器 IE 进行管理，其各标志位及其意义如图 24.4-7 所示。MCS-51 各中断源的中断申请标志分布在 TCON 和 SCON 中，在上一节中已给出了 TCON 的格式，除定时/计数器 TX（X=0，1）溢出申请标志外，还有外部 $\overline{INTX}$（X=0，1）的中断申请标志 IEX。IEX=1 表示外部中断 X 向 CPU 申请中断，当 CPU 响应中断时由硬件清零（边沿触发方式）。

表 24.4-3　各中断源中断服务程序入口地址

中　断　源	入口地址
外部中断 0（$\overline{INT0}$）	0003H
定时/计数器 T0 溢出中断	000BH
外部中断 1（$\overline{INT1}$）	0013H
定时/计数器 T1 溢出中断	001BH
串行口中断（TI、RI）	0023H

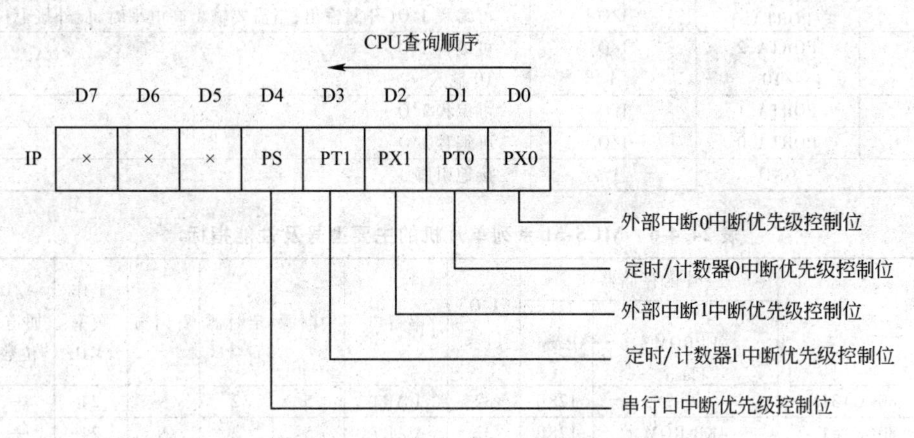

图 24.4-6　中断源优先级寄存器 IP

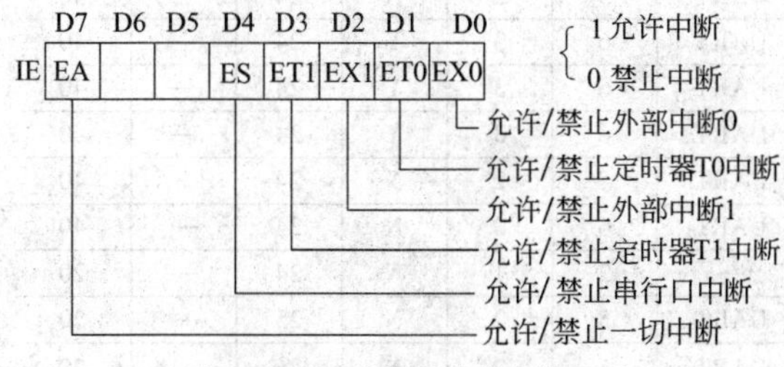

图 24.4-7　中断允许寄存器 IE

SCON 中的 TI 和 RI 分别是串行口发送和接收的中断申请标志。

在 TCON 中还规定了外部中断的中断触发方式，当 ITX=1 时，选择外部中断为边沿触发方式；当 ITX=0 时，选择外部中断为电平触发方式。

2 常用单片机的厂家及产品介绍

2.1 4位单片机

4位单片机在家用电器中的应用较为广泛，主要的生产厂家及其典型系列见表24.4-4。

表24.4-4 4位单片机生产厂家及其典型系列

生产厂家	典型系列
NEC公司	17K、μPD1700、μPD7500、75XL/75X
OKI公司	OLMS—50/60/63、OLMS—64/6502、OLMS—65/66
美国国家半导体公司	COP400
汤姆逊公司	9400
东芝公司	TLCS、TMP47C
中颖公司	SH67、SH67

以下对中颖公司的SH69P801型单片机进行简要介绍。SH69P801单片机具有2K×16位ROM和123×4位RAM，6个双向I/O引脚，两个自动重载8位定时器/计数器，3个中断源。SH69P801单片机的引脚配置如图24.4-8所示，各引脚说明见表24.4-5。

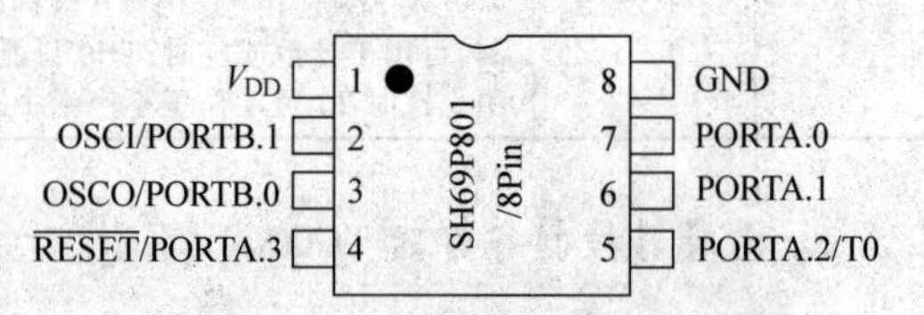

图24.4-8 SH69P801单片机的引脚配置

2.2 8位单片机

8位单片机的主要产品有MCS-51系列单片机、Motorola公司的MC68HC系列单片机、Microchip公司的PIC系列单片机和ATMEIL公司的AVR单片机。

8位单片机的最主要代表是MCS-51系列单片机。该系列单片机的主要型号及性能指标见表24.4-6。

表24.4-5 SH69P801单片机各引脚说明

引脚编号	引脚命名	引脚性质	说明
1	V_{DD}	P	电源引脚
2	OSCI /PORTB.1	I I/O	时钟输入引脚，连接到晶振、陶瓷谐振器或外部电阻 可编程I/O
3	OSCO /PORTB.0	O I/O	时钟输出引脚，连接到晶振、陶瓷谐振器。使用RC振荡时，无时钟信号输出 可编程I/O
4	$\overline{\text{RESET}}$ /PORTA.3	I I/O	复位引脚（低电压有效，施密特触发器输入） 可编程I/O（开漏输出，当需要输出高电平时，应外接上拉电阻）
5	PORTA.2 /T0	I/O I	可编程I/O T0输入
6	PORTA.1	I/O	可编程I/O
7	PORTA.0	I/O	可编程I/O
8	GND	P	接地引脚

表24.4-6 MCS-51系列单片机的主要型号及性能指标

公司	型号	片内存储器		I/O口线	串行口	中断源	定时器	看门狗	工作频率/MHz	A/D通道/位数	引脚与封装
		ROM EPROM Flash	RAM								
Intel	80(C)31	—	128B	32	UART	5	2	N	24	—	40
	80(C)51	4KB ROM	128B	32	UART	5	2	N	24	—	40
	87(C)51	4KB EPROM	128B	32	UART	5	2	N	24	—	40
	80(C)32	—	256B	32	UART	6	3	Y	24	—	40
	80(C)52	8KB ROM	256B	32	UART	6	3	Y	24	—	40
	87(C)52	8KB EPROM	256B	32	UART	6	3	Y	24	—	40
Atmeil	AT89C51	4KB Flash	128B	32	UART	5	2	N	24	—	40
	AT89C52	8KB Flash	256B	32	UART	6	3	N	24	—	40
	AT89C1051	1KB Flash	64B	15	—	2	1	N	24	—	20
	AT89C2051	2KB Flash	128B	15	UART	5	2	N	25	—	20
	AT89C4051	4KB Flash	128B	15	UART	5	2	N	26	—	20

（续）

公司	型号	片内存储器		I/O口线	串行口	中断源	定时器	看门狗	工作频率/MHz	A/D通道/位数	引脚与封装
		ROM EPROM Flash	RAM								
Atmeil	AT89S51	4KB Flash	128B	32	UART	5	2	Y	33	—	40
	AT89S52	8KB Flash	256B	32	UART	6	3	Y	33	—	40
	AT89S53	12KB Flash	256B	32	UART	6	3	Y	24	—	40
	AT89LV51	4KB Flash	128B	32	UART	6	2	N	16	—	40
	AT89LV52	8KB Flash	256B	32	UART	8	3	N	16	—	40
Philps	P87LPC762	2KB EPROM	128B	18	I^2C, UART	12	2	Y	20	—	20
	P87LPC764	4KB EPROM	128B	18	I^2C, UART	12	2	Y	20	—	20
	P87LPC768	4KB EPROM	128B	18	I^2C,UART	12	2	Y	20	4/8	20
	P8XC591	16KB ROM/EPROM	512B	32	I^2C,UART	15	3	Y	12	6/10	44
	P89C51RX2	16~64KB Flash	1024B	32	UART	7	4	Y	33	—	44
	P89C66X	16~64KB Flash	2048B	32	I^2C,UART	8	4	Y	33	—	44
	P8XC554	16KB ROM/EPROM	512B	48	I^2C,UART	15	3	Y	16	8/10	64

另外，Motorola公司推出了MC68HC系列8位单片机，该系列单片机型号众多，所使用的CPU和指令系统均相同，但与51系列单片机不兼容。MC68HC系列单片机的主要型号及其性能见表24.4-7。

表24.4-7 MC68HC系列单片机的主要型号及其性能

型号	片内存储器	定时器	I/O口	串口	A/D通道/位数	PWM	总线频率/MHz
MC68HC08AZ0	1 KB RAM 512B EEPROM	定时器1：4通道 定时器2：2通道	48	SCISP1	8/8	16位	8
MC68HC08AZ32	32KB ROM 1KB RAM 512B EEPROM	定时器1：4通道 定时器2：2通道	48	SCISP1	8/8	16位	8
MC68HC908AZ60	2KB RAM 60KB Flash 1B EEPROM	定时器1：6通道 定时器2：2通道	48	SCISP1	15/8	16位	8
MC68HC908GP20	512B RAM 20KB Flash	定时器1：2通道 定时器2：2通道	33	SCISP1	8/8	16位	8
MC68HC908GP32	512B RAM 32KB Flash	定时器1：2通道 定时器2：2通道	33	SCISP1	8/8	16位	8
MC68HC908JK1	128B RAM 15KB Flash	定时器1：2通道	15	—	10/8	16位	8
MC68HC908JK3	128B RAM 4KB Flash	定时器1：2通道	15	—	10/8	16位	8
MC68HC08MR4	192B RAM	定时器1：2通道 定时器2：2通道	22	SC1	4或7/8	12位	8
MC68HC08MR8	256B RAM 8KB Flash	定时器1：2通道 定时器2：2通道	22	SC1	4或7/8	12位	8

PIC单片机是美国Microchip公司推出的一种高性能单片机，该系列单片机的显著特点是指令少，执行速度快，功耗低，驱动能力强。常用的PIC单片机的特性见表24.4-8。

表 24.4-8　常用 PIC 单片机的特性

型号	ROM	RAM	I/O 口	定时器	看门狗	工作频率/MHz	管脚	封装
PIC12C508A	512	25	6	1	Y	4	8	PDIP SOIC
PIC12C509A	1024	41				4		
PIC12C671	1024	128				10		
PIC12C672	2048	128				10		
PIC16C55	512	24	20			20	28	
PIC16C56	1024	25	12				18	
PIC16C57	2048	72	20				28	

AVR 单片机是由 ATMEL 公司研制开发的一种高速 8 位单片机，具有简单易学、成本低、故障率低、电路简单等特点，并只需一条 ISP 下载线，即能把软件程序直接在线写入 AVR 单片机，从而有利于产品升级。AVR 单片机分为三个档次，低档的 Tiny 系列主要型号有 Tiny11/12/13/15/26/28，中档的 AT90S 系列的主要型号有 AT90S1200/2313/8515/8535，高档的 ATmega 系列的主要型号有 ATmega 8/16/32/64/128。

2.3　16 位单片机

与 8 位单片机相比，16 位单片机的性能更加完善，主频速率得到提高，运算速度加快，具有很强的实时处理能力，更加适用于速度快、精度高、响应快和实时的应用场合。由于 8 位单片机的广泛应用，16 位单片机在 20 世纪 80 年代末才进入市场，当时比较有影响的 16 位单片机有 Intel 的 MCS-96 系列单片机，其他一些公司如 Motorola、NEC、OKI、Philips、中国台湾的凌阳公司也生产 16 位单片机。比较有影响的是 Intel 的 MCS96 和 MCS296 两个系列的单片机，而且 MCS296 与 MCS96 系列完全兼容。

MCS296 的典型产品为 80296SA，其总引脚数为 100，片内代码/数据 RAM 为 2KB，寄存器 RAM 为 512B，片内寻址空间 16MB，片外寻址空间 1MB，最高运行频率为 50MHz。另外，80296SA 采用流水线式结构，可有效缩短执行指令的时间，并集成数字信号处理技术。

2.4　32 位单片机

32 位单片机发展于 20 世纪 90 年代后期，其显著特点是数据处理能力强、运算速度快，如高端的 32 位单片机的主频可达到 300MHz，被广泛应用于工业控制、通信、家电等领域。表 24.4-9 列出了一些知名的生产厂家及其典型系列。

表 24.4-9　32 位单片机生产厂家及其典型系列

生产厂家	典型系列
Microchip	PIC32MXXXX
NEC	V850
Motorola	M68300
三星	KS32
飞思卡尔	QE
东芝公司	TLCS-900/H1
Renesas	SH-3
EPSON	S1C33

3　单片机的编程语言

3.1　单片机编程语言的分类

单片机目前常见的编程语言有四种，即汇编语言、C 语言、PL/M 语言和 BASIC 语言。实际上可以分为两大类，即汇编语言和高级语言，C 语言、PL/M 语言和 BASIC 语言都属于高级语言。

汇编语言是一种用文字助记符来表示机器指令的符号语言，是最接近机器码的一种语言。其主要优点是占用存储空间省，程序执行效率高。其缺点是汇编语言源程序可读性差，编程工作量大，与硬件相互关联，几乎没有可移植性。例如，在 PIC12CE518 单片机上用汇编语言编写的程序，在 STC89C51 单片机上无法运行。因此对于比较大型的项目，如果完全采用汇编语言来编程，就具有很大的难度。

高级语言的特点是：用高级语言编写的源程序可读性好，软件资源丰富。例如，有很多子程序或函数库可以调用，与汇编语言源程序相比，编程工作量大大降低了。其缺点是：占用存储空间多，程序代码执行速度相对较慢，在特殊场合无法满足实时性要求。

值得一提的是，单片机的 C 语言是一种编译型程序设计语言，它具有功能丰富的库函数，运算速度快，编译效率高，有良好的可移植性，而且可以实现直接对系统硬件的控制。此外，C 语言程序具有完整的程序模块结构，便于采用模块化的程序设计方法。C 语言程序本身并不依赖于机器硬件系统，基本上不做修改就可根据单片机的不同较快地移植过来。因此，近年来用单片机 C 语言进行程序设计已成为单片机软件开发的主流。但是，因为用 C 语言编写的程序总没有用汇编语言编写的程序执行的速度快，所以对于实时性要求特别高的场合，还得采用汇编语言。可见，遇到较大规模的软件系统开发最好采用单片机 C 语言和汇编语言混合编程的方法。

关于 C 语言、PL/M 语言和 BASIC 语言，这里不做介绍，下面仅列出两种单片机的指令系统。

3.2　MCS-51 单片机指令系统

MCS-51 单片机共有 111 条指令，按功能可以分为五大类：数据传送指令（28 条）、算术运算指令（24 条）、逻辑运算移位指令（25 条）、控制转移指令（17 条）、位操作（布尔操作）指令（17 条）。叙述这 111 条指令通常采用下列常用符号：

· Rn 表示工作寄存器，可为 R0 ~R7；

· #data 表示 8 位立即数 00H ~FFH；

· Direct 表示 8 位直接地址(包括特殊功能寄存器)；

· @ Ri 表示寄存器间接寻址（i=0，1）；

· data16 表示 16 位立即数；

· @ DPTR 表示 16 位寄存器间接寻址；

· addr16 表示 16 位地址或符号地址；

· addr11 表示 11 位地址（16 位地址的低 11 位）或符号地址；

· rel 表示 8 位地址偏移量或所要转移到的符号地址；

· bit 表示 8 位位地址。

MCS-51 单片机的全部指令见表 24.4-10。

表 24.4-10　MCS-51 系列单片机的全部指令

指令助记符	功能简述	指令助记符	功能简述
MOV A,Rn	寄存器送入累加器	XCH A,Rn	累加器与寄存器交换
MOV Rn,A	累加器送入寄存器	XCH A,@ Ri	累加器与内部 RAM 单元交换
MOV A,@ Ri	内部 RAM 单元送入累加器	XCH A,direct	累加器与直接寻址单元交换
MOV @ Ri,A	累加器送入内部 RAM 单元	XCHD A,@ Ri	累加器与内部 RAM 单元低 4 位交换
MOV A,#data	立即数送入累加器	SWAP A	累加器高 4 位与低 4 位交换
MOV A,direct	直接寻址单元送入累加器	POP direct	栈顶弹至直接寻址单元
MOV direct,A	累加器送入直接寻址单元	PUSH direct	直接寻址单元压入栈顶
MOV Rn,#data	立即数送入寄存器	ADD A,Rn	累加器加寄存器
MOV direct,#data	立即数送入直接寻址单元	ADD A,@ Ri	累加器加内部 RAM 单元
MOV @ Ri,#data	立即数送入内部 RAM 单元	ADD A,direct	累加器加直接寻址单元
MOV direct,Rn	寄存器送入直接寻址单元	ADD A,#data	累加器加立即数
MOV Rn,direct	直接寻址单元送入寄存器	ADDC A,Rn	累加器加寄存器和进位标志
MOV direct,@ Ri	内部 RAM 单元送入直接寻址单元	ADDC A,@ Ri	累加器加内部 RAM 单元和进位标志
MOV @ Ri,direct	直接寻址单元送入内部 RAM 单元	ADDC A,#data	累加器加立即数和进位标志
MOV direct2,direct1	直接寻址单元送入直接寻址单元	ADDC A,direct	累加器加直接寻址单元和进位标志
MOV DPTR,#data16	16 位立即数送入数据指针	INC A	累加器加 1
MOVX A,@ Ri	外部 RAM 单元送入累加器(8 位地址)	INC Rn	寄存器加 1
MOVX @ Ri,A	累加器送入外部 RAM 单元	INC direct	直接寻址单元加 1
MOVX A,@ DPTR	外部 RAM 单元送入累加器(16 位地址)	INC @ Ri	内部 RAM 单元加 1
MOVX @ DPTR,A	累加器送入外部 RAM 单元(16 位地址)	INC DPTR	数据指针加 1
MOVC A,@ A+DPTR	查表数据送入累加器(数据指针为基址)	DA A	十进制调整
MOVC A,@ A+PC	查表数据送入累加器(程序计数器为基址)	SUBB A,Rn	累加器减寄存器和进位标志
		SUBB A,@ Ri	累加器减内部 RAM 单元和进位标志
		SUBB A,#data	累加器减立即数和进位标志
		SUBB A,direct	累加器减直接寻址单元和进位标志
		DEC A	累加器减 1

（续）

指令助记符	功能简述	指令助记符	功能简述
DEC Rn	寄存器减 1	LJMP addr16	64KB 范围内长转移
DEC @ Ri	内部 RAM 单元减 1	SJMP rel	相对短转移
DEC direct	直接寻址单元减 1	JMP @ A+DPTR	相对长转移
MUL AB	累加器乘寄存器 B	RET	子程序返回
DIV AB	累加器除以寄存器 B	RETI	中断返回
ANL A,Rn	累加器与寄存器	JZ rel	累加器为零转移
ANL A,@ Ri	累加器与内部 RAM 单元	JNZ rel	累加器非零转移
ANL A,#data	累加器与立即数	CJNE A,#data,rel	累加器与立即数不等转移
ANL A,direct	累加器与直接寻址单元	CJNE A,direct,rel	累加器与直接寻址单元不等转移
ANL direct,A	直接寻址单元与累加器	CJNE Rn,#data,rel	寄存器与立即数不等转移
ANL direct,#data	直接寻址单元与立即数	CJNE @ Ri,#data,rel	内部 RAM 单元与立即数不等转移
ORL A,Rn	累加器或寄存器	DJNZ Rn,rel	寄存器减 1 不为零转移
ORL A,@ Ri	累加器或内部 RAM 单元	DJNZ direct,rel	直接寻址单元减 1 不为零转移
ORL A,#data	累加器或立即数	NOP	空操作
ORL A,direct	累加器或直接寻址单元	MOV C,bit	直接寻址位送 C
ORL direct,A	直接寻址单元或累加器	MOV bit,C	C 送直接寻址位
ORL direct,#data	直接寻址单元或立即数	CLR C	C 清零
XRL A,Rn	累加器异或寄存器	CLR bit	直接寻址位清零
XRL A,@ Ri	累加器异或内部 RAM 单元	CPL C	C 取反
XRL A,#data	累加器异或立即数	CPL bit	直接寻址位取反
XRL A,direct	累加器异或直接寻址单元	SETB C	C 置位
XRL direct,A	直接寻址单元异或累加器	SETB bit	直接寻址位置位
XRL direct,#data	直接寻址单元异或立即数	ANL C,bit	C 逻辑与直接寻址位
RL A	累加器左环移位	ANL C,/bit	C 逻辑与直接寻址位的反
RLC A	累加器连进位标志左环移位	ORL C,bit	C 逻辑或直接寻址位
RR A	累加器右环移位	ORL C,/bit	C 逻辑或直接寻址位的反
RRC A	累加器连进位标志右环移位	JC rel	C 为 1 转移
CPL A	累加器取反	JNC rel	C 为 0 转移
CLR A	累加器清零	JB bit,rel	直接寻址位为 1 转移
ACALL addr11	2KB 范围内绝对调用	JNB bit,rel	直接寻址位为 0 转移
AJMP addr11	2KB 范围内绝对转移	JBC bit,rel	直接寻址位为 1 转移,并清该位
LCALL addr16	64KB 范围内长调用		

3.3 PIC 单片机指令系统简介

PIC 单片机分为低、中、高三档，各自的指令分别为 33 条、35 条和 58 条，指令字宽度分别为 12 位、14 位和 16 位。以下是描述指令时使用的一些符号的意义：

f：寄存器 f 地址。

W：工作寄存器，相当于一般微处理器中的累加器。

b：表示寄存器 f 的位地址。

k：常数、立即数或标号。

x：忽略该位，汇编程序生成代码时将 x 置零。

d：指示目标寄存器。若 d=0 或 d=w，将结果送入 W 寄存器；若 d=1 或 d=f，将结果送入 f 寄存器；当 d 默认时，将结果送入 f 寄存器。

s：指示目标寄存器。若 s=0，将结果同时送入 W 寄存器和 f 寄存器；若 s=1，将结果送入 f 寄存器。

p：外围接口数据寄存器 f 的地址（00H-1FH）。

i：对表指针控制的选择。i=0 时指针不变，i=1 时执行后指针加 1。

t：对表字节选择。t=0，对低字节操作；t=1，对高字节的立即数或常数操作。

u：表示未使用的位，用 0 编码。

BSR：“储存体”选择寄存器。

PIC 单片机指令见表 24.4-11。

表 24.4-11 PIC 单片机指令

指令助记符	指令功能	12位指令字	14位指令字	16位指令字
MOVLW k	立即数k送入寄存器W	1100 kkkk kkkk	11 00xx kkkk kkkk	1011 0000 kkkk kkkk
MOVWF f	W送入寄存器f	0000 001f ffff	00 0000 1fff ffff	0000 0001 ffff ffff
MOVF f, d	f送入f或W	0010 00df ffff	00 1000 dfff ffff	—
MOVFP f, p	f送入寄存器p	—	—	011p pppp ffff ffff
MOVPF p, f	p送入寄存器f	—	—	010p pppp ffff ffff
MOVLB k	立即数k的低四位送入BSR	—	—	1011 1000 uuuu kkkk
MOVLR k	立即数k的高四位送入BSR	—	—	1011 101x kkkk uuuu
SWAPF f, d	寄存器f半字节交换	0011 10df ffff	00 1100 dfff ffff	0001 110d ffff ffff
TABLRD t, i, f	读表	—	—	1010 10ti ffff ffff
TABLWR t, i, f	写表	—	—	1010 11ti ffff ffff
TLRD t, f	读16位表锁存值	—	—	1010 00tx ffff ffff
TLWR t, f	写16位表锁存值	—	—	1010 01tx ffff ffff
ADDLW k	W和立即数k相加，结果送入W或f	—	11 111x kkkk kkkk	1011 0001 kkkk kkkk
ADDWF f, d	W和f相加，结果送入W或f	0001 11df ffff	00 0111 dfff ffff	0000 111d ffff ffff
ADDWFC f, d	W、f和C相加，结果送入W或f	—	—	0001 000d ffff ffff
DAW f, s	十进制调整	—	—	0010 111s ffff ffff
DECF f, d	f减1	0000 11df ffff	00 0011 dfff ffff	0000 011d ffff ffff
DCFSNZ f, d	f减1，不为零间跳	—	—	0010 011d ffff ffff
DECFSZ f, d	f减1，不为零间跳	0010 11df ffff	00 1011 dfff ffff	0010 011d ffff ffff
INCF f, d	f加1	0010 10df ffff	00 1010 dfff ffff	0001 010d ffff ffff
INFSNZ f, d	f加1，不为零间跳	—	—	0010 010d ffff ffff
INCFSZ f, d	f加1，为零间跳	0011 11df ffff	00 1111 dfff ffff	0001 111d ffff ffff
SUBLW k	立即数k减W，结果送入W或f	—	11 110x kkkk kkkk	1011 0010 kkkk kkkk
SUBWF f, d	f减W，结果送入W或f	0000 10df ffff	00 0010 dfff ffff	0000 010d ffff ffff
SUBWFB f, d	f减W减C，结果送入W或f	—	—	0000 001d ffff ffff
MULLW k	立即数k乘W，结果送入W或f	—	—	1011 1100 kkkk kkkk
MULWF f	f乘W，结果送入W或f	—	—	1011 1100 kkkk kkkk
ANDLW k	立即数k与W，结果送入W	1110 kkkk kkkk	11 1001 kkkk kkkk	1011 0101 kkkk kkkk
ANDWF f, d	f与W，结果送入W或f	0001 01df ffff	00 0101 dfff ffff	0000 101d ffff ffff
CLRF f	f清零	0001 011f ffff	00 0001 1fff ffff	0010 100s ffff ffff
CLRW	W清零	0000 0100 0000	00 0001 0xxx xxxx	—
COMF f, d	f取反	0010 01df ffff	00 1001 dfff ffff	0001 100d ffff ffff
IORLW k	k或W，结果送入W	1101 kkkk kkkk	11 1000 kkkk kkkk	1011 0011 kkkk kkkk
IORWF f, d	f或W，结果送入W或f	0001 00df ffff	00 0100 dfff ffff	0000 100d ffff ffff
NEGW f, s	W取反加1	—	—	0010 110s ffff ffff
RLCF f, d	f带进位C循环左移	—	—	0001 101d ffff ffff
RLF f, d	f带进位C循环左移	0011 01df ffff	00 1101 dfff ffff	—
RLNCF f, d	f不带进位C循环左移	—	—	0010 001d ffff ffff
RRCF f, d	f带进位C循环右移	—	—	0001 100d ffff ffff
RRF f, d	f带进位C循环右移	0011 00df ffff	00 1100 dfff ffff	—
RRNCF f, d	f不带进位C循环右移	—	—	0010 000d ffff ffff

（续）

指令助记符	指令功能	12 位指令字	14 位指令字	16 位指令字
SETF f，s	f 寄存器全置 1	—	—	0010 101s ffff ffff
XORLW k	立即数 k 异或 W，结果送入 W	1111 kkkk kkkk	11 1010 kkkk kkkk	1011 0100 kkkk kkkk
XORWF f，d	f 异或 W，结果送入 W 或 f	0001 10df ffff	00 0110 dfff ffff	0000 110d ffff ffff
CPFSEQ f	（f）=（W），跳转	—	—	0011 0001 ffff ffff
CPFSGT f	（f）>（W），跳转	—	—	0011 0010 ffff ffff
CPFSLT f	（f）<（W），跳转	—	—	0011 0000 ffff ffff
CLRWDT	清除 WDT 定时器	0000 0000 0100	00 0000 0110 0100	0000 0000 0000 0100
CALL k	调用子程序	1001 kkkk kkkk	10 0kkk kkkk kkkk	111k kkkk kkkk kkkk
GOTO k	无条件跳转	101k kkkk kkkk	10 1kkk kkkk kkkk	110k kkkk kkkk kkkk
LCALL k	长调用	—	—	1011 0111 kkkk kkkk
NOP	空操作	0000 0000 0000	00 0000 0xx0 0000	0000 0000 0000 0000
OPTION	写 OPTION 寄存器	0000 0000 0010	00 0000 0110 0010	—
RETFIE	中断返回	—	00 0000 0000 1001	0000 0000 0101
RETLW k	常数 W，子程序返回	1000 kkkk kkkk	11 01xx kkkk kkkk	1011 0110 kkkk kkkk
RETURN	子程序返回	—	00 0000 0000 1000	0000 0000 0000 0010
SLEEP	进入休眠状态	0000 0000 0011	00 0000 0110 0011	0000 0000 0000 0011
TRIS f	设置 I/O 口状态	0000 0000 00ff	—	—
TSTFSZ f	（f）为零，间转	—	—	0011 0011 ffff ffff
BCF f，b	清除 f 寄存器 b 位	0100 bbbf ffff	01 00bb bfff ffff	1000 1bbb ffff ffff
BSF f，b	置 f 寄存器 b 位	0101 bbbfffff	01 01bb bfff ffff	1000 0bbb ffff ffff
BTFSC f，b	f 寄存器 b 位为零，间跳	0110 bbbfffff	01 10bb bfff ffff	1001 1bbb ffff ffff
BTFSS f，b	f 寄存器 b 位不为零，间跳	0111 bbbf ffff	01 11bb bfff ffff	1001 0bbb ffff ffff
BTG f，b	f 寄存器 b 位求反	—	—	0011 1bbb ffff ffff

4 控制器的硬件系统设计

4.1 单片机存储器的扩展

MCS-51 系列单片机的程序存储区和数据存储区在寻址逻辑上是相互独立的，程序存储区和外部数据存储区的寻址空间各有 64KB（0000H ~FFFFH）。由于受生产工艺和成本的限制，单片机内部一般最多只配置了几千字节的程序存储器（内部 ROM）和 128 个字节的数据存储器（内部 RAM），在应用中这些存储器常常满足不了实际需要，必须采用额外的存储器芯片，对程序存储器和数据存储器进行扩展。

4.1.1 扩展程序存储器的设计

（1）外部程序存储器的扩展原理

8051 和 8751 的片内包含有 4KB 的程序存储器。8031 的片内没有程序存储器，需要外加 EPROM 或 EEPROM 作为程序存储器。外部程序存储器的扩展是通过 P0 口、P2 口以及 ALE、$\overline{\text{PSEN}}$两条控制线进行的，扩展程序存储器的结构如图 24.4-9 所示。

MCS-51 单片机在访问外部程序存储器期间将 P2 口作为高 8 位地址的输出口，P0 口作为分时复用的地址/数据总线接口，至于 P0 口上出现的信号是低 8 位地址还是数据，则由地址锁存控制线（ALE）的状态来区分。为将地址信号从地址/数据总线的信号中分离出来，必须采用地址锁存器。通常用作地址锁存器的芯片是带三态输出缓冲器的 8D 透明锁存器 74LS373 或 8282。74LS373 的逻辑符号如图 24.4-10 所示。

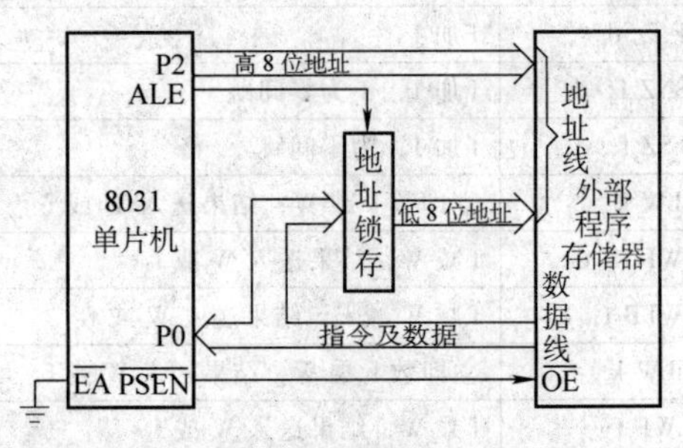

图 24.4-9 MCS-51 外部扩展程序存储器结构

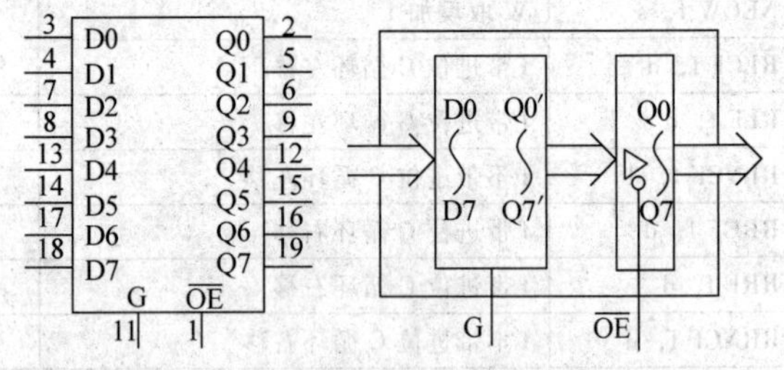

图 24.4-10 8D 透明锁存器 74LS373 的逻辑符号

当三态门使能信号线$\overline{OE}$为低电平时，三态门处于导通状态，Q0′~Q7′的信号输出到 Q0~Q7；当$\overline{OE}$为高电平时，Q0~Q7 处于高阻状态。当数据锁存控制线 G 为高电平时，Q0′~Q7′与 Q0~Q7 的状态相同；当 G 变为低电平时，Q0′~Q7′的状态被锁存，不再受 Q0~Q7 的影响。74LS373 在单片机系统中用作地址锁存器时，应把$\overline{OE}$线接地，而 G 线接单片机的 ALE 端。

MCS-51 单片机访问外部程序存储器的时序如图 24.4-11 所示。

（2）典型的外部程序存储器扩展电路

图 24.4-12 是采用 2764 扩展 8031 单片机外部程序存储器的逻辑电路。

由于 2764 只有 8KB 容量，所以只使用了 13 根地址线。图 24.4-12 中，2764 的$\overline{CE}$线接地，因而只要$\overline{OE}$有效，即送出地址线指定的存储单元内容。外部程序存储器的地址范围为 0000H~1FFFH，单片机除了可以从中读取指令外，还可以用查表指令（MOVC A，@ A+PC 或 MOVC A，@ A+DPTR）读出固化在程序存储器里的数据。

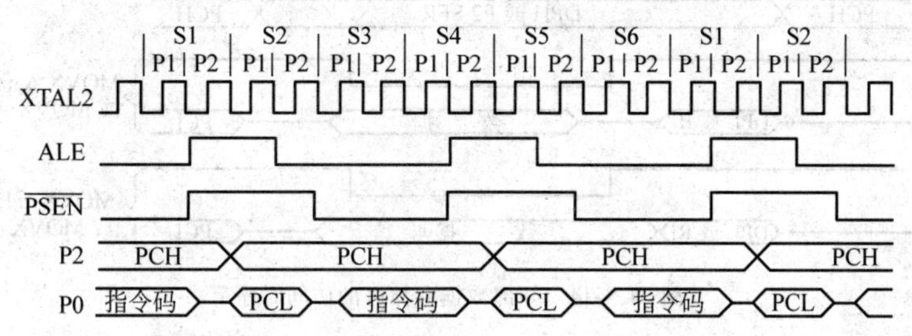

图 24.4-11　程序存储器的读周期

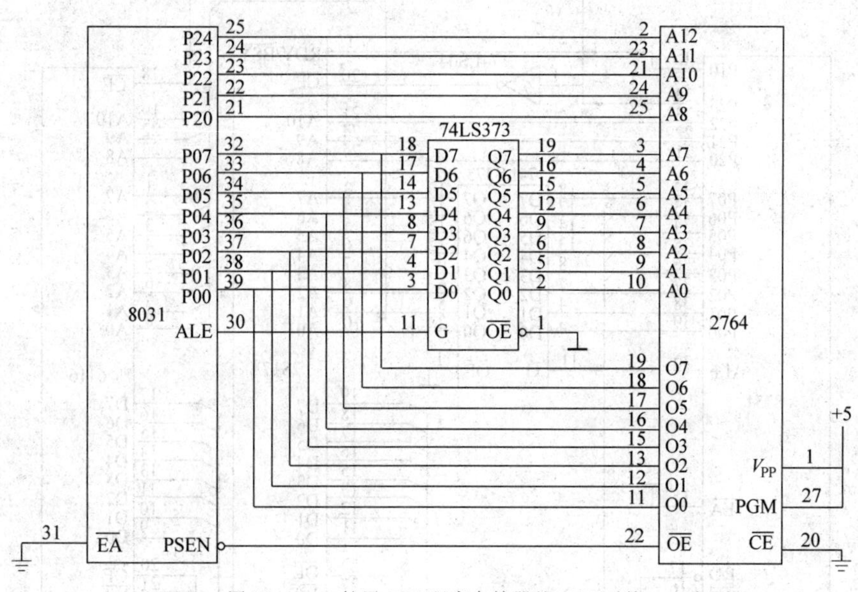

图 24.4-12　扩展 8KB 程序存储器的 8031 系统

4.1.2　扩展数据存储器的设计

（1）外部数据存储器的扩展原理

MCS-51 系列的单片机内部备有 128 个字节的 RAM，如果仅靠片内的 RAM 不能满足应用的需要，则可利用单片机提供的扩展功能，采用 SRAM 或 EEPROM 在单片机外部扩展数据存储器。

外部数据存储器的扩展是通过 P0 口、P2 口以及 ALE、$\overline{WR}$、$\overline{RD}$等控制线进行的，扩展数据存储器的结构如图 24.4-13 所示。

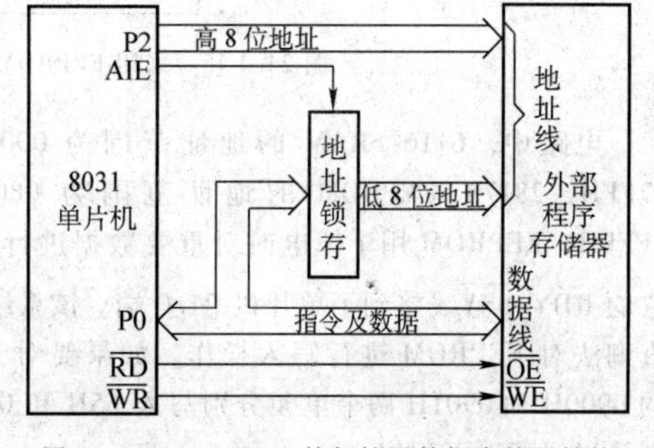

图 24.4-13　MCS-51 外部扩展数据存储器结构

由图 24.4-13 可见，扩展数据存储器与扩展程序存储器的结构是相似的，区别仅在于扩展数据存储器时使用的是$\overline{RD}$和$\overline{WR}$线，因而单片机既可对外进行读操作也可进行写操作。虽然外部程序存储器和数据存储器共用了 16 根地址线，但单片机仍然可以通过时序信号中$\overline{PSEN}$和$\overline{RD}/\overline{WR}$的不同状态，来区分是访问外部程序存储区，还是访问外部数据存储区。

MCS-51 单片机读写外部数据存储区的时序如图 24.4-14 所示。

（2）典型的外部数据存储器扩展电路

图 24.4-15 所示的是采用 6116 和 2817A 扩展单片机的外部数据存储器电路。

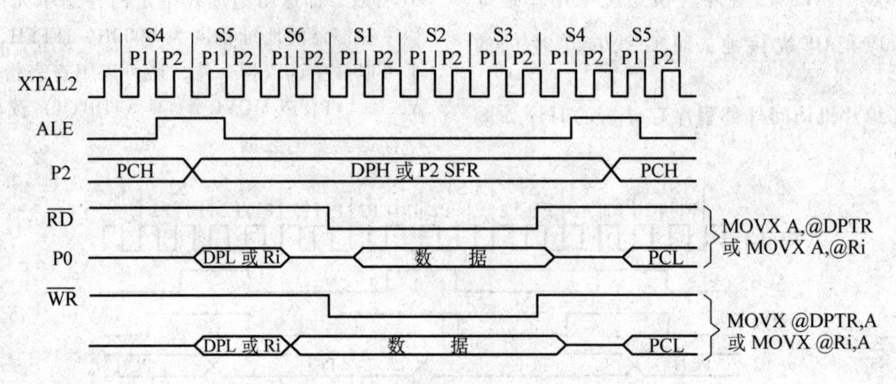

图 24.4-14　外部数据存储区的访问时序

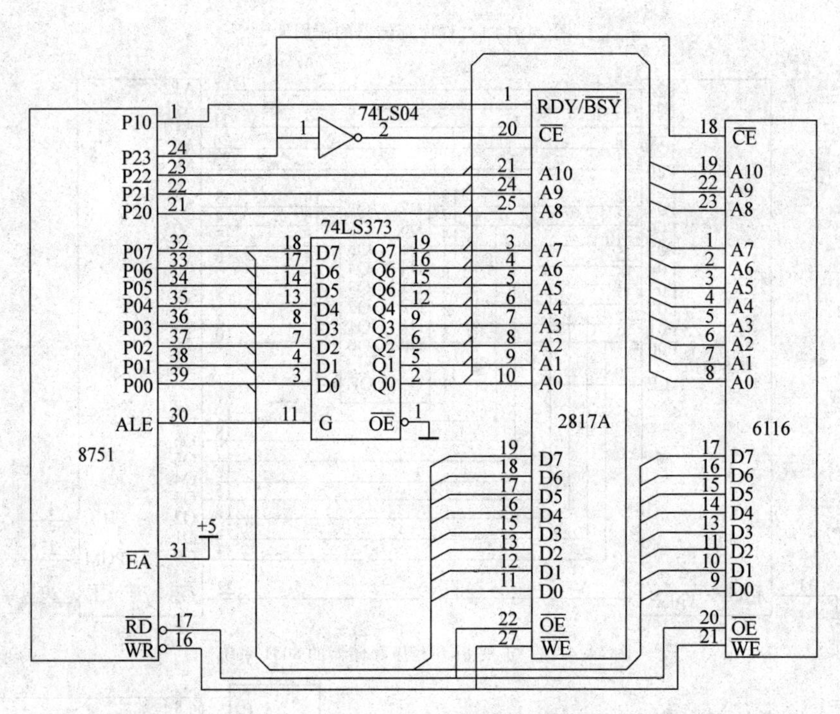

图 24.4-15　采用 EEPROM 作掉电数据保护的外部数据存储器扩展电路

电路中，6116 SRAM 的地址范围为 0000H ~ 07FFH，2817A EEPROM 的地址范围为 0800H ~ 0FFFH。EEPROM 用于掉电时对重要数据进行保护，它的 RDY/$\overline{BSY}$线接到了单片机 P1.0 端。该系统采用查询法对 EEPROM 进行写入操作。如果要对 2817A 的 0900H 和 0901H 两个单元分别写入 55H 和 0AAH，则可以运行以下程序：

```
        MOV   DPTR,  #0900H   ;置地址指针
        MOV   A,  #55H        ;置数据
        MOVX  @DPTR,  A       ;将数据写入
                              2817A 中
WAIT1:  JNB   P1.0,  WAT1     ;2817A 写周
                              期未完成，循
                              环等待
```

```
        INC    DRTR              ;地址指针加一
        MOV    A,  #0AAH
        MOVX   @DPTR,  A         ;写入下一个数据
WAIT2:  JNB    P1.0,   WAIT2     ;循环等待2817A完成写入周期
```

4.2　单片机常用并行接口电路

单片机所提供的输入输出（I/O）线很少，大多数应用系统需要外加扩展的 I/O 接口。MCS-51 系列单片机系统进行 I/O 扩展时，经常采用的是美国 Intel 公司的外围接口芯片，如并行接口 8255A、扩展 RAM/IO 接口 8155 等。另外，74 系列的 TTL 电路或 CMOS 电路也常作为单片机的扩展 I/O 口。单片机可以通过这类接口电路从系统外部输入状态信息，或向外发出控制信号。

由于 MCS-51 系列单片机没有设置专门的 I/O 访问控制线，所以扩展的 I/O 端口需要与外部数据存储器进行统一编址，即扩展 I/O 端口的地址空间是外部数据地址空间的一部分，单片机可以像访问外部数据存储器那样访问 I/O 接口芯片。

单片机系统常常有多个 I/O 接口和外部数据 RAM 芯片。为了分别访问这些外围芯片，就需要采用编码技术选择出该芯片。常用的译码方法有两种：线选法和全译码法。

线选法是将芯片的片选线直接接到单片机的高位地址线上，一个芯片占用一条地址线，只要该地址线有效就选中该芯片。线选法的优点是电路结构简单，缺点是浪费了大量的地址空间，芯片间的地址不连续，芯片地址也不唯一。

在外围芯片较多时，常采用全译码法。全译码法是用译码器对高位地址进行译码，将译出的信号线作为片选线。常用的译码器有三－八译码器 8025、74LS138，双二－四译码器 74LS139，四－十六译码器 74LS156 等。74LS138 的逻辑符号如图 24.4-16 所示，真值表见表 24.4-12。

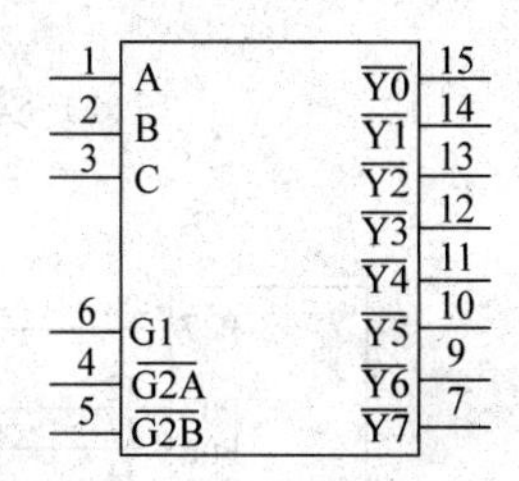

图 24.4-16　74LS138 的逻辑符号

表 24.4-12　74LS138 真值表

G1	$\overline{G2A}$	$\overline{G2B}$	C	B	A	$\overline{Y7}$	$\overline{Y6}$	$\overline{Y5}$	$\overline{Y4}$	$\overline{Y3}$	$\overline{Y2}$	$\overline{Y1}$	$\overline{Y0}$
1	0	0	0	0	0	1	1	1	1	1	1	1	0
1	0	0	0	0	1	1	1	1	1	1	1	0	1
1	0	0	0	1	0	1	1	1	1	1	0	1	1
1	0	0	0	1	1	1	1	1	1	0	1	1	1
1	0	0	1	0	0	1	1	1	0	1	1	1	1
1	0	0	1	0	1	1	1	0	1	1	1	1	1
1	0	0	1	1	0	1	0	1	1	1	1	1	1
1	0	0	1	1	1	0	1	1	1	1	1	1	1
其他状态			×	×	×	1	1	1	1	1	1	1	1

下面介绍并行接口芯片 8255A 在单片机系统中的应用。

（1）8255A 的使用说明

8255A 是一种可编程的并行 I/O 接口芯片，可以用编程写入方式选择控制字的方法选择它的工作方式，由此改变其逻辑功能。

8255A 有三个 8 位并行口 PA、PB、PC，如图 24.4-17所示。A 口和 B 口作为输入口或输出口。当 A 口、B 口工作于选通方式时，C 口作为它们操作时的状态和控制线。在其他情况下，C 口也可以作为输入或输出口。D0～D7 为三态双向数据线，与单片机数据总线相连，单片机可通过它访问 8255A 的 I/O 口或发送方式选择控制字。$\overline{CS}$为低电平有效的片选信号。A0、A1 用于选择 8255A。

（2）采用 8255A 扩展单片机的 I/O 口

MCS-51 系列单片机可以直接采用 8255A 扩展其 I/O 口，接口电路的典型接法如图 24.4-18 所示。图中，8255A 的 A 口、B 口、C 口以及控制口的地址分别为 7FFCH、7FFDH、7FFEH 和 7FFFH。

对于图 24.4-18 所示的电路，假设要求 8255A 的三个端口均工作在方式 0，PA 和 PC0～PC3 为输入口，PB 和 PC4～PC7 为输出口，将输入口的数据存放在 20H、21H 单元，并将 30H 的内容送到 PB 口，然后将 PC4 ～PC7 复位，则程序片段如下：

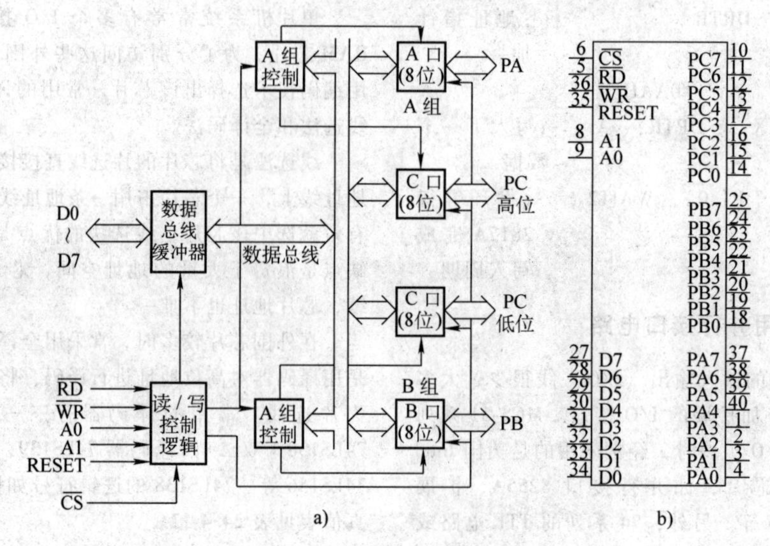

图 24.4-17　8255A 的内部结构和逻辑符号
a）8255A 的内部结构　b）8255A 的逻辑符号

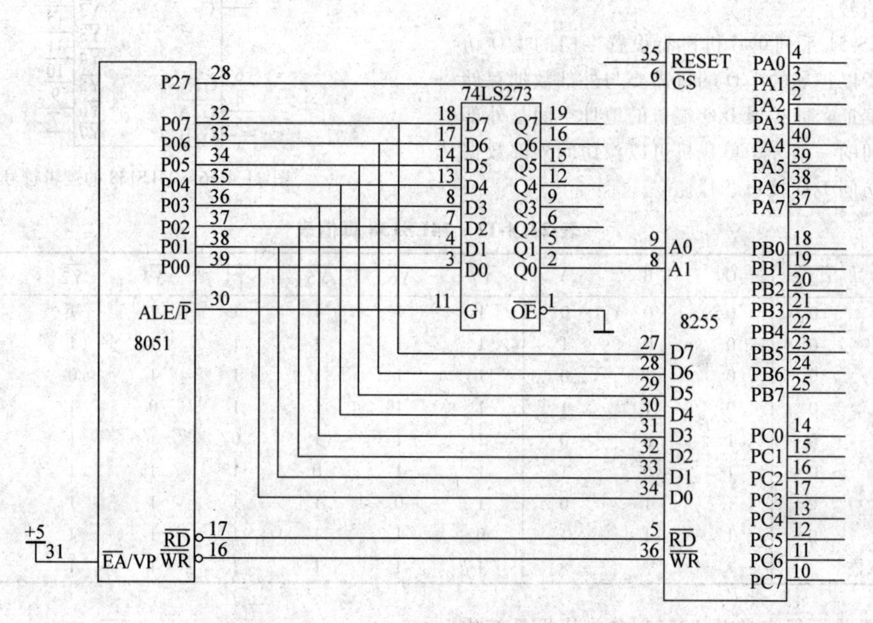

图 24.4-18　8051 与 8255A 的典型接口电路

```
MOV A，#91H          ；方式控制字→A
MOV DPTR，#7FFFH     ；控制口地址→DPTR
MOVX @ DPTR，A       ；方式控制字→控制寄
                      存器
MOV DPTR，#7FFCH     ；PA 口地址→DPTR
MOVX A，@ DPTR       ；读 PA 内容→A
MOV 20H，A           ；PA 口内容→20H 单元
MOV DPTR，#77FFEH    ；PC 口地址→DPTR
MOVX A，@ DPTR       ；读 PC 口内容→DPTR
MOV 21H，A           ；PC 口内容→21H 单元
MOV A，30H           ；30H 单元内容→A
MOV DPTR，7FFDH      ；PB 口地址→DPTR
MOVX @ DPTR，A       ；30H 单元内容→PB 口
MOV A，#0            ；清除 A
INC DPTR             ；PC 口地址→DPTR
MOVX @ DPTR，A       ；PC 口清零，即复位
```

如果要将 PC4 单独复位，可使用按位复位命令，程序如下：

```
MOV A，#08H          ；PC4 复位控制字→A
MOV DPTR，#7FFFH     ；控制口地址→DPTR
```

```
MOVX @DPTR, A      ；复位控制字→控制寄存器
```

如果要将 PC7 单独置位，可使用按位置位命令，程序如下：

```
MOV A, #0FH        ；PC 口置位控制字→A
MOV DPTR, #7FFFH   ；控制口地址→DPTR
MOVX @DPTR, A      ；置位控制字→控制寄存器
```

4.3　单片机的人机接口设计

在工业现场的生产过程中，操作人员常需要随时了解生产过程的各种参数，并在必要时对生产过程进行干预和调整，这就要求监控系统具有与操作者交换信息的功能，系统中用于实现这种功能的电路称为人机接口。

单片机系统最常用的显示装置是发光二极管（LED）显示器。这种显示器具有体积小、功耗低、响应速度快、可靠性高、使用方便等优点，很适合工业现场的监控装置使用。

下面就 MCS-51 单片机与输入装置和输出装置的接口方法分别加以介绍。

4.3.1　单片机系统的输入装置

（1）按钮、开关状态的输入与检测

按钮和开关触点的开闭状态可直接通过数字量输入接口送到计算机系统内，如图 24.4-19 所示。

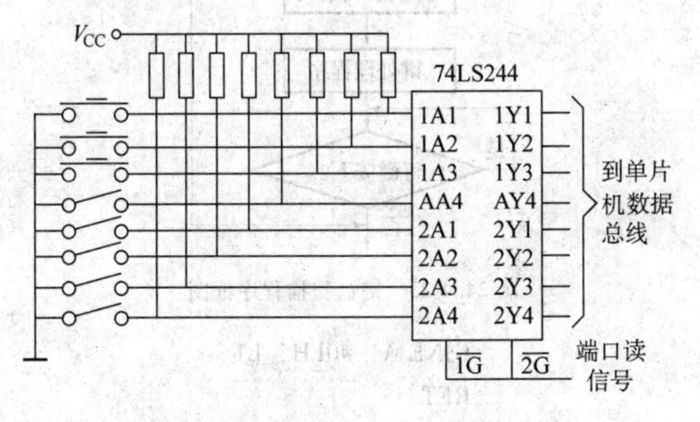

图 24.4-19　按钮和开关状态的输入电路

由于机械式触点在闭合和断开时均会发生抖动，抖动持续时间一般为 5~10ms，所以在此期间，逻辑电路的输入端电平是不稳定的，CPU 在读入触点状态时，会检测到多次的电平跳变，造成命令被重复执行。清除触点电平的抖动可采用图 24.4-20 所示的 RC 滤波器或 R-S 触发器等硬件电路。

采用硬件电路消除触点抖动需要对每个键附加一套消抖电路，这样会加大硬件成本。在单片机系统中，通常采用软件办法解决：当 CPU 检测到某一输入端电平变化时，先延时 20ms，等触点稳定下来后，再读入触点状态，从而避免了触点的抖动。

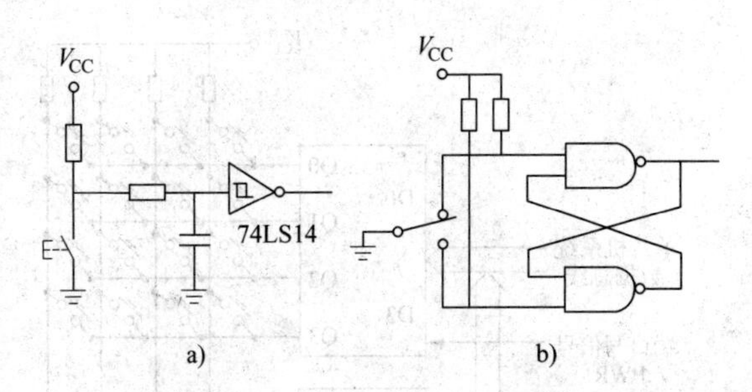

图 24.4-20　克服触点抖动的硬件电路
a）滤波消抖电路　b）双稳态触发器消抖电路

为了保证按钮每闭合一次仅做一次处理，需要在程序结构中加以考虑。按钮输入处理程序的框图如图 24.4-21 所示。

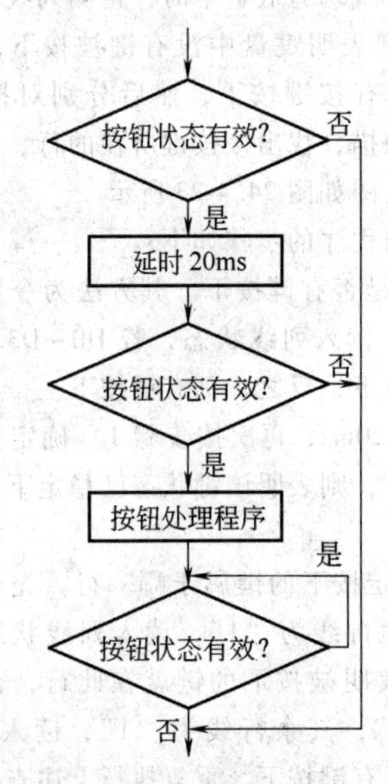

图 24.4-21　按钮状态检测与处理程序框图

在程序中，每当有按钮按下时，先执行按钮处理程序，然后等待按钮释放，在未释放前，不再执行指定功能，而避免了按一次按钮执行多次处理程序的现象。

（2）键盘的输入与处理

当按键数量较多时，为了节省接口电路，简化底板布线，常将按键组成矩阵形式，如图 24.4-22 所示。

图 24.4-22 中，每根列线都通过电阻上拉成为高电平，当键盘上没有按下时，输入口的状态均为“1”，当有按键按下时，则该键所在的行线和列线短路，输入口的电平状态取决于该键所在的行线的状态：若此行线为低电平，则该键的列线也为低电平。

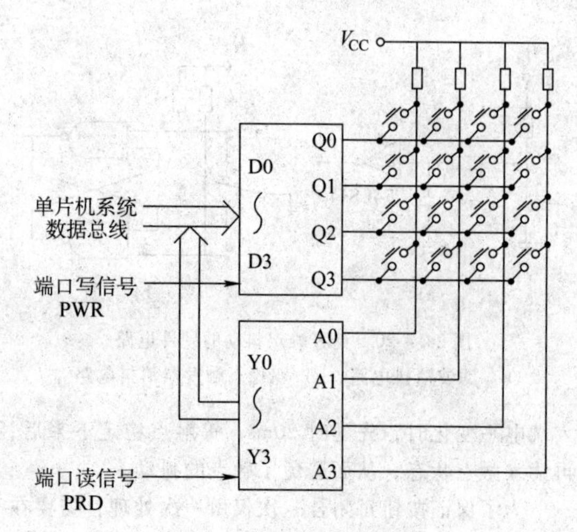

图 24.4-22　4×4 键盘的结构

因此，在使行线均为低电平时，检测列线的状态，若均为“1”，则表明键盘中没有键被按下；若不全为“1”，则表明有按键按下，然后分别对按键矩阵的行、列进行扫描，找出该按键所在的行、列位置。键盘扫描程序框图如图 24.4-23 所示。

键盘扫描程序的步骤如下：

1）判断是否有键按下。其方法为令所有的行线状态为“0”，读入列线状态，若 D0～D3 均为“1”，则说明无键按下，反之，则有键按下。

2）延时 20ms，再次按步骤 1）确定是否有键按下，如果仍有，则表明该键状态已稳定下来，可进行下一步操作。

3）再确定按下的键属于哪一行。先令第一行线为“0”，其他行线为“1”，读入列线状态，若不全为“1”，则表明被按下的键就在此行，否则再令第二行线为“0”，其余行线为“1”，读入列线状态，判断该行是否有键按下，重复执行上述查询过程，直到找到使读入的列线状态不全为“1”的行线，记下此行线的行号。

4）确定按下的键属于哪一列。从读入的列线状态的第 0 位开始，依次寻找状态为“0”的位，该位的位置即为被按下键的列位置，记下该键的列号。

5）根据该键的行号和列号，确定其特征编码，并做相应的处理。

6）等待所有的键被释放后，再执行其他程序，保证每按一次键，仅执行一次处理程序。

假定键盘的行状态输出口地址为 ADR0，列状态输入口地址为 ADR1，则键盘扫描子程序如下：

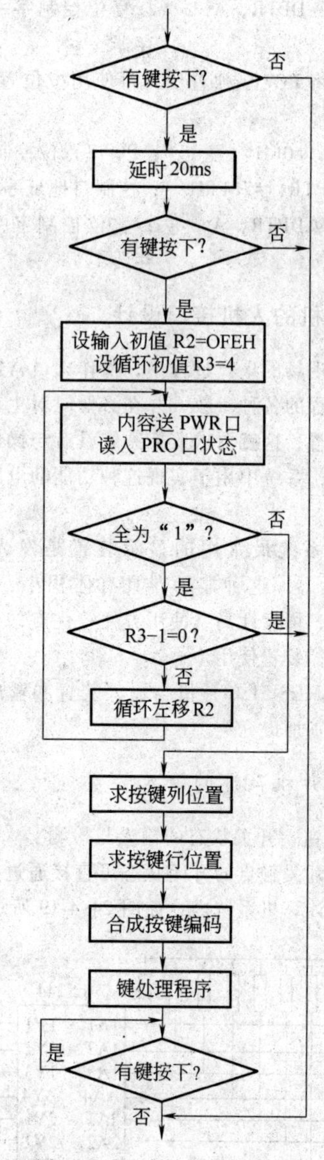

图 24.4-23　键盘扫描程序框图

```
KEYSCAN: ACALL KEYCHK       ；判断是否有键按下
         CJNE A，#0FH，L1
         RET
L1：     ACALL DELAY        ；调用 20ms 延时子程序
         ACALL DELAY        ；消抖处理
         CJNE A，#0FH，L2
         RET
L2：     MOV R2，#0FEH      ；进行行扫描
         MOV R3，#4
L3：     MOV A，R2
         ACALL KEY1         ；读入行扫描状态
```

```
        CJNE A, #0FH, L4
        MOV A, R2
        RL A
        MOV R2, A
        DJNZ R3, L3
        RET
L4:     MOV R4, #0          ; 求列号→R4
L5:     RRC A
        JNC L6
        INC R4
        SJMP L5
L6:     MOV R5, #0          ; 求行号→R5
        MOV A, R2
L7:     RRC A
        JNC L8
        INC R5
        SJMP L7
L8:     MOV A, R5
        RL A                ; 求行号和列号合成按键编码
        RL A
        ADD A, R4           ; 累加器A的内容为0~15
        ⋮
                            ; 按键处理程序
L9:     ACALL KEYCHK        ; 等待按键释放
        CJNE A, #0FH, L9
        RET
KEYCHK: MOV A, #0           ; 判断键按下子程序
KEY1:   MOV A, #ADR0
        MOVX @DPTR, A
        MOV DPTR, #ADR1
        MOVX A, @DPTR       ; 将列状态读入累加器A
        ANL A, #0FH         ; 屏蔽高4位
        RET
```

4.3.2　单片机系统的显示装置

(1) 静态LED驱动电路

对于单个的发光二极管，可利用数字量输出口直接送出并锁存控制电平信号，由于发光二极管的工作电流为10mA左右，所以该信号需经驱动器放大后再驱动发光二极管，如图24.4-24所示。图中，7406为反相OC门。当输入为低电平时，输出端为高阻态；当输入为高电平时，输出端为低电平，此时允许灌入的电流可达40mA，R为发光二极管的限流电阻。当需要哪位发光时，只需令输出控制字相应位的状态为“1”即可。

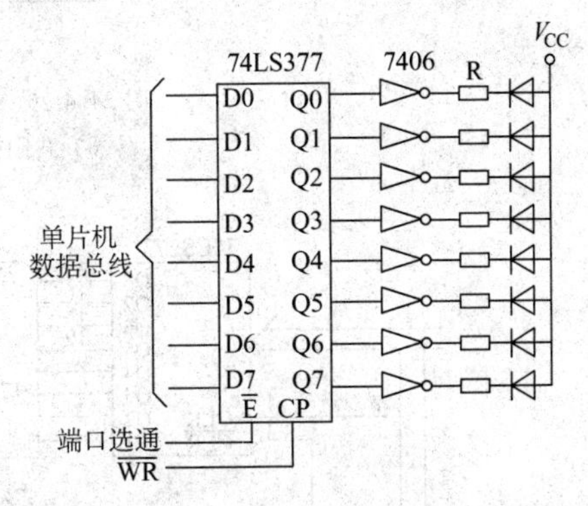

图24.4-24　带有输出锁存器的LED显示电路

在生产过程的监测中常需要显示一些数字或字符，在这种情况下，可采用发光二极管组成的数码管完成显示功能。最为常用的数码管是七段数码管，该类数码管的每一段由一个LED组成。数码管内部的LED有两种接法：一种是将阴极全部接在一起，称为共阴极接法；另一种是将阳极全部接在一起，称为共阳极接法。七段LED数码管的结构如图24.4-25所示。对于每个共阳极的数码管，都可采用图24.4-24所示的电路加以驱动。

利用七段数码管既可以显示数字，也可以显示部分字符，如“H”和“L”等。在显示时，可根据数字或字符的字形与数码管各段的关系，向锁存器输出相应的段选码。例如，数字“1”的段选码为06H，“2”的段选码为5BH等。

(2) 动态扫描式LED驱动电路

如果要显示的数符较多，那么为使每个数码管都配一个锁存驱动电路，将会加大硬件成本。这时可采用扫描式显示驱动的方法，其接口线路图如图24.4-26所示。

图中，U_1为段锁存器，用于锁存数码管各段的显示状态，T_1~T_8为段驱动电路，当输入为低电平时，相应的被驱动的段发光，反之则不发光。U_2为位锁存器，用于锁存需要进行显示的数码管的位置。U_3和U_4为两输入两输出的电平驱动芯片，其输出端为低电平时，可灌入的电流达200mA，在这里作为位显示驱动器；当输入端为高电平时，选通相应的数码管，L_1~L_4为共阴极LED数码管。

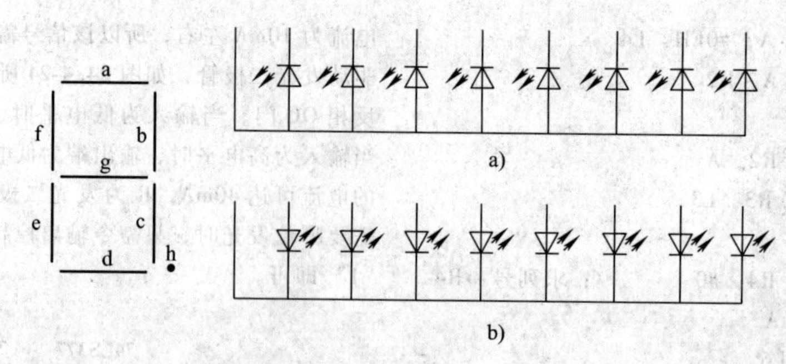

图 24.4-25　七段 LED 数码管的内部结构
a）共阳极接法　b）共阴极接法

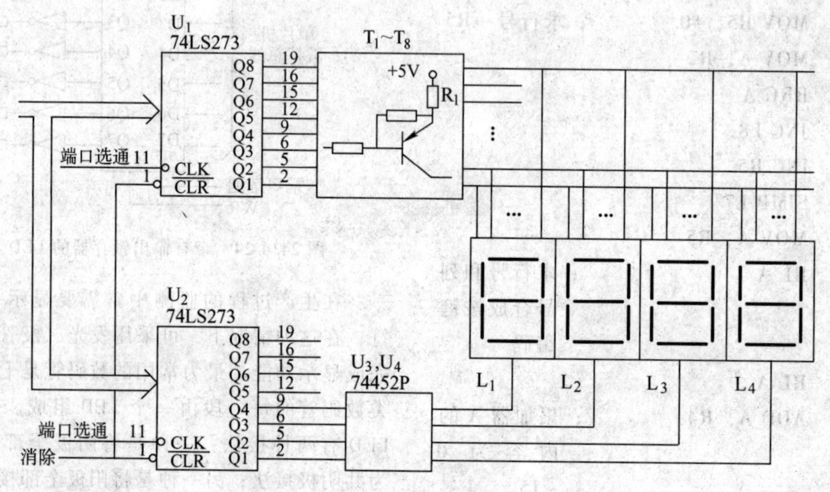

图 24.4-26　四位七段 LED 数码管驱动电路

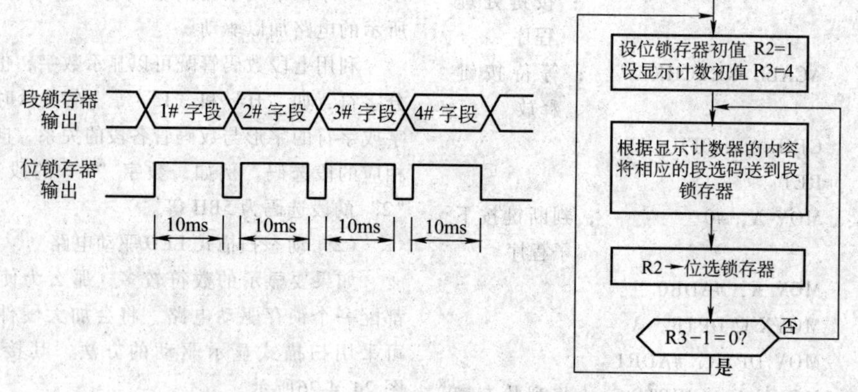

图 24.4-27　四位 LED 数码管扫描时序图和程序框图

在显示过程中，CPU 首先向段锁存器送出段选码，再选通该段选码的位选驱动器，持续 10ms 后，断开该位选驱动器。然后用同样的方法在下一个数码管显示下一字符，如此循环往复，利用人眼的视觉暂留效应，可使操作人员看到四个稳定的字符。这一循环过程的时序图和程序框图如图 24.4-27 所示。

在电路设计时，应选择合适的限流电阻 RI，使得数码管每段 LED 的瞬态电流不低于 40mA，此时动态扫描过程中的显示段平均电流约为 10mA，可以保证显示管的亮度。

4.4　D/A 转换器及其接口电路

在生产过程中，有些设备的控制参数是由模拟量约定的，在用计算机对这些设备进行实时控制时，需要把计算机算出的给定值由数字量转换成模拟量以后再输出到被控设备上，这些转换工作是用 D/A 转换器来完成的。

目前，常用的 D/A 转换器都是采用 T 型电阻网络和模拟开关来进行 D/A 转换的，其内部一般都带有输入数据锁存器，可以直接与计算机的 I/O 端口相连。

下面以 12 位 D/A 转换器 DAC1210 为例，介绍它与 MCS-51 单片机的接口电路。

(1) DAC1210 的内部结构

DAC1210 也是美国国家半导体器件公司的产品，为 24 引脚的 DIP 封装结构，其内部结构如图 24.4-28 所示。

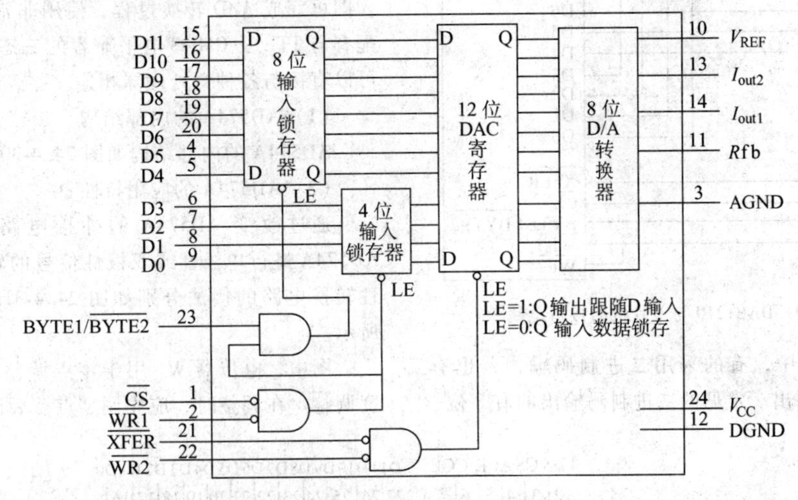

图 24.4-28　DAC1210 的逻辑结构

(2) DAC1210 与 8031 的接口电路

DAC1210 与单片机的接口电路应采用双缓冲方式，在送数据时，先将数据的高 8 位和低 4 位分别送入相应的输入锁存器，然后再将它们一起送入 DAC 寄存器，以避免在两次数据传送之间 D/A 转换器的输出产生瞬间毛刺。DAC1210 与单片机的接口电路如图 24.4-29 所示。

由图可见，当对 D/A 转换器进行写操作时，若 P2.7=1，P2.6=0，P2.5=1（口地址为 BF00H），则 P0 口输出的 8 位数据被同时写入高 8 位和低 4 位锁存器；若 F2.7=1，P2.6=0，P2.5=0（口地址为 9F00H），则 P0 口输出的数据只有高 4 位被写入 D/A 转换器的低 4 位锁存器；若 P2.7=0，P2.6=1，P2.5=1（口地址为 7F00H），则将输入锁存器内的 12 位数据一起打入 DAC 寄存器中。

假定欲进行 D/A 转换的 12 位数字中，高 8 位存放在片内 41H 单元，低 4 位存放在 40H 单元的高 4 位，那么进行一次 12 位 D/A 转换的程序如下：

```
MOV A, 41H          ; 取高 8 位数据→A
MOV DPTR, #0BF00H   ; 高 8 位锁存器地址→DPTR
MOVX @DPTR, A       ; 取高 8 位数据→高 8 位锁存器，此时低 4 位锁存器内容也受影响
MOV A, 40H          ; 取低 4 位数据→A
MOV DPTR, #9F00H    ; 低 4 位锁存器地址→DPTR
MOVX @DPTR, A       ; 低 4 位数据→低 4 位锁存器
MOV DPTR, #7F00H    ; DAC 寄存器地址→DPTR
MOVX @DPTR, A       ; 将数据打入 DAC 寄存器
```

4.5　A/D 转换器及其接口电路

在计算机监控系统中，常需要对生产过程中连续变化的物理量，如温度、压力、流量和速度等进行测量，这些连续量也称为模拟量。这些被测量的物理参数通常为非电量信号，需要使用传感器将其变成电压或电流信号，再经过变送器或放大器变成标称的电压或电流，然后由 A/D 转换器转换成数字量，才能为计算机所接受和处理。

常用的 A/D 转换器有两种类型：逐次逼近式和双积分式。逐次逼近式 A/D 转换器具有转换速度快、精度高、易于使用的优点，因而是计算机监控系统中用得最多的一种 A/D 转换器件；双积分式 A/D 转换器具有精度高、价格低、能够自动滤除输入信号中的

交流纹波和尖峰干扰信号等优点，但转换速度较慢，常用于变化比较缓慢的物理量的测量。

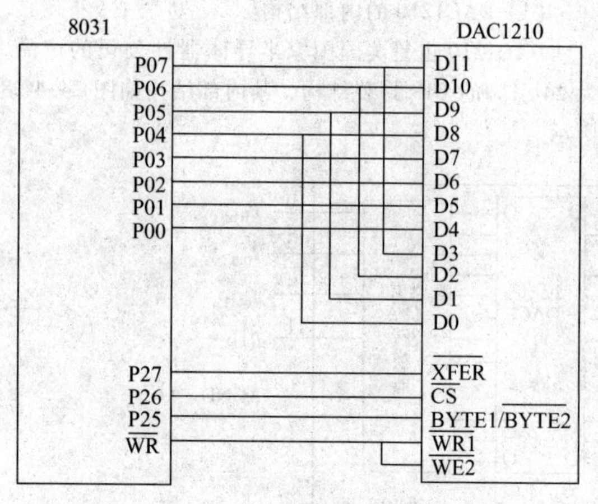

图 24. 4-29　DAC1210 与单片机的接口电路

A/D 转换器中，有的采用二进制码输出，也有的采用 BCD 码输出。常见的二进制码输出的有 8 位、10 位、12 位、14 位、16 位等，BCD 码有 3 位半、4 位半、5 位半等多种类型。下面介绍 12 位 A/D 转换器 AD574A 及其与单片机的典型接口电路。

AD574A 是美国模拟器件公司（Analog Devices Co.）生产的单片快速 A/D 转换器。该器件内置时钟发生器和高精度参考电压源，无需外部电压和时钟输入即可完成 A/D 转换过程，使用非常简便。AD574A 配有与 TTL 及 CMOS 电平兼容的三态缓冲输出电路，可以直接与各种微处理器相连。

（1）AD574A 的内部结构

AD574A 的内部结构如图 24. 4-30 所示。

（2）AD574A 的应用特性

通过改变 AD574A 的外接电路形式，可以使 AD574A 进行单极性或双极性信号的转换。单、双极性转换电路的接法分别如图 24. 4-31a 和图 24. 4-31b 所示。

图中，电位器 W_1 用于零点调整，W_2 用于满刻度调整。在调整时，应先调零点，后调满刻度。

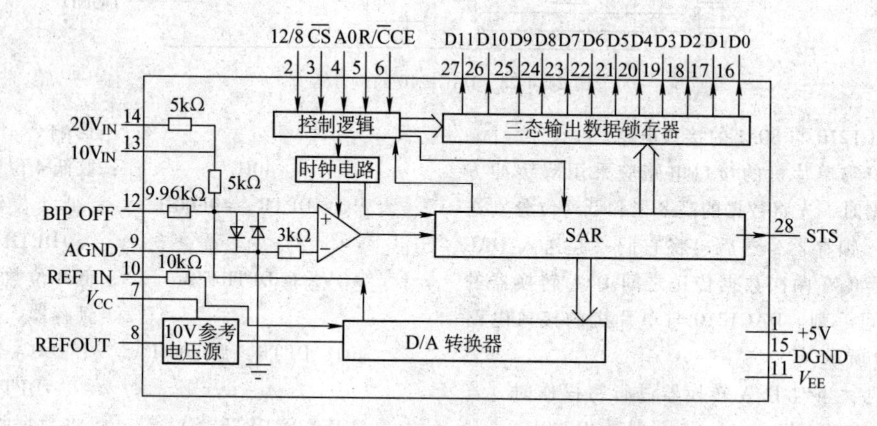

图 24. 4-30　AD574A 的内部结构

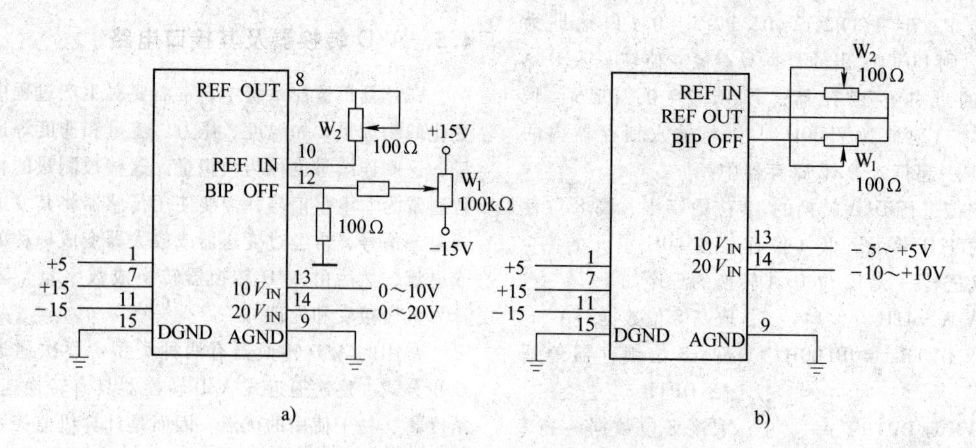

图 24. 4-31　AD574A 模拟量输入的外部接线

a）单极性输入连接　b）双极性输入连接

（3）AD574A 与 8051 的接口电路

由于 8031 的数据总线是 8 位的，因此需要把 AD574A 的高 8 位和低 4 位数据线合并，并将 12/8 端接地。对 AD574A 的读出只能分两次进行。用 AD574A 对单极性模拟量进行 A/D 转换的逻辑电路如图 24.4-32 所示。

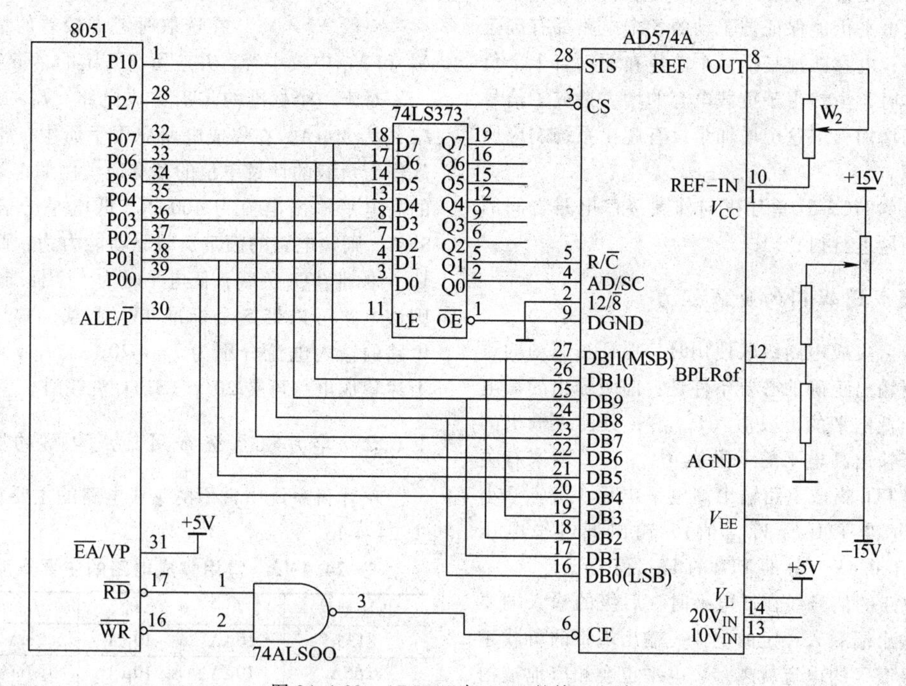

图 24.4-32　AD574A 与 8051 的接口电路

图中，A/D 转换器的启动地址为 7F00H 和 7F01H。当启动 12 位 A/D 转换时，只需向 7F00H 口写入任一随机数即可；当启动 8 位 A/D 转换时，则只需向 7F01H 写入一个随机数。A/D 转换后的结果可由 7F02H 和 7F03H 两个地址口读出。其中 7F02H 为高 8 位数据地址口，7F03H 为低 4 位数据地址口。从 7F03H 口读出的数据中，高 4 位为有效数字，低 4 位常为 0。本线路采用查询方式工作，A/D 转换的状态可通过查询 P1.0 判定。

启动 AD574A 进行 12 位 A/D 转换的程序如下：

```
        MOV DPTR，#7F00H    ；启动口地址→DPTR
        MOVX @ DPTR，A      ；启动 A/D 转换
LOOP：  JB P1.0，LOOP       ；检测 STS 状态
        MOV DPTR，#7F02H    ；高 8 位数据地址→DPTR
        MOVX A，@ DPTR      ；读取 8 位数据
        MOV 31H，A          ；将高 8 位数据存入 31H 单元
        INC DPTR            ；低 4 位数据地址→DPTR
        MOVX A，@ DPTR      ；读取低 4 位数据
        MOV 30H，A          ；将低 4 位数据存入 30H 单元
```

4.6　MCS-51 单片机与外围电路的匹配技术

在计算机控制系统的研制过程中，有时一个在逻辑上设计得完全正确的电路在实际使用时也常常出故障，甚至根本不能运行。究其原因，除了器件本身的故障之外，有很多情况是由于设计者没有注意到器件的物理特性的限制，而使研制出的电路投入运行后，各器件之间的工作状态不匹配造成的。这类故障通常比较隐蔽，不易查找，很容易留下隐患。因此，在设计一个系统时就应该对这个问题加以注意。

芯片之间的匹配包括两个方面的内容：时序匹配和负载匹配。

时序匹配是指芯片之间在进行数据交换时的时序的协调性配合。

负载匹配是指芯片的驱动能力与所带的负载之间的相容性配合。负载匹配又分为电平匹配和电容匹配。电平匹配是指一个芯片在带有若干个负载的情况下，其输出电平仍能保证被驱动的各个电路都有确定的输出状态；电容匹配是指一个芯片在驱动若干个负载动态工作时，虽然由于负载电容的增大造成了信号传输延迟的增加，但这个增加量没有超出系统响应所允许的范围。

下面仅就 MCS-51 单片机与外围接口电路之间的电平匹配问题进行讨论。

4.6.1　集成逻辑门的负载能力

两个数字集成电路级联使用时，保证被驱动的逻辑电路逻辑输出正确的必要条件是：前级输出的低电平小于输出低电平的上限值（V_{OLM}），且前级输出的高电平大于输出高电平的下限值（V_{OHM}）。国家有关标准规定，TTL 集成电路输出高电平电压 V_{OH} 应不小于 2.4V（标准 TTL 的 V_{OHM} 值），输出低电平电压 V_{OL} 应不大于 0.4V（标准 TTL 的 V_{OLM} 值）。

TTL 电路的信号线在低电平时，后级的输入端要向前级的输出端灌入一定的电流，输出端带的负载越多，向前级灌入的电流就越多，电平也会相应地被抬高；信号线在高电平时，后级的输入端要从前级的输出端拉出一部分电流，负载越多，从前级拉出的电流就越多，前级的输出电平也就越低。为了保证被驱动电路逻辑上的正确性和稳定性，必须对负载的数量加以限制。图 24.4-33 所示为一个 TTL 电路引脚负载最大时的情况。

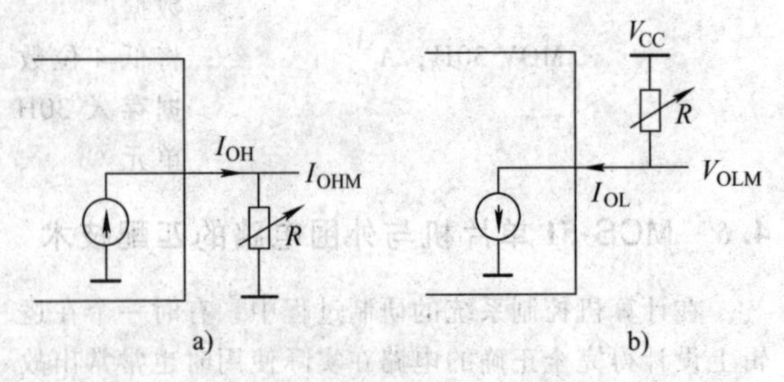

图 24.4-33　74L04 输出端带最大负载时的等效电路
a）输出为高电平时的最大负载情况
b）输出为低电平时的最大负载情况

如果每个负载门低电平时被拉出的电流为 I_{IL}，驱动门最大允许灌入电流为 I_{OLM}，则低电平时允许的负载数为

$$N_L = \frac{I_{OLM}}{I_{IL}}$$

如果每个负载门高电平时被灌入的电流为 I_{IH}，驱动门最大允许拉出电流为 I_{OHM}，则高电平时允许的负载数为

$$N_H = \frac{I_{OHM}}{I_{IH}}$$

一般 $N_L \neq N_H$，在选取时考虑较差的情况，即取 N_L 和 N_H 中较小者，并应留出一定的裕量。

对于一个标准的 TTL 集成电路，I_{IL} 约为 1.6mA，I_{IH} 约为 40μA，在集成电路应用手册中，常将这两个数作为负载的计量单位的基准值。例如，某集成电路的高电平输出电流为 400μA，低电平的输入电流为 8mA，则该电路的额定负载驱动能力为：高电平时为 10 个标准 TTL 负载，低电平时为 5 个标准 TTL 负载，则该电路可以带 5 个标准 TTL 负载。常用的 LSTTL 电路的输入电流分别为 I_{IH} = 20μA，I_{IL} = 0.4mA，则上述集成电路可带 20 个 LSTTL 负载门。

4.6.2　单片机系统常用集成电路的驱动能力

单片机系统中常用的集成电路的主要直流特性见表 24.4-13。

表 24.4-13　常用集成电路的主要直流特性

芯片型号	I_{IL}	I_{IH}	I_{OL}	I_{OH}
8155	10μA	10μA	2mA	400μA
8255A	10μA	10μA	1.7mA	200μA
2764	10μA	10μA	2.1mA	400μA
6264	10μA	10μA	4mA	1mA
74LS138	0.36mA	20μA	8mA	0.4mA
74LS244	0.2mA	20μA	24mA	15mA
74LS245	0.2mA	20μA	24mA	15mA
74LS273	0.4mA	20μA	8mA	0.4mA
ADC0809	1μA	1μA	1.6mA	0.36mA
ADC0832	50μA	0.1μA	—	—

这些参数都是在芯片处于较为苛刻的外部条件下测试的，芯片的实际性能一般都比表中所列的好些。由表 24.4-13 可知，74LS44 和 74LS245 具有很强的驱动能力，因此在设计高可靠性的微机控制系统时，常将这两种芯片作为单片机与外围电路间的缓冲驱动器，以提高单片机的驱动能力，并起到对外部信号线进行隔离的作用。

4.6.3　单片机控制系统电平匹配举例

在某个单片机控制系统中，单片机的数据总线外围电路包括：一个 2764，一个 6264SRAM，一个 74LS373 锁存器，两个 74LS377 触发器，两个 74LS244 三态缓冲器。在数据信号线为低电平时，上述芯片拉出的电流之和为

$$\sum I_{IL} = I_{IL(2764)} + I_{IL(6264)} + I_{IL(74LS373)} + I_{IL(74LS377)} \times 2 + I_{IL(74LS244)} \times 2$$

$$= (10+10+400+400\times2+10\times2)\mu A$$

$$= 1240\mu A$$

在数据信号线为高电平时，向上述芯片灌入的总电流为

$$\sum I_{IH} = I_{IH(2764)} + I_{IH(6264)} + I_{IH(74LS373)} + I_{IH(74LS377)}\times2 + I_{IH(74LS244)}\times2$$

$$= (10+10+20+20\times2+10\times2)\mu A$$

$$= 100\mu A$$

因此，该电路的数据总线负载没有超过单片机的驱动能力，单片机的数据总线无需加缓冲驱动器即可直接驱动这些外围电路。

对单片机其他信号线的电平匹配验证，可参照上述方法逐个进行。

第 5 章　传感器及其接口设计

1　传感器概述

1.1　传感器的概念

传感器是按一定规律实现信号检测并将被测量（物理的、化学的和生物的信息）变换为另一种物理量（通常是电量）的器件或仪表。它既能把非电量变换为电量，也能实现电量之间或非电量之间的互相转换。一切获取信息的仪表器件都可称为传感器。

传感器一般由敏感元件、转换元件、基本转换电路三部分组成，如图 24.5-1 所示。

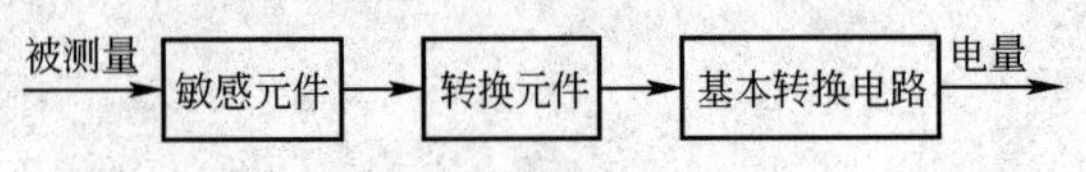

图 24.5-1　传感器的组成

敏感元件是能直接感受被测量，并以确定关系输出某一物理量的元件。例如，弹性敏感元件可将力转换为位移或应变，转换元件可将敏感元件输出的非电物理量转换成电路参数量，基本转换电路将电路参数量转换成便于测量的电信号，如电压、电流、频率等。

传感器种类很多，可以按不同的方式进行分类，如按被测物理量、按传感器的工作原理、按传感器转换能量的情况、按传感器的工作机理、按传感器输出信号的形式（模拟信号、数字信号）等分类。

传感器按其作用可分为检测机电一体化系统内部状态信息传感器以及检测外部对象和外部环境状态的外部信息传感器。内部信息传感器包括检测位置、速度、力、力矩、温度以及异常变换的传感器。外部信息传感器包括视觉传感器、触觉传感器、力觉传感器、接近觉传感器、角度觉（平衡觉）传感器等。具有外部传感器是先进机器人的重要标志。

按输出信号的性质可将传感器分为开关型（二值型）、模拟型和数字型，如图 24.5-2 所示。

传感器
- 开关型（二值型）
  - 接触型（微动开关、接触开关）
  - 非接触型（光电开关、接近开关）
- 模拟型
  - 电阻型（电位器、电阻应变片）
  - 电压、电流型（热电偶、光电电池、压电元件）
  - 电感、电容型（电感、电容式位移传感器）
- 数字型
  - 计数型（二值+计数器）
  - 代码型（编码器、磁尺）

图 24.5-2　传感器类型

机电一体化系统对检测传感器的基本要求是：①体积小，重量轻，对整机的适应性好；②精度和灵敏度高，响应快，稳定性好，信噪比高；③安全可靠，寿命长；④便于与计算机连接；⑤不易受被测对象（如电阻、磁导率）的影响，也不影响外部环境；⑥对环境条件适应能力强；⑦现场处理简单，操作性能好；⑧价格便宜。

1.2　传感器的特性和技术指标

1.2.1　传感器的静态特性

传感器的特性主要是指输入与输出的关系。当传感器的输入量为常量或随时间做缓慢变化时，传感器的输出与输入之间的关系为静态特性。表 24.5-1 列出了传感器的静态特性。

表 24.5-1　传感器的静态特性

特性指标	定义、公式	选用原则
量程	传感器的输入、输出保持线性关系的最大量限，一般用传感器允许的测量的上、下极限值代数差	超范围使用会使传感器的灵敏度下降，性能变坏
灵敏度 S_0	传感器输出变化量 ΔY 与引起此变化的输入变化量 ΔX 的比值，即 $S_0=\Delta Y/\Delta X$ 灵敏度误差 $r_s=(\Delta S_0/S_0)\times100\%$	表示传感器对测量参数变化的反应能力
线性度	被测值处于稳定状态时，传感器的输出与输入之间的关系曲线（称标准或标定曲线）与拟合曲线的接近（或偏离）程度，即 $\delta_L=(\|\Delta L_{max}\|/Y_{FS})\times100\%$ 式中　δ_L—线性度； ΔL_{max}—标定曲线与拟合曲线的最大偏差； Y_{ES}—满量程输出值	选取的拟合曲线不同，所得的线性度也不同，较常用的拟合方法有最小二乘法、端点法、端点平移法等

（续）

特性指标	定义、公式	选用原则
迟滞	传感器在输入量增加的过程中（正行程）和减少的过程中（反行程），输出输入特性曲线的不重合程度。迟滞误差一般以满量程输出的百分数表示： $r_H=(\Delta H_{max}/Y_{FS})\times100\%$	迟滞误差越小越好
重复性误差	传感器在输入量按同一方向做全量程连续多次变动时所得特性曲线不一致的程度。重复性误差（用满量程输出的百分数表示）： $r_R=(\|\Delta R_m\|/Y_{FS})\times100\%$ 式中　ΔR_m—输出最大重复性偏差	
分辨率	传感器能够检测到的最小输入增量	在输入零点附近的分辨率称为阀值
稳定性	传感器在较长的时间内保持其性能参数的能力	常采用给出标定的有效期表示其稳定性
零漂	传感器在零输入状态下，输出值的变化	一般有时间零漂和温度零漂两种
精确度	表示测量结果与被测"真值"的接近程度。精度一般用极限误差来表示，或者用极限误差与满量程之比按百分数给出	一般在标定或校验过程中确定，此时的"真值"由工作基准或更高精确度的仪器给出

1.2.2　传感器的动态特性

传感器的输出量相应随时间变化输入量的响应称为传感器的动态特性。

传感器的动态特性取决于传感器本身和输入信号的形式。为了分析方便，动态输入信号的形式通常采用正弦周期信号和阶跃信号来表示。传感器系统一般可用线性、定常、集中参数系统来描述，其数学模型可表达为常系数微分方程，也可以用传递函数的形式表示。能用比例环节表示的传感器称为零阶系统传感器，能用惯性环节表示的传感器称为一阶传感器，其他类推。

传感器的动态特性与控制系统的性能指标分析方法相同，可以通过时域、频域以及试验分析的方法确定。有关系统分析的指标都可以作为传感器的动态特性参数，如最大超调量、上升时间、调整时间、稳态误差、频率响应范围、临界频率等。

1.2.3　传感器的性能指标

传感器的主要性能指标见表24.5-2。对于不同的传感器，应根据实际需要确定其主要性能参数。一般选用传感器时，应主要考虑：高精度，低成本，根据实际要求合理确定静态精度和成本的关系，尽量提高精度，降低成本；高灵敏度应根据需要合理确定；工作可靠；稳定性好，长期工作稳定，耐蚀性好；抗干扰能力强；动态测量具有良好的动态特性；结构简单、小巧，使用维护方便，通用性强，功耗低等。

表24.5-2　传感器的主要性能指标

<table>
<tr><th colspan="3">项　目</th><th colspan="2">相应指标</th></tr>
<tr><td rowspan="7">基本参数</td><td rowspan="3">量程</td><td>测量范围</td><td colspan="2">在允许误差极限范围内被测量值的范围</td></tr>
<tr><td>量程</td><td colspan="2">传感器允许的测量的上、下极限值代数差</td></tr>
<tr><td>过载能力</td><td colspan="2">传感器在不致引起规定性能指标永久改变的条件下，允许超过测量范围的能力</td></tr>
<tr><td colspan="2">灵敏度</td><td colspan="2">灵敏度、分辨率、阀值、满量程输出</td></tr>
<tr><td colspan="2">静态精度</td><td colspan="2">精确度、线性度、重复性、迟滞、灵敏度误差</td></tr>
<tr><td rowspan="2">动态特性</td><td>频率特性</td><td>频率特性、频率响应范围、临界频率</td><td rowspan="2">时间常数、固有频率、阻尼比、动态误差</td></tr>
<tr><td>阶跃特性</td><td>超调量、临界速度、调整时间</td></tr>
<tr><td rowspan="3">环境参数</td><td colspan="2">温度</td><td colspan="2">工作温度范围、温度误差、温度漂移、温度系数、热滞后</td></tr>
<tr><td colspan="2">振动冲击</td><td colspan="2">允许各向抗冲击振动的频率、振幅及加速度、冲击振动所允许引入的误差</td></tr>
<tr><td colspan="2">其他</td><td colspan="2">抗潮湿、抗介质腐蚀能力、抗电磁干扰能力等</td></tr>
<tr><td colspan="3">可靠性</td><td colspan="2">工作寿命、平均无故障时间、保险期、疲劳特性、绝缘电阻、耐压</td></tr>
<tr><td colspan="3">使用条件</td><td colspan="2">电源、外形、重量、结构特点、安装方式等</td></tr>
<tr><td colspan="3">价格</td><td colspan="2">价格、性能价格比</td></tr>
</table>

2　几类传感器的主要性能及优缺点

(1) 位移、位置传感器

位移、位置传感器的测量方法多为电测法。常用位移传感器的类型有电阻式、电感式、电容式、电磁式、光电式和编码式等。表 24.5-3 列出了各种类型线位移、位置传感器的主要性能及优缺点。表 24.5-4 列出了角度、角位移传感器的主要性能及优缺点。

表 24.5-3　线位移、位置传感器的主要性能及优缺点

类型		测量范围/mm	线性度(%)	分辨力/μm	优点	缺点
电阻式	电位计式	0~300	0.1~1	10	结构简单,性能稳定,成本低	分辨力不高,易磨损
	电阻应变式	0~50	0.1~0.5	1	精度较高	动态范围窄
电感式	自感式	1~200	0.1~1	<0.01	动态范围宽,线性度好,抗干扰能力强	有残余电压
	互感式	1~1000	0.1~0.5	0.01	分辨力高,线性度好	有残余电压
	电涡流式	1~5	1~3	0.05~5	结构简单,能防水和油污	灵敏度随检测对象的材料而变
	电感调频式	1~100	0.2~1.5	1~5	导杆移动使磁阻变化,调频振荡器频率发生变化,抗干扰能力强	结构复杂
电磁式	磁敏电阻式	<5	精度 0.5%	0.3	体积小,结构简单,精度高,用于非接触测量	量程小
	感应同步式	$200\sim4\times10^4$	精度 2.5μm/m	0.1	在机床加工和自动控制中应用广泛,动态范围宽、精度高	安装不便
	磁栅式	$1000\sim2\times10^4$	精度 1~2μm/m	1	制造简单,使用方便,磁信号可重新录制,可用于机床和仪表,用来检测大位移	需要磁屏蔽和防尘措施
	霍尔效应式	5	<2%,精度±1个脉冲	1	结构简单,体积小	对温度敏感
电容式	容栅式	1~100	0.5~1	0.01~0.001	结构简单,动态性能好,灵敏度和分辨率高,用于无接触检测,能适应恶劣环境	轴端窜动和电缆电容等对测量精度有影响。输出阻抗高,需要采取屏蔽措施
光电式	反射式	±1		1		
	光栅式	30~3000	精度 0.5~3μm/m	0.1~10		
	激光式	单频激光干涉传感器可达几十米	精度 $10^{-8}\sim10^{-7}$	0.0001~1		
	光纤式	1	1	0.25		
	光电码盘式	1~1000	0.5%~1%	±1个二进制数		

表 24.5-4　角度、角位移传感器的主要性能及优缺点

类型	测量范围/(°)	精确度	线性度(%FS)	分辨力	优点	缺点
应变计式	±180				性能稳定可靠	
旋转变压器式	360	2′~5′	小角度时 0.1		对环境要求低,使用方便,抗干扰能力强,性能稳定	精度不高,线性范围小
感应同步器式	360	±0.5″~±1″		0.1″	精度较高,易数字化,能动态测量,结构简单,对环境要求低	电路较复杂
电容式	70	25″		0.1″	分辨力高,结构简单,灵敏度高,耐恶劣环境	需屏蔽
编码盘式	360	0.7″		±1个二进制数	分辨力和精度高,易数字化	电路较复杂

（续）

类型		测量范围/(°)	精确度	线性度(%FS)	分辨力	优点	缺点
光栅式		360	±0.5″		0.1″	易数字化,精度高,能动态测量	对环境要求较高
磁栅式		360	±0.5″~±5″			易数字化,结构简单,录磁方便,成本低	需磁屏蔽
激光式		±45			0.1rad（d=50）	精度高,常作为计量基准	设备复杂,成本高
陀螺式		±30~±70	±2			能测动坐标转角	结构复杂
电位器式	绕线式	0~330		0.1~3	0.1~1	结构简单,测量范围广,输出信号大,抗干扰能力强,精度较高	存在接触摩擦,动态响应低
	非绕线式	0~330		0.2~5	2″~6″	分辨力高,面耐磨性好,阻值范围宽	接触电阻和噪声大,附加力矩较大
	光电式	0~330		3	较高	无附加力矩,寿命长,响应快	

（2）速度、加速度传感器

速度传感器有线速度、角速度和转速等传感器。加速度传感器有惯性加速度和振动冲击加速度传感器。表 24.5-5 为速度传感器的主要性能及优缺点，表 24.5-6 为加速度传感器的主要性能及优缺点。

（3）力、压力、扭矩传感器

力、压力、扭矩传感器有电阻式、压电式、压磁式和电容式等，具体类型和特点见表 24.5-7。

表 24.5-5　速度传感器的主要性能及优缺点

类型		精度	线性度	分辨力或灵敏度	优　点	缺　点
磁电感应		5%~10%	0.02%~0.1%	600mV · s/cm	灵敏度高,性能稳定,使用方便	频率下限受限制,体积重量较大
差动变压器式		0.2%~1%	0.1%~0.5%	50mV · s/cm	漂移小	只能测低速
光电式		0.1%~0.5%			结构简单,体积小,重量轻,精度高	
电容式		±1 个脉冲			可靠性高,分辨力、灵敏度高	需屏蔽
电涡流式		±1 个脉冲			耐油、水污染,灵敏度高,线性范围宽	灵敏度随检测对象的材料变化
霍尔效应		±1 个脉冲			结构简单,体积小	对温度敏感
测速发电机			0.2%~1%	0.4~5mV · min/r	线性度高,灵敏度高,输出信号大,性能稳定	
陀螺式	压电陀螺	±0.2	0.1%~1%	<0.04(°)/s	体积小,响应快,滞后小,功耗低	
	转子陀螺	-2%~2%(°)/s	0.20%	(0.6~2)(°)/s	安装简单,使用方便	重量较大,成本高,寿命较短
	激光陀螺			10^{-4}~10^{8}rad/s	灵敏度高	转速低时可能发生锁定现象
	光纤陀螺			10^{8}rad/s	精度高,稳定性好,体积小	

表 24.5-6　加速度传感器的主要性能及优缺点

类型		测量范围	线性度	灵敏度	特点
惯性加速度传感器	微型硅加速度传感器	±5g	1%		迟滞小
	压电加速度传感器	±10g	0.2%	500Hz/g	体积小,重量小,需前置放大器
	石英挠性伺服加速度传感器	10^{-5}~2g		1~600V/g	

（续）

类型		测量范围	线性度	灵敏度	特点
冲击加速度传感器	压电加速度传感器	$2\times10^3\sim3\times10^5$g		0.3~40mV/(ms^{-2})	体积小,重量小,动态范围大,频率范围宽
	应变加速度传感器	5~1000g	1%~5%	0.5%~8%	体积小,重量小,灵敏度高,频响宽
	磁电式振动加速度传感器	0.5~10g	-5%~5%	0.15~0.75 mV/(mms^{-2})	检测振动加速度

表24.5-7　力、压力、扭矩传感器的类型和特点

类型		优点	缺点	应用
电阻式	电阻应变式	测量范围宽,精度高,动态性能好,寿命长,体积小,重量轻,价格便宜,可在恶劣环境下工作	存在线性误差,抗干扰能力差	测量力、扭矩、荷重等
	压阻式	频响宽,测量范围大,灵敏度、分辨力高,体积小,使用方便,易集成	存在较大的非线性误差和温度误差,需温度补偿	测量压力
压电式		结构简单,工作可靠,使用方便,抗干扰能力强,线性好,频响范围宽,灵敏度高,迟滞小,重复性好,温度系数低		动态和恶劣环境下进行力的测量
压磁式		输出功率大,信号强,抗干扰和过载能力强,工作可靠,寿命长,能在恶劣环境下工作	反应速度较慢,精度较低	测量力、力矩和称重
电容式		结构简单,灵敏度高,动态特性好,过载能力强,成本低	易受干扰	测量力、扭矩等
霍尔效应式		结构简单,体积小,频带宽,动态范围大,寿命长,可靠性高,易集成	易受温度影响,转换效率较低	测量力、扭矩等
电位器式		线性度好,结构简单,输出信号大,使用方便	精度不高,动态响应较慢	测量力、扭矩等
电感式		灵敏度、分辨力高,工作可靠,输出功率较大	频响慢,动态测量精度低	测量力、压力、扭矩、荷重等
光电式		结构简单,工作可靠		测量扭矩
弹性元件式		使用可靠,灵敏度随敏感性不同而不同	动态响应慢	测量力、压力、扭矩等

（4）温度传感器

温度代表物质的冷热程度，是物质内部分子运动剧烈程度的标志。测量温度的方法有接触式和非接触式两类，因此温度传感器被分为接触式和非接触式两大类，其类型和特点见表24.5-8。

（5）流量传感器

流量传感器有超声式、涡流式、电磁式和转子式，其类型和特点见表24.5-9。

（6）视觉、触觉传感器

视觉和触觉传感器的类型和特点见表24.5-10。

表24.5-8　温度传感器的类型和特点

类型		特点	应用
接触式	热电偶式	测量精度高;测量范围宽(-100~1800℃),金铁镍铬热电偶最低测温可达-269℃,钨铼热电偶可达2800℃;构造简单,使用方便	测量物质(流体或气体)温度
	金属热电阻式	铂热电阻式抗氧化能力强,测温精度高,范围大,但成本高。铜热电阻式测温精度较低,测量范围小,但成本低。镍热电阻式灵敏度较高,但稳定性较差	用于工业测温
	热敏电阻式	体积小,重量轻,结构简单,热惯性小,响应速度快,有正温度系数(PTC)和负温度系数(NTC)两种	适用于小空间的温度测量
	半导体温度传感器	有二极管式和晶体管式两种,二极管式测量误差大,结构简单,价格便宜;晶体管式测量误差小,精度高,范围宽	常用于工业和医疗领域

（续）

类型		特点	应用
非接触式	全辐射式	利用全光谱范围内总辐射能量与温度的关系进行温度测量	用于远距离且不能直接接触的高温物质
	亮度式	以被测物质光谱的一个狭窄区域内的亮度与标准辐射体的亮度进行比较测量，测量范围宽，精度较高	一般用于 700~3200℃ 的轧钢、锻压、热处理及浇注
	比色温度传感器	响应快，测量范围宽，测量温度接近实际温度	用于连续自动测量钢液、铁液、炉渣和表面没有覆盖物的物体温度

表 24.5-9　流量传感器的类型和特点

类型		测量范围/$m^3 \cdot h^{-1}$	精度(%)	特点
超声式流量计		0~10	1~1.5	检测各种高温液体管道流量
涡流式流量计		液体时：3~3800 气体时：$6 \sim 2\times10^4$	±1	多用于工业用水、城市煤气、饱和蒸汽的检测与控制
		蒸汽时：$40 \sim 6\times10^4$		
电磁式流量计		0~10	1~2.5	用于腐蚀、导电或带微粒流量的检测
转子式	玻璃管式	液体时：0.01~40 气体时：$0.016 \sim 10^3$	1~2.5	用于石油和纯水装置等的流量监测
	金属管式	液体时：$0.01 \sim 10^2$ 气体时：$0.4 \sim 10^3$	±2	

表 24.5-10　视觉和触觉传感器的类型和特点

类型		特点
视觉传感器	工业摄像机	一般由照明部、接受部、光电转换部和扫描部等部分组成，通过图像处理进行物体、文字、符号和图像等的识别
	固体半导体摄像机	
	红外图像传感器	由红外敏感元件和电子扫描电路组成，可将波长 2~20μm 的红外光图像转换为电视图像
	激光传感器	由光电转换部件、高速旋转多面棱镜和激光器等组成，可检测表面缺陷和识别条形码等
	滑动觉传感器	将滑动位移量通过光电码盘或旋转电位计转换为电信号来检测滑动情况

3　机电一体化中常用传感器

3.1　电位器

电位器是一种常用的机电元件，主要是把机械的线位移或角位移输入量转换为与它成一定函数关系的电阻或电压，用于测量压力、高度和加速度等各种参数。电位器式传感器具有一系列优点，如结构简单、尺寸小、重量轻、精度高、输出信号大、性能稳定并容易实现任意函数；缺点是要求输入能量大，电刷与电阻元件之间容易磨损。

电位器式角位移传感器的结构如图 24.5-3 所示。传感器的转轴跟待测角度的转轴相连，当待测物体的转轴转过一个角度时，电刷在电位器上转过一个相应的角位移，在输出端有一个跟角度成正比的输出电压。

电位器的主要参数有标称阻值、额定功率、分辨率、滑动噪声、阻值变化特性、耐磨性、零位电阻及温度系数等。对电位器的要求是：①阻值符合要求；②中心滑动端与电阻体之间接触良好，转动平滑。对带开关的电位器，开关部分应动作准确可靠、灵活，因此在使用前必须检查电位器性能的好坏。

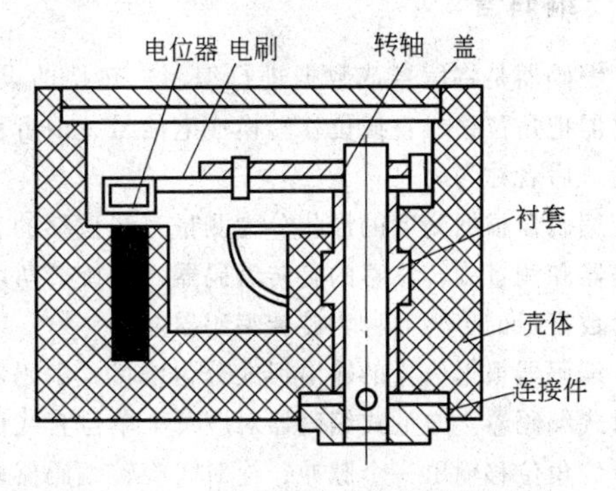

图 24.5-3　电位器式角位移传感器的结构

3.2　光栅

光栅传感器是根据莫尔条纹原理制成的，它主要用于线位移和角位移的测量。由于光栅传感器具有精度高、测量范围大、易于实现测量自动化和数字化等特点，所以目前光栅传感器的应用已扩展到测量与长度和角度有关的其他物理量，如速度、加速度、振动、质量和表面轮廓等方面。

光栅是一种在基体上刻制有等间距均匀分布条纹的光学元件。用于位移测量的光栅称为计量光栅。按其光路可分为反射光栅和透射光栅，按其线纹密度可分为粗光栅和细光栅，按其结构型式可分为长光栅和圆光栅。

光栅传感器由照明系统、光栅副和光电接收元件组成，如图24.5-4所示。光栅副是光栅传感器的主要部分。在长度计量中应用的光栅通常称为计量光栅，它主要由主光栅（标尺光栅）和指示光栅组成。当标尺光栅相对于指示光栅移动时，形成的莫尔条纹产生亮暗交替变化，利用光电接收元件将莫尔条纹亮暗变化的光信号转换成电脉冲信号，并用数字显示，从而可测量出标尺光栅的移动距离。

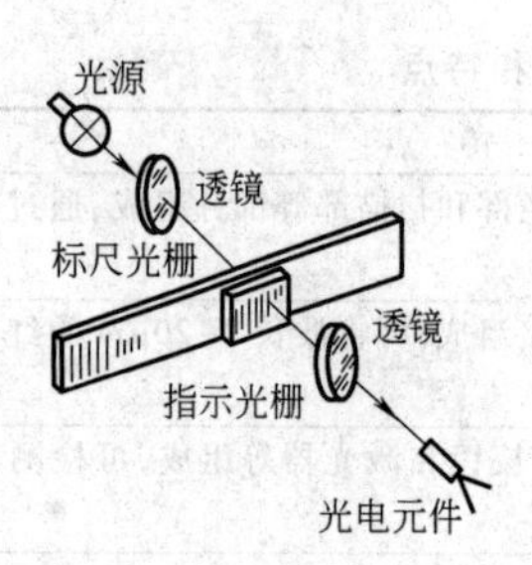

图24.5-4 光栅传感器结构

光栅式角位移传感器可用于整圆或非圆检测，一般精度可达0.5mm。这种传感器用于精密仪器、精密机床和数控机床。

3.3 编码器

编码器是将信号或数据进行编制、转换的设备。编码器把角位移或直线位移转换成电信号，前者称为码盘，后者称为码尺。

编码器根据刻度的形状分为测量直线位移的直线编码器和测量旋转位移的旋转编码器。将旋转角度转换为数字量的传感器称为旋转编码器。

编码器根据信号的输出形式分为增量式编码器和绝对式编码器。增量式编码器对应每个单位直线位移或单位角位移输出一个脉冲，绝对式旋转编码器根据读出的码盘上的编码检测绝对位置。根据检测原理，编码器可分为光学式、磁式、感应式和电容式。下面介绍应用最多的光学式编码器的原理。

旋转编码器的结构如图24.5-5所示。在发光二极管和光敏二极管之间由旋转码盘隔开，在码盘上刻有栅缝，当旋转码盘转动时，光敏二极管断续地接收发光二极管发出的光信号，经整形后输出方波信号。

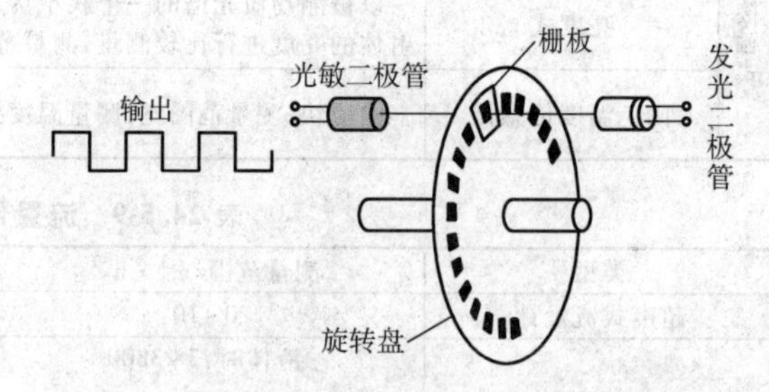

图24.5-5 旋转编码器的结构

增量编码器是将位移转换成周期性的电信号，再把这个电信号转变成计数脉冲，用脉冲的个数表示位移的大小。增量编码器的原理如图24.5-6所示，它有A相、B相、Z相三条光栅，A相与B相的相位差为90°，利用B相的上升沿触发检测A相的状态，以判断旋转方向。例如，按图24.5-6所示顺时针旋转，则B相上升沿对应A相的通状态；若逆时针旋转，则B相上升沿对应A相的断状态。Z相为原点信号。

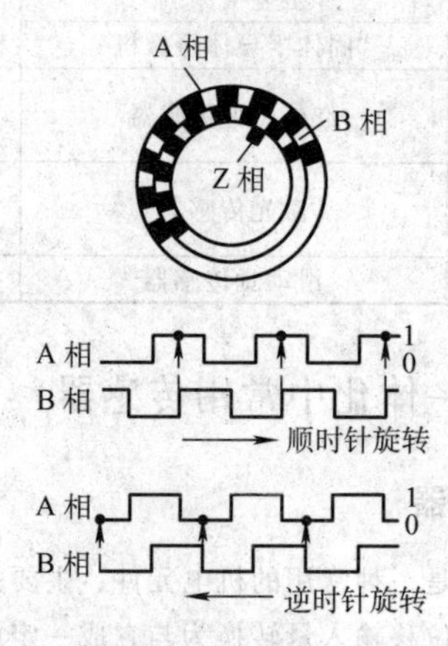

图24.5-6 增量编码器的原理

绝对式编码器的每一个位置对应一个确定的数字码，因此它的示值只与测量的起始和终止位置有关，而与测量的中间过程无关。

3.4 测速发电机

测速发电机是检测转速最常用的传感器，它一般安装在执行元件一端，可直接测量执行元件的运转速度。测速发电机的工作原理类似于发电机的工作原理。

恒定磁场中的线圈发生位移，线圈两端的感应电压 E 与线圈内交链磁通 Φ 的变化速率成正比，输出

电压为

$$E=-\frac{d\Phi}{dt} \tag{24.5-1}$$

根据这个原理测量角速度的测速发电机，可按其构造分为直流测速发电机、交流测速发电机和感应式交流测速发电机。

直流测速发电机的定子是永久磁铁，转子是线圈绕组。图 24.5-7 所示为直流测速发电机的结构。它的原理和永久磁铁的直流发电机相同，转子产生的电压通过换向器和电刷以直流电压的形式输出，可以测量 0~10000r/min 量级的旋转速度，线性度为 0.1%。此外，停机时不易产生残留电压，因此它最适宜作为速度传感器。但是电刷部分是机械接触，需要注意维修。另外，换向器在切换时产生脉动电压，使测量精度降低。因此，现在也有无刷直流测速发电机。

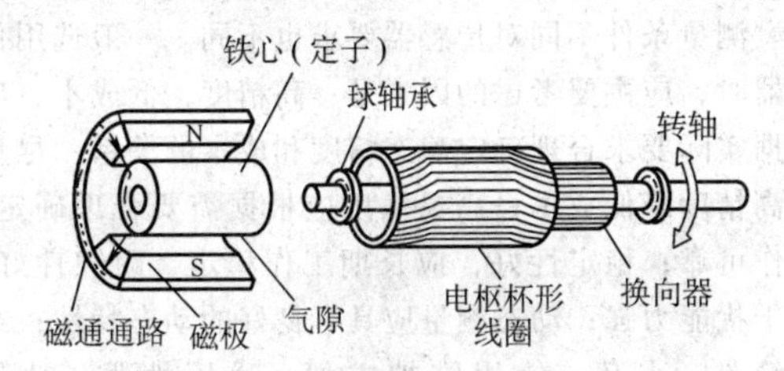

图 24.5-7　直流测速发电机的结构

永久磁铁式交流测速发电机的构造和直流测速发电机恰好相反，它的转子上安装了多磁极永久磁铁，其定子线圈输出与旋转速度成正比的交流电压。

测速发电机的输出电动势具有斜率高、特性成线性、正转和反转时输出电压不对称度小、对温度敏感性低等特点。直流测速发电机要求在一定转速下输出电压交流分量小，无线电干扰小；交流测速发电机要求在工作转速变化范围内输出电压相位变化小。测速发电机广泛用于各种速度或位置控制系统，在自动控制系统中作为检测速度的元件，以调节电动机转速或通过反馈来提高系统稳定性和精度；在解算装置中可作为微分、积分元件，也可作为加速或延迟信号，用来测量各种运动机械在摆动或转动以及直线运动时的速度。

3.5　压电加速度传感器

压电加速度传感器利用具有压电效应的物质，将产生加速度的力转换为电压。这种具有压电效应的物质受到外力发生机械形变时能产生电压（反之，外加电压时，也能产生机械形变）。压电元件大多由具有高介电系数的材料制成。

压电元件的形变有三种基本模式：压缩形变、剪切形变和弯曲形变。图 24.5-8 所示为形变方向。

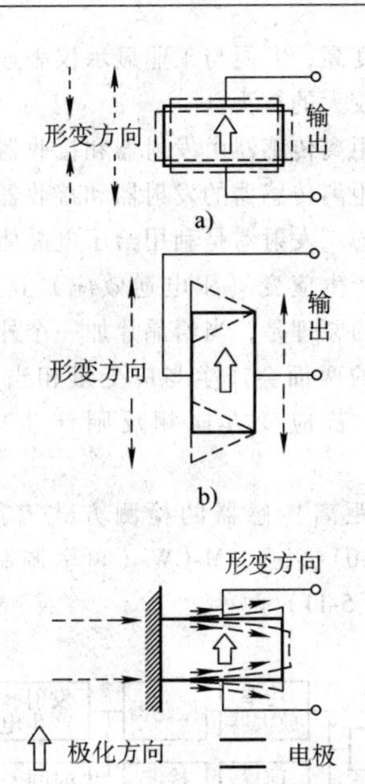

图 24.5-8　压电元件的变形模式

a）压缩　b）剪切　c）弯曲

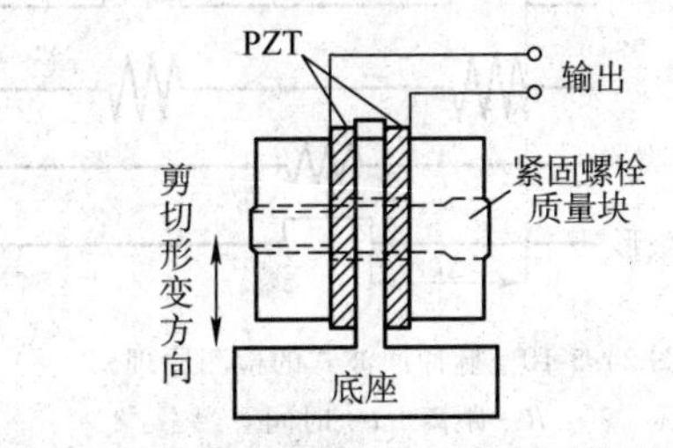

图 24.5-9　剪切式压电加速度传感器

图 24.5-9 所示为利用剪切方式的压电加速度传感器结构图。传感器中一对平板形或圆筒形压电元件在轴对称位置上垂直固定，压电元件的剪切压电常数大于压缩压电常数，而且不受横向加速度影响，在一定的高温下仍能保持稳定的输出。压电加速度传感器的电荷灵敏度很宽，可达 10^{-2}~10^{3}pC/(m/s^2)。

压电加速度传感器应用于数码相机和摄像机里，用来检测拍摄时候的手部的振动，并根据这些振动，自动调节相机的聚焦。也应用在汽车安全气囊、防抱死系统和牵引控制系统等安全性能方面。

3.6　超声波距离传感器

超声波传感器是利用超声波的特性研制而成的传感器。超声波具有频率高、波长短、绕射现象小，特别是方向性好、能够成为射线而定向传播等特点。超声波距离传感器广泛应用在物位（液位）监测、机器人防撞、各种超声波接近开关以及防盗、报警等相关领域，其工作可靠，安装方便，可防水，发射夹角较小，灵敏度高，方便与工业显示仪表连接，也可提供发射夹角较大的探头。

超声波距离传感器由发射器和接收器构成。几乎所有超声波距离传感器的发射器和接收器都是利用压电效应制成的。发射器是利用给压电晶体加一个外加电场时晶片产生应变（压电逆效应）这一原理制成的。接收器的原理是，当给晶片加一个外力使其变形时，在晶体的两面会产生与应变量相当的电荷（压电正效应），若应变方向相反则产生电荷的极性反向。

超声波距离传感器的检测方式有脉冲回波式（见图 24. 5-10）以及 FM-CW（频率调制、连续波）式（见图 24. 5-11）两种。

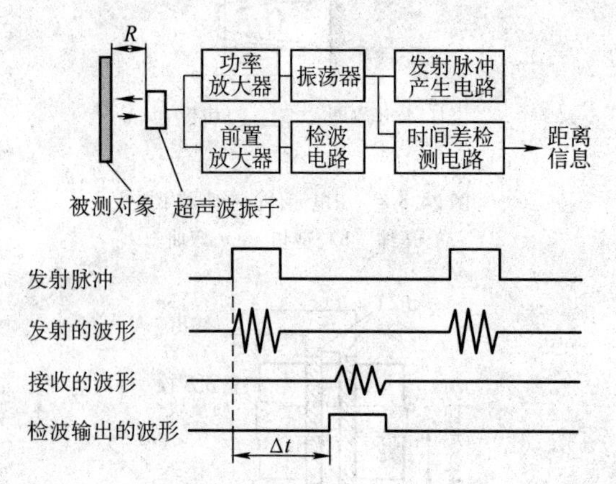

图 24. 5-10　脉冲回波式的检测原理

R—距离　t—时间

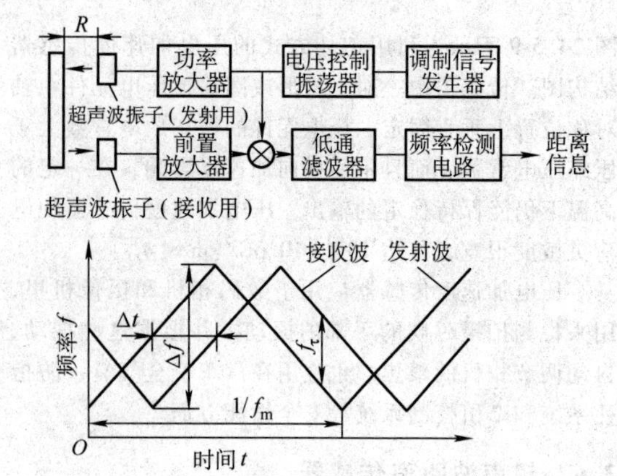

图 24. 5-11　FM-CW 式的测距原理

R—距离　f_τ—发射波与接收波的频率差

f_m—发射波的频率

脉冲回波式是先将超声波用脉冲调制后发射，根据经被测物体反射回来的回波延迟时间 Δt，计算出被测物体的距离 R。设空气中的声速为 v，被测物体与传感器间的距离为

$$R=v\Delta t/2 \tag{24. 5-2}$$

如果空气温度为 T，则声速为

$$v=331.5+0.607T \tag{24. 5-3}$$

FM-CW 方式是采用连续波对超声波信号进行调制。将由被测物体反射延迟 Δt 时间后得到的接收波信号与发射波信号相乘，取出其中的低频信号，可以得到与距离 R 成正比的差频 f_τ 信号。假设调制信号的频率为 f_m，调制频率的带宽为 Δf，被测物体的距离为

$$R=\frac{f_\tau v}{4f_m\Delta f} \tag{24. 5-4}$$

4　传感器的选用原则及注意事项

测量条件不同对传感器要求也不同。一般选用传感器时，应主要考虑的因素是：高精度，低成本，应根据实际要求合理确定静态精度和成本的关系，尽量提高精度降低成本；高灵敏度应根据需要合理确定；工作可靠；稳定性好，应长期工作稳定，耐蚀性好；抗干扰能力强；动态测量应具有良好的动态特性；结构简单、小巧，使用维护方便，通用性强，功耗低等。

传感器的选用原则可以归纳为以下几点：

（1）传感器的灵敏度

传感器的灵敏度高，可感知小的变化量，被测量稍有微小变化时，传感器就有较大的输出。但是灵敏度越高，与测量信号无关的外界噪声也越容易混入，并且噪声也会被放大。因此，对传感器往往要求有较大的信噪比。同时，过高的灵敏度会影响测量范围。

（2）传感器的线性范围

任何传感器都有一定的线性范围，在线性范围内输出与输入成比例关系。线性范围越宽，表明传感器的工作量程越大。为了保证测量的精确度，传感器必须在线性区域内工作。然而任何传感器都不容易保证其绝对线性，在某些情况下，在许可限度内，也可以在其近似线性区域应用。

（3）传感器的响应特性

传感器的响应特性必须在所测频率范围内尽量保持不失真。但实际上传感器的响应总有迟延，迟延时间越短越好。一般光电效应、压电效应等物性型传感器响应时间小，可工作频率范围宽。而结构型，如电感、电容和磁电式传感器等，由于受到结构特性的影响，往往由于机械系统惯性的限制，其固有频率低。

在动态测量中，传感器的响应特性对测试结果有直接影响，在选用时，应充分考虑到被测物理量的变

化特点（如稳态、瞬变、随机等）。

（4）传感器的稳定性

传感器的稳定性是经过长期使用以后其输出特性不发生变化的性能。影响传感器稳定性的因素是时间与环境。为了保证稳定性，在选用传感器之前，应对使用环境进行调查，以选择合适的传感器类型。在有些机械自动化系统中或自动检测装置中，所用的传感器往往是在比较恶劣的环境下工作，其灰尘、油剂、温度及振动等干扰是很严重的，这时传感器的选用必须优先考虑稳定性因素。

（5）传感器的精确度

传感器的精确度表示传感器的输出与被测量的对应程度。因为传感器处于测试系统的输入端，传感器能否真实地反映被测量，对整个测试系统具有直接影响。

然而，传感器的精确度也并非越高越好，因为还要考虑到经济性。传感器精确度越高，价格越昂贵，因此应从实际出发来选择。首先应了解测试目的是定性分析还是定量分析。如果属于相对比较性的试验研究，只需获得相对比较值即可，那么对传感器的精确度要求可低些。然而对于定量分析，为了必须获得精确量值，因而要求传感器应有足够高的精确度。

此外，还可以采取某些技术措施来改善传感器的性能，这些技术有：

1）平均技术。常用的平均技术有误差平均效应和数据平均处理。误差平均效应是利用 n 个传感器单元同时感受被测量，因而其输出将是这些单元输出的总和。数据平均处理是在相同条件下重复测量 n 次，然后取其平均值，因此，该技术可以使随机误差减小 $\sqrt{n}$ 倍。

2）差动技术。差动技术在电阻应变式、电感式、电容式等传感器中得到广泛应用，它可以消除零位输出和偶次非线性项，抵消共模误差，减小非线性。

3）稳定性处理。传感器作为长期使用的元件，稳定性显得特别重要，因此对传感器的结构材料要进行时效处理，对电子元件要进行筛选等。

4）屏蔽和隔离。屏蔽、隔离措施可抑制电磁干扰，隔热、密封、隔振等措施可削弱温度、湿度、机械振动的影响。

5　传感器与计算机的接口设计

传感器所感知、检测、转换和传递的信息为不同的电信号。传感器输出的电信号可分为电压输出、电流输出和频率输出，其中以电压输出为最多。

传感器将非电物理量转换成电量，并经放大、滤波等一系列处理后，需经模数转换成数字量，才能送入计算机系统，进行相应的分析。

输入到计算机的信息必须是计算机能够处理的数字量信息。传感器的输出形式可分为模拟量和数字量，开关量为二值数字量。传感器输出的数字量信号的形式有二进制代码、BCD 码和脉冲序列等，它通过三态缓冲器可直接输入计算机。

传感器输出的模拟量信号一般需经过信号放大、采样、保持、模拟多路开关及 A/D 转换，通过 I/O 接口输入计算机。传感器的输入通道根据应用要求不同，可以有不同的结构型式。图 24.5-12 所示为多模拟量输入通道一般组成框图。该方式的工作是依次对每个模拟通道进行采样/保持和转换，其优点是节省硬件，但是有转换速度低、各通道不能同时采样的缺点。

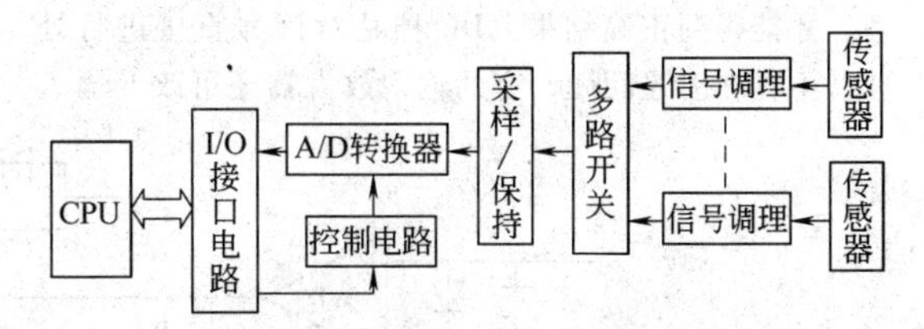

图 24.5-12　多模拟量输入通道组成框图

为提高采样速度，达到同时采样，可采用多通道同步型（见图 24.5-13）或多通道并行输入型（见图 24.5-14）。

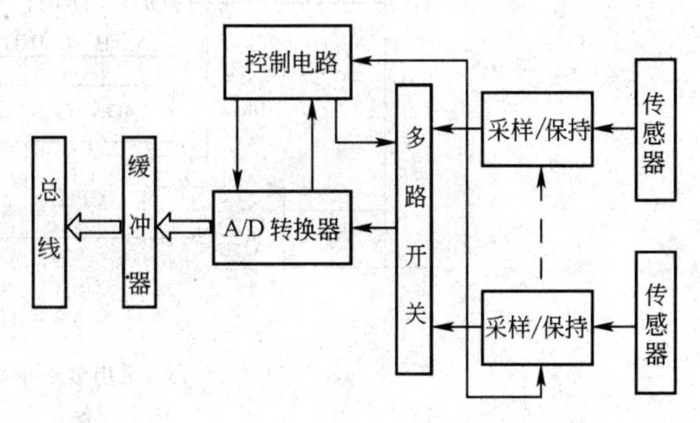

图 24.5-13　多通道同步型

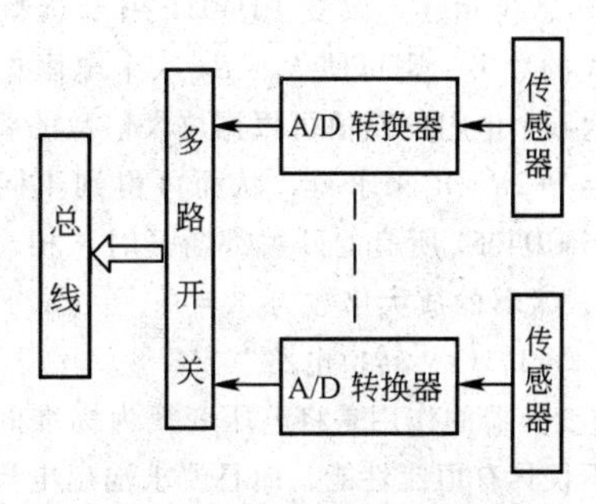

图 24.5-14　多通道并行输入型

（1）输入放大器

被分析的信号幅值大小不一，输入放大器（或衰减器）便是对幅值进行处理的器件。对于超过限额的电压幅值可以加以衰减，对于太小的幅值则加以放大，避免影响采样精度。输入放大器（衰减器）的放大倍数（衰减百分数），一般可用程控方式或手动方式设定。对信号放大时，一般不宜放得过大，以免后面分析运算中产生溢出现象。

输入放大器上往往设有 DC 和 AC 选择档。在分析交变信号时可用 AC 档来减小测试系统中传感器或放大器的零漂误差。有时分析的信号是交变信号与直流分量的叠加，但若感兴趣的只是交变信号，这时就可用 AC 档来消除直流分量，AC 档成为隔直电路。这样，AC 档实际上具有高通滤波特性。使用时应注意其响应问题，只有等输入波形稳定后再开始采样处理，才能得到正确结果。DC 档是对信号直接进行处理，不存在上述问题，有的输入放大器还可改变输入信号的极性，使用时可依需要调整。

在微机控制系统中，采用的数据放大器与一般测量系统的放大电路类似。当多路输入的信号源电平相差悬殊时，用同一增益的放大器放大高电平和低电平信号，就有可能使低电平信号测量精度降低，而高电平可能超出 A/D 转换器的输入范围。采用可编程序放大器，可通过程序调整放大倍数，使 A/D 转换器满量程达到均一化，以提高多路数据采集精度。

图 24.5-15 所示为采用多路开关 CD4051 和普通运算放大器组成的可编程增益运算放大器。A1、A2、A3 组成差动式放大器，A4 为电压跟随器，其输入端取自共模输入端 V_{CM}，输入端接到 A1、A2 放大器的电源地端。A1、A2 的电源电压的浮动幅度将与 V_{CM} 相同，从而大大削弱了共模干扰的影响。实验证明，这种电路与基本电路相比，其共模抑制比至少提高 20~40dB。

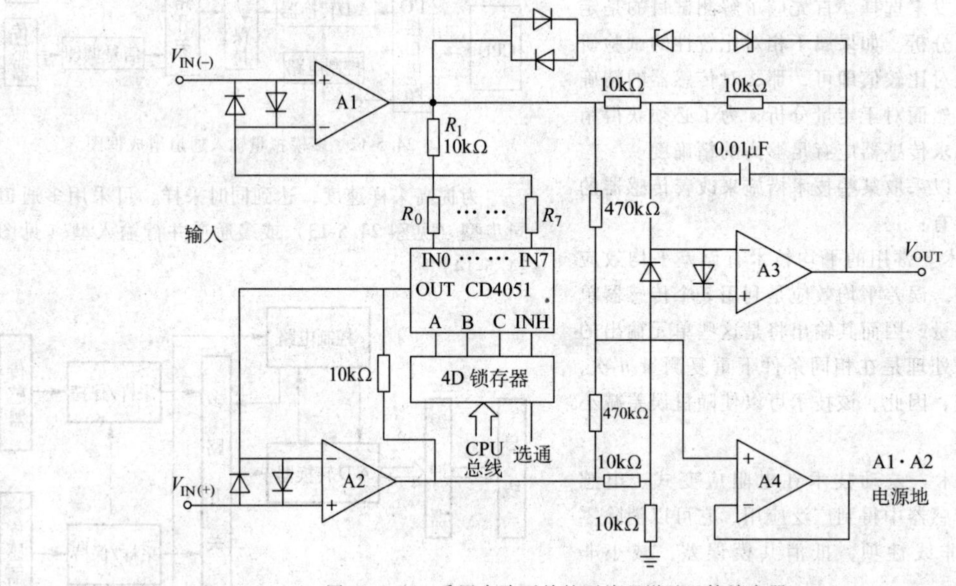

图 24.5-15　采用多路开关的可编程增益运算放大器

采用 CD4051 作为模拟开关，通过一个 4D 锁存器与 CPU 总线相连，改变 CD4051 用于选择输入端 C、B、A 的数字，则可使 $R_0 \sim R_7$ 八个电阻中的一个接通。这八个电阻的阻值可根据放大倍数的要求，由公式 $A_V=1+2R_1/R_i$ 来求得，从而可得到不同的放大倍数。当 CD4051 所有的开关都断开时，相当于 $R_i=0$，此时放大器的放大倍数为 $A_V=1$。

（2）V/I、F/V 转换电路

V/I 变换器的作用是将电压变换为标准的电流信号。它不仅具有恒流性能，而且要求输出电流随负载电阻变化所引起的变化量不超过允许值。一般的 V/I 变换器构成的主要部件是运算放大器。

一些传感器，如差动流量变送器、温度变送器、压力变送器等，其输出信号通常为 4~20mA。电动机控制也常用 4~20mA。在工业控制中，许多传感器输出均为电压信号，以便与 A/D 转换器接口。当传感器输出信号需要远距离传输时，必须把它变成电流信号，因而要求把 0~10V 的电压转换为 4~10mA 的电流信号，或者做相反的转换。

由于频率信号输出占有总线数量少，易于远距离传送，抗干扰能力强，将频率信号转换成与频率成正比的模拟电压可采用 F/V 转换器。通常没有专门用于F/V转换的集成器件，而是使用V/F转换器在特定的外接电路下构成F/V转换电路。一般的集成V/F转换器都具有F/V转换功能。

（3）采样/保持电路

如果直接将模拟量送入A/D转换器进行转换，则应考虑到任何一种A/D转换器都需要有一定的时间来完成量化及编码的操作，即A/D转换器的孔径时间。当输入信号频率提高时，由于孔径时间的存在，会造成较大的转换误差。要防止这种误差的产生，必须在A/D转换开始时将信号电平保持住，而在A/D转换结束后又能跟踪输入信号的变化，即对输入信号处于采样状态。能完成这种功能的器件叫采样/保持器（Sample/Hold），简称S/H。采样/保持器在保持阶段相当于一个“模拟信号存储器”。

采样保持器有两种工作方式，一种是采样方式，另一种是保持方式。在采样方式中，采样/保持器的输出跟随模拟量输入电压。在保持状态时，采样/保持器的输出将保持在命令发出时刻的模拟量输入值，直到保持命令撤销（即再度接到采样命令）时为止。此时，采样/保持器的输出重新跟踪输入信号变化，直到下一个保持命令到来为止。

采样/保持器的主要用途是：①保持采样信号不变，以便完成A/D转换；②同时采样几个模拟量，以便进行数据处理和测量；③减少D/A转换器的输出毛刺，从而消除输出电压的峰值及缩短稳定输出值的建立时间；④把一个D/A转换器的输出分配到几个输出点，以保证输出的稳定性。

实际上为使采样/保持器具有足够的精度，一般在输入级和输出级均采用缓冲器，以减少信号源的输出阻抗，增加负载的输入阻抗。电容的选择应大小适宜，以保证其时间常数适中，并选用漏泄小的电容。

最常用的采样/保持器有美国AD公司的AD582、AD585、AD346、AD389和ADSHC-85，以及国家半导体公司的LF198/298/398等。

LF198/298/398是由双极型绝缘栅场效应管组成的采样/保持电路，它具有采样速度快，保持下降速度慢，以及精度高等特点，其原理如图24.5-16所示。

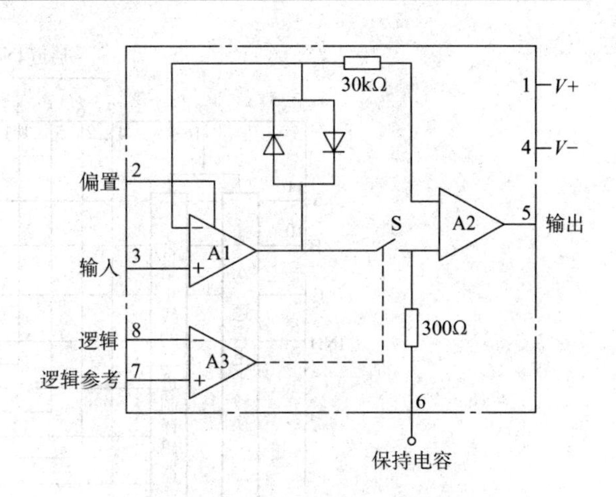

图24.5-16　LF198/298/398的原理图

（4）模拟多路开关

在机电一体化领域中，经常对许多传感器信号进行采集和控制。如果每一路都单独采用各自的输入回路，即每一路都采用放大、采样/保持、A/D等环节，不仅成本比单路成倍增加，还会导致系统体积庞大，且由于模拟器件、阻容元件参数和特性不一致，对系统的校准也会带来很多困难，因此除特殊情况下，多采用公共的采样/保持及A/D转换电路。要实现这种设计，往往采用模拟多路开关。

模拟多路开关的作用为分别或依次把各传感器输出的模拟量与A/D接通，以便进行A/D转换。多路开关是用来切换模拟电压信号的关键器件，为了提高参数的测量精度，对其要求是：导通电阻小；开路电阻大，交叉干扰小；速度快。

常用的由CMOS场效应管组成的单片多路开关CD4051的原理如图24.5-17所示。CD4051是单端的8路开关，它有3根二进制的控制输入端和一根禁止输入端INH（高电平禁止）。片上有二进制译码器，可由A、B、C三个二进制信号在8个通道中选择一个，使输入和输出接通。而当INH为高电平时，不论A、B、C为何值，8个通道均不通。该多路开关输入电平范围大，数字量为3～15V，模拟量可达15V。

（5）转换器与微机的连接

图24.5-18所示为典型A/D转换器0809与微机的连接线图，芯片脚$V_{REF(-)}$接-5V，$V_{REF(+)}$接+5V；此时输入电压可在±5V范围之内变动。A/D转换器的位数可以根据检测精度要求来选择，0809是8位A/D转换器，它的分辨率为满刻度值的0.4%。ALE是地址锁存端，高电平时将A、B、C锁存。A、B、C全为1时，选输入端IN7。ST是重新启动的转换端，高电平有效，由低电平向高电平转换时，将已选通的输入端开始转换成数字量，转换结束后引脚EOC发出高电平，表示转换结束。OE是允许输出控制端，高电平有效。高电平时将A/D转换器中的三态缓冲器打开，将转换后的数字量送到D_0～D_7数据线上。

在微机接口中有一根是地址译码线$\overline{PSR}$，地址线

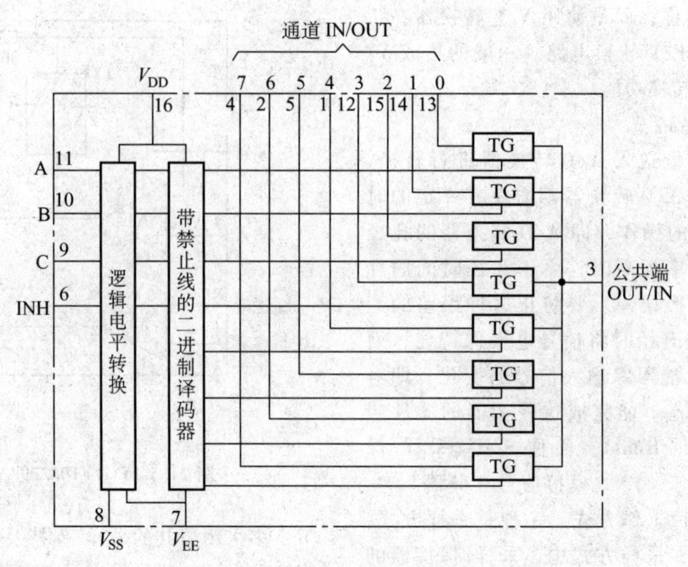

图 24.5-17　CD4051 原理电路图

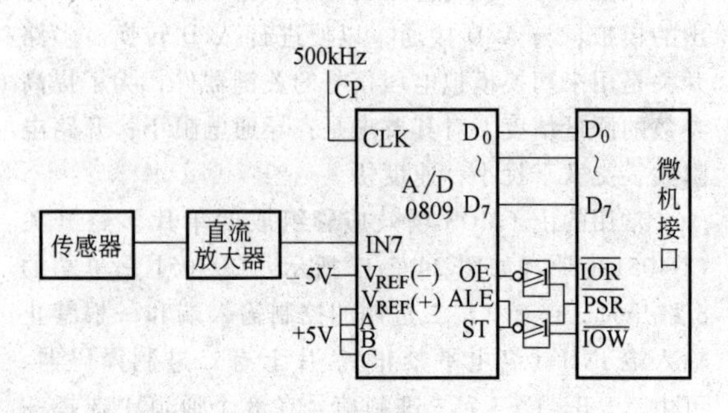

图 24.5-18　转换器与微机的连接

为某一状态时，它为有效电平。$\overline{IOW}$是 I/O 设备"写"信号线，微机从外设接收信息时，该信号线有效。在这里，$\overline{IOW}$和$\overline{PSR}$经一级"或非"门后用以启动 A/D 转换器。$\overline{IOR}$是 I/O 设备"读"信号线，微机向外设备输出信息时，该信号线有效。在这里，$\overline{IOR}$和$\overline{PSR}$经一级"或非"门后用以从 A/D 转换器读入数据。

第6章　常用的传动部件与执行机构

机电一体化系统的机械传动系统与一般的机械传动系统相比，除要求具有较高的定位精度之外，还应具有良好的动态响应特性，就是说响应要快，稳定性要好。一个典型的机电一体化系统，通常由控制部件、接口电路、功率放大电路、执行元件、机械传动部件、导向支承部件，以及检测传感部件等组成。这里所说的机械传动系统一般由减速器、螺旋传动、齿轮传动及蜗杆传动等各种线性传动部件以及连杆机构、凸轮机构等非线性传动部件、导向支承部件、旋转支承部件、轴系及机架等机构组成。为确保机械传动精度和工作稳定性，在设计中，常提出无间隙、低摩擦、低惯量、高刚度、高谐振频率及适当的阻尼比等要求。为达到上述要求，主要从以下几方面采取措施：

1）缩短传动链，简化主传动系统的机械结构。主传动常采用大转矩、宽调速的直流或交流伺服电动机直接与螺旋传动连接以减少中间传动机构。

2）采用摩擦因数很低的传动部件和导向支承部件，如采用滚动螺旋传动、滚动导向支承、动（静）压导向支承和塑料滑动导轨等。

3）提高传动与支承刚度，如采用施加预紧的方法提高滚动螺旋传动和滚动导轨副的传动与支承刚度，丝杠的支承设计中采用两端轴向预紧或预拉伸支承结构等。

4）选用最佳传动比，以提高系统分辨率，减少等效到执行元件输出轴上的等效转动惯量，尽可能提高加速能力。

5）缩小反向死区误差。在进给传动中，一方面采用无间隙的传动装置和元件，如既消除间隙又减少摩擦的滚珠丝杠副、预加载荷的双齿轮齿条副等，另一方面采用消除间隙、减少支承变形的措施。

6）改进支承及架体的结构设计，以提高刚性，减少振动，降低噪声，如选用复合材料等来提高刚度和强度，减轻重量，缩小体积使结构紧密化，以确保系统的小型化、轻量化、高速化和高可靠性。

1　机械传动部件及其功能要求

常用的机械传动部件有螺旋传动、齿轮传动、同步带传动、高速带传动、齿形带传动以及各种非线性传动部件等，主要功能是传递转矩和转速。其目的是使执行元件与负载之间在转矩与转速方面得到最佳匹配。机械传动部件对伺服系统的伺服特性有很大影响，特别是其传动类型、传动方式、传动刚性以及传动的可靠性对机电一体化系统的精度、稳定性和快速响应性有重大影响。因此，应设计和选择传动间隙小、精度高、体积小、重量轻、运动平稳及传递转矩大的传动部件。

机电一体化系统中所用的传动机构及传动功能见表24.6-1。可以看出，一种传动机构可满足一项或几项功能要求。

表24.6-1　传动机构及功能

功能 / 传动机构	运动的变换				动力的变换	
	形式	行程	方向	速度	大小	形式
传动	√				√	√
齿轮传动			√	√	√	
齿轮齿条传动	√		√	√	√	√
摩擦轮传动			√	√	√	
蜗杆传动			√	√	√	
链传动	√					√
带传动	√		√	√	√	
绳传动	√		√	√	√	√
万向节			√			
软轴			√			
杠杆机构		√		√	√	
连杆机构		√		√	√	
凸轮机构	√	√	√	√		
间歇机构	√					

对执行机构中的传动机构，既要求能实现运动的变换，又要求能实现动力的变换；对信息机中的传动机构，则要求具有运动的变换功能，只需要克服惯性力（力矩）和各种摩擦阻力（力矩）及较小的负载即可。

随着机电一体化技术的发展，要求传动机构不断适应新的技术要求，主要有：

1）精密化。对于某种特定的产品来说，应根据其性能的需要提出适当的精密度要求，虽然不是精密性越高越好，但要适应产品的高定位精度等性能的要求。对机械传动机构的精密度要求也越来越高。

2）高速化。产品工作效率的高低，直接与机械传动部分的运动速度相关，机械传动机构应能适应高速化运动的要求。

3）小型化、轻量化。随着机电一体化系统精密化、高速化的发展，也要求其传动机构小型轻量化，以提高运动灵敏度（响应性），减小冲击，降低能耗。为与电子部件的微型化相适应，也要使机械传动部件短小轻薄化。

1.1　齿轮传动

齿轮传动是应用最为广泛的一种机械传动机构。它工作可靠、传动比恒定、结构成熟，但制造复杂。

1.1.1　齿轮传动分类及选用

一般选择传动形式时，根据传动轴的不同特点，可选用不同的齿轮传动组成传动机构（见表24.6-2）。用于平行轴之间传递运动的直齿轮易于设计制造，成本低，使用最为广泛；斜齿轮可用于高速、重载、要求噪声低的场合，但斜齿轮存在较大的轴向推力；人字齿轮则由于左右齿推力平衡而不产生轴向推力，其中一个齿轮安装应有一定轴向间隙，以便安装。相交轴传动中，直齿锥齿轮为线接触，传动效率较高。交错轴斜齿轮有滑动作用，传动效率低，同时为点接触，只能承受较轻负载。行星齿轮结构紧凑、尺寸小、重量轻，但结构较复杂。

蜗杆传动在一定意义上也可看作一种特殊的齿轮传动，其只能用于传递空间垂直交错轴之间的回转运动。一般蜗杆为传动的主动构件，蜗轮为从动构件。蜗杆一般有 1~8 个头，优点是传动比大、传动平稳、噪声小、可自锁，但传动效率较低。

表 24.6-2　各类常用齿轮传动的性能比较

类型	特点	传动比	承载能力	传动精度	效率	工艺性、经济性
直齿圆柱齿轮传动	平行轴间传动；回转运动到回转运动。圆周速度 $v\leqslant 5\mathrm{m/s}$，在中、低速精密传动中优先采用	单级 $i=1/10\sim10$	中、小载荷	加工精度可以很高	$\eta=0.95\sim0.99$	设计、制造简单方便。只需普通设备，成本最低
斜齿圆柱齿轮传动	平行轴间传动；回转运动到回转运动。圆周速度 $v\geqslant 5\mathrm{m/s}$，在中、高速传动中优先采用	单级 $i=1/10\sim10$	中到大载荷，但有轴向力	运动平稳，噪声小，经济，加工精度可以很高	$\eta=0.95\sim0.99$	加工不如直齿轮方便，相互啮合的斜齿轮要有相同螺旋角，限制了通用性。成本较低
锥齿轮传动	相交轴间传动，适用于低速的直角传动	单级 $i=1/5\sim5$	中、小载荷	一般精度，平稳性较差，在高速运转时易产生冲击和噪声	$\eta=0.92\sim0.98$	加工需采用特殊设备。齿形复杂，限制了加工精度的提高。成本较高
蜗轮蜗杆传动	传递交错轴间的运动，是空间线接触传动，不易磨损，多数不可逆	单级 $i=10\sim80$	中、小载荷	蜗杆加工精度较高，蜗轮加工精度较低	作自锁时 $\eta<0.5$，蜗杆头数为2、3、4时 $\eta<0.6\sim0.8$	加工时需专用刀具，蜗轮材料需用铜，成本较高
渐开线少齿差行星齿轮传动	同轴线传动，转动惯量较小，体积小，重量轻	单级 $i=10\sim100$ 双级 $i=10000$	中、小载荷	由于内齿啮合传动，内外齿轮采用角度变位，精度一般	$\eta=0.85\sim0.9$	设计计算复杂，但加工方便，不需专用机床和刀具，成本低
摆线针轮行星传动	同轴线传动，转动惯量小，体积小，重量轻	单级 $i=11\sim87$ 双级 $i=121\sim5133$	中、小载荷，承受过载和冲击性能好	传动平稳，噪声小，精度一般	$\eta=0.85\sim0.92$	需用专用刀具和机床，设计计算复杂，成本较高
谐波齿轮传动	同轴线传动，体积小，重量轻，可用于高温、高压、高真空环境	单级 $i=1.001\sim500$ 复级 $i=10^7$	中、小载荷	精度高，可做到无间隙传动，平稳性好，无噪声	$\eta=0.85\sim0.9$	可用专用刀具，也可用普通刀具加工，材料热处理要求高，成本较高

1.1.2　齿轮传动形式及其传动比的最佳匹配选择

（1）齿轮传动形式

常用的齿轮减速装置有一级、二级、三级等传动形式（见图 24.6-1）。

设计齿轮传动系统时，齿轮传动比 i 应满足驱动部件与负载之间的位移及转矩、转速的匹配要求，总传动比 i 一般根据驱动电动机的额定转速 n_r 和负荷所需的最大工作转速 n_{Lmax} 来确定：

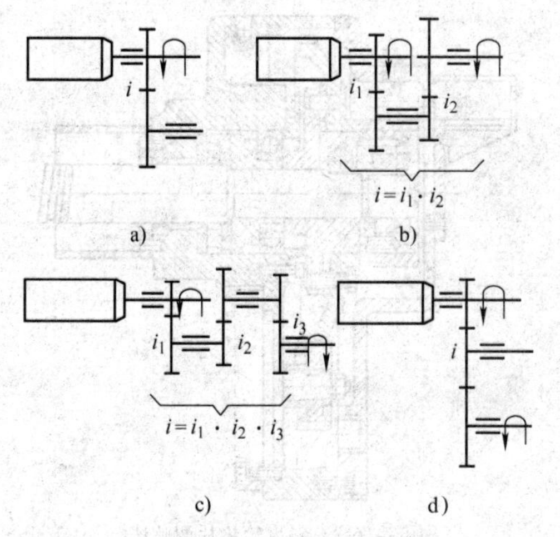

图 24.6-1　常用减速装置传动形式
a）一级传动（反向）　b）二级传动
c）三级传动　d）一级传动（同向）

$$i = n_r / n_{\text{Lmax}}$$

用于伺服系统的齿轮减速器是一个力矩变换器，输入电动机为高转速、低转矩，而输出则为低转速、高转矩，来加速负载。因此，不但要求齿轮传动系统传递转矩时要有足够的刚度，还要求其转动惯量尽量小，以便在同一加速度时所需转矩小，即在同一驱动功率时，加速度响应最大。此外齿轮的啮合间隙会造成传动死区（失动量），若该死区是在闭环系统中，则可能造成系统不稳定。为此应尽量采用齿侧间隙较小、精度较高的齿轮传动副。但为了降低制造成本，多采用调整齿侧间隙的方法来消除或减小啮合间隙，以提高传动精度和系统的稳定性。由于负载特性和工作条件的不同，最佳传动比有各种各样的选择方法。在伺服电动机驱动负载的传动系统中常采用使负载加速度最大的方法。

（2）各级传动比的分配原则

当计算出传动比之后，为了使减速系统结构紧凑，满足动态性能和提高传动精度的要求，需要对各级传动比进行合理分配，具体分配原则如下。

1）等效转动惯量小的原则。利用该原则所设计的齿轮传动系统，换算到电动机轴上的等效转动惯量小。

对于伺服传动系统，要求启动、停止和逆转快。当力矩一定时，转动惯量越小，角加速度越大，运转就越灵敏，这样可使过渡过程短、响应快，减小启动功率。

通过分析计算，可以得出下列结论：按折算转动惯量小的原则确定级数和各级传动比时，由高速级到低速级，各级传动比应逐级递增，而且级数越多，总折算惯量越小，但是级数增加到一定数值后，总折算惯量减小并不显著，再从结构紧凑、传动精度和经济性等方面考虑，级数太多是不合理的。另外还要注意高速轴上的惯量对总折算惯量影响最大。

2）输出轴转角误差最小的原则，即传动精度高的原则。为了提高机电一体化系统齿轮传动系统的传递运动精度，各级传动比应按先小后大原则分配，以便降低齿轮的加工误差、安装误差以及回转误差对输出转角精度的影响。

在齿轮传动系统中，传动比相当于误差传递系数，对传动精度起缩放作用。因此按传动精度高的原则分配各级传动比时，从高速级到低速级，各级传动比也应逐级递增，尤其最末两级的传动比应取大一些，并尽量提高最末一级齿轮副的加工精度。同时应尽量减少级数，从而减少零件数量和误差来源。

3）体积重量最小的原则。对于大功率传动装置的传动级数确定主要考虑结构的紧凑性。在给定总传动比的情况下，传动级数过小会使大齿轮尺寸过大，导致传动装置体积和质量增大；传动级数过多会增加轴、轴承等辅助构件，导致传动装置质量增加。设计时应综合考虑系统的功能要求和环境因素，通常情况下传动级数要尽量地少。

对于大功率传动系统，按“先大后小”的原则处理，从高速级到低速级各级传动比应递减，因为高速级传递的力矩小、模数小、传动比大，体积重量不会大；对于小功率传动系统，因为受力不大，若各级小齿轮的模数、齿数、齿宽相等，则各级传动比应该相等。

体积重量常常是精密机械设计的一个重要指标，特别是航天、航空设备上的传动装置，应采用体积重量小的原则来分配各级传动比。

上述三种传动比分配的原则所反映的规律不尽相同，在设计中应根据实际情况的可行性和经济性对转动惯量、结构尺寸和传动精度提出适当要求。具体来讲有以下几点：

1）对于要求体积小、重量轻的齿轮传动系统可用体积重量最小原则。

2）对于要求运动平稳、启停频繁和动态性能好的伺服系统的减速齿轮系统，可按最小等效转动惯量和总转角误差最小的原则来处理。对于变负载的传动齿轮系统的各级传动比最好采用不可约的比数，避免同期啮合以降低噪声和振动。

3）对于要求传动精度和减小回程误差的传动齿轮系，可按总转角误差最小原则。对于增速传动，由于增速时容易破坏传动齿轮系工作的平稳性，应在开始几级就增速，并且要求每级增速比最好大于 1∶3，以有利于增加轮系刚度，减小传动误差。

4）对要求较大传动比传动的齿轮系，往往需要将定轴轮系和行星轮系巧妙结合为混合轮系。对于要求特大传动比，并且要求传动精度与传动效率高、传动平稳、体积小、重量轻的齿轮系，可选用新型的谐波齿轮传动。

1.1.3　齿轮传动间隙的调整方法

调整齿侧间隙的方法有以下几种。

（1）刚性消隙法

包括偏心套（轴）调整法、轴向垫片调整法及斜齿轮法等。

1）偏心套（轴）调整法。如图 24.6-2 所示，将相互啮合的一对齿轮中的一个齿轮 4 装在电动机输出轴上，并将电动机 2 安装在偏心套 1（或偏心轴）上，通过转动偏心套（偏心轴）的转角，就可调节两啮合齿轮的中心距，从而消除圆柱齿轮正、反转时的齿侧间隙。其特点是结构简单，调整方便，常用于电动机与丝杠间的传动。但因其结构限制，不能补偿齿轮偏心误差引起的侧隙。

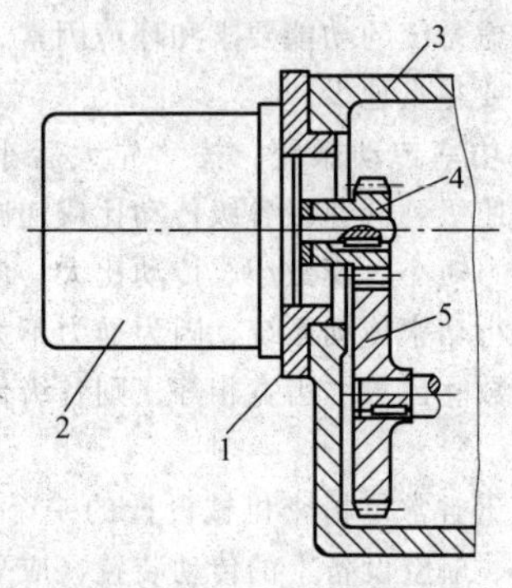

图 24.6-2　偏心套（轴）调整法
1—偏心套　2—电动机　3—减速箱　4、5—减速齿轮

2）轴向垫片调整法。如图 24.6-3 所示，齿轮 1 和 2 啮合，其分度圆弧齿厚沿轴线方向略有锥度，这样就可以用轴向垫片 3 使齿轮 2 沿轴向移动，从而消除两齿轮的齿侧间隙。装配时，轴向垫片 3 的厚度应使得齿轮 1 和 2 之间齿侧间隙小，运转灵活。其特点是结构简单，但其侧隙不能自动补偿。

3）斜齿轮传动。消除斜齿轮传动齿侧隙的方法是用两个薄片斜齿轮与一个宽齿轮啮合，只是在两个薄片斜齿轮的中间隔开了一小段距离，这样它的螺旋线便错开了。图 24.6-4 所示为垫片错齿调整法，其特点是结构比较简单，但调整较费时，且齿侧间隙不能自动补偿。

（2）柔性消隙法

1）双片薄齿轮错齿调整法。这种消除齿侧间隙的方法是将其中一个做成宽齿轮，另一个用两片薄齿轮组成。采取措施使一个薄齿轮的左齿侧和另一个薄齿轮的右齿侧分别紧贴在宽齿轮齿槽的左、右两侧，以消除齿侧间隙，反向时不会出现死区，其措施如下：

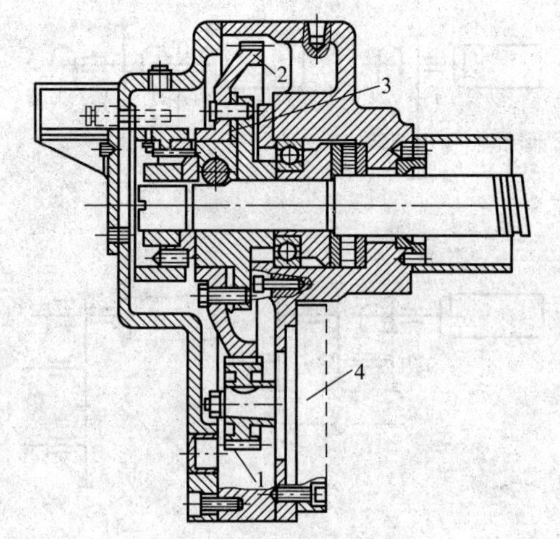

图 24.6-3　斜齿轮垫片调整法
1、2—齿轮　3—垫片　4—电动机

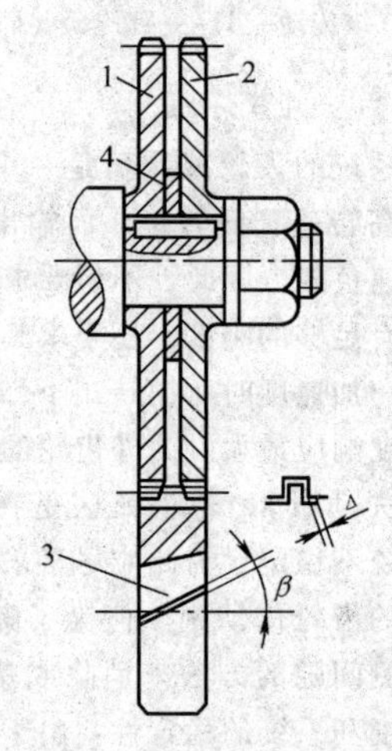

图 24.6-4　圆柱齿轮轴向垫片错齿调整法
1、2—薄片齿轮　3—宽齿轮　4—垫片

周向弹簧式（见图 24.6-5）。在两个薄片齿轮 3 和 4 上各开了几条周向圆弧槽，并在齿轮 3 和 4 的端面上有安装弹簧 2 的短柱 1。在弹簧 2 的作用下使薄片齿轮 3 和 4 错位而消除齿侧间隙。这种结构型式中的弹簧 2 的拉力必须足以克服驱动转矩才能起作用。因该方法受到周向圆弧槽及弹簧尺寸限制，故仅适用于读数装置而不适用于驱动装置。

可调拉簧式（见图 24.6-6）。在两个薄片齿轮 1 和 2 上装有凸耳 3。弹簧的一端钩在凸耳 3 上，另一端钩在螺钉 7 上。弹簧 4 的拉力大小可用螺母 5 调节

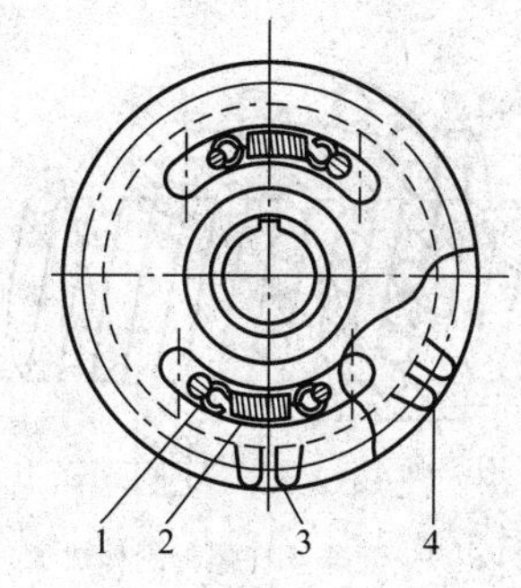

图 24.6-5　周向弹簧式错齿调整法
1—短柱　2—弹簧　3、4—薄片齿轮

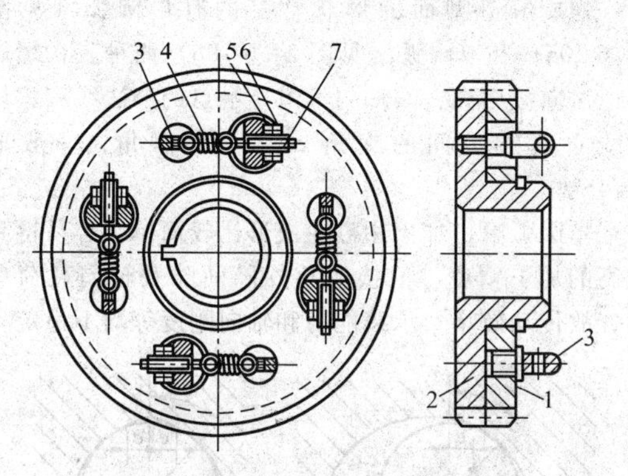

图 24.6-6　可调拉簧式错齿调整法
1、2—薄片齿轮　3—凸耳　4—弹簧
5、6—螺母　7—螺钉

螺钉 7 的伸出长度，调整好后再用螺母 6 锁紧。

2）斜齿轮轴向压簧调整法。图 24.6-7 所示为斜齿轮轴向压簧错齿调整法，其特点是齿侧隙可以自动补偿，但轴向尺寸较大，结构欠紧凑。

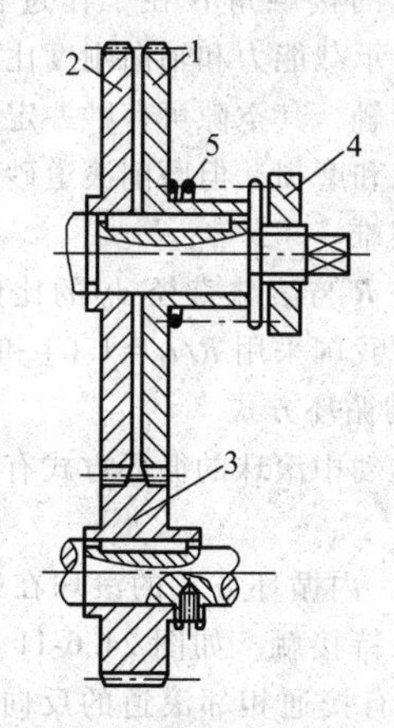

图 24.6-7　轴向压簧错齿调整法
1、2—薄片齿轮　3—宽齿轮　4—调整螺母　5—弹簧

1.1.4　谐波齿轮传动

谐波齿轮是随空间宇航技术的发展需要而发展起来、由行星齿轮传动演变而来的。由于采用了柔性构件来实现机械传动，从而获得了一系列其他传动所难以达到的特殊功能。与普通齿轮相比，谐波齿轮传动具有传动比大、速比范围宽、传动精度高、回程误差小、噪声小、传动平稳、承载能力强、效率高等优点，故在工业机器人、航空、火箭等机电一体化系统中日益得到广泛的应用。

（1）谐波齿轮传动的工作原理

谐波齿轮传动与少齿差行星齿轮传动十分相似。它是依靠柔性齿轮产生的可控变形波引起齿间的相对错齿来传递动力和运动的，因此它与一般齿轮传动具有本质上的差别。如图 24.6-8 所示，谐波齿轮传动由波形发生器 3（H）和刚轮 1、柔轮 2 组成。若刚轮 1 为固定件，则波形发生器 H 为主动件，由一个转臂和几个辊子组成（见图 24.6-8a），或者由一个椭圆盘和一个柔性球轴承组成（见图 24.6-8b）；刚轮或柔轮为从动件。刚轮有内齿圈，柔轮有外齿圈，其齿形为渐开线或三角形，齿距 t 相同而齿数不同，刚轮的齿数 Z_g 比柔轮的齿数 Z_r 又多几个齿。柔轮是薄圆筒形，由于波形发生器的长径比柔轮内径略大，故装配在一起时就将柔轮撑成椭圆形，迫使柔轮在椭圆的长轴方向与固定的刚轮完全啮合（A、B），在短轴方向的齿牙完全分离（C、D）。当波发生器回转时，柔轮长轴和短轴的位置随之不断变化，从而齿的啮合处和脱开处也随之连续改变，故柔轮的变形在柔轮圆周的展开图上是连续的简谐波形，故称之为谐波传动。工程上最常用的波形发生器有两个触头的，即双波发生器，也有三个触头的。刚轮与柔轮的齿数差应等于波的整数倍，通常取其等于波数。具有双波发生器的谐波减速器，其刚轮和柔轮的齿数之差为 $Z_g-Z_r=2$。当波形发生器逆时针转一圈时，两轮相对位移为两个齿距。当刚轮固定时，则柔轮的回转方向与波形发生器的回转方向相反。

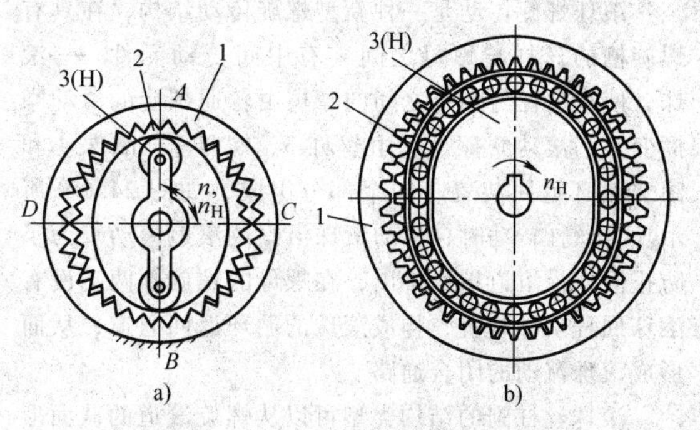

图 24.6-8　谐波齿轮的构造和原理
1—刚轮　2—柔轮　3—波形发生器

（2）谐波齿轮传动的传动比

谐波齿轮传动的波形发生器相当于行星轮系的转臂，柔轮相当于行星轮，刚轮则相当于中心轮，故谐波齿轮传动装置（谐波减速器）的传动比可以应用行星轮系求传动比的方式来计算。当波发生器顺时针回转时，迫使柔轮的齿顺序地与刚轮的齿啮合，由于两轮轮齿周节相等，且柔轮齿数 Z_r 比刚轮齿数 Z_g 少几个齿，故波发生器顺时针转一周后，柔轮 2 逆时针转了（Z_g-Z_r）个齿，也即反转了（Z_g-Z_r）/Z_r 周。当刚轮固定时，$n_g=0$，波发生器与柔轮的传动比为

$$i_{Hr}=n_H/n_r=-Z_r/(Z_g-Z_r)$$

式中　n_H、n_r——波发生器和柔轮的转速（r/min）；

Z_g、Z_r——刚轮和柔轮的齿数。

负号表示柔轮与发生器的旋转方向相反。

当柔轮固定时，$n_r=0$，波发生器与柔轮的传动比为

$$i_{Hg}=n_H/n_g=Z_g/(Z_g-Z_r)$$

结果为正值说明刚轮与发生器的旋转方向相同。

1.2　滚珠螺旋传动

丝杠螺母机构又称螺旋传动机构。普通的螺旋传动广泛地用于将回转运动转换为直线运动，有滑动摩擦和滚动摩擦之分。滑动摩擦机构结构简单，加工方便，制造成本低，具有自锁功能，但是在磨损和精度等方面不能满足一些高精度机电一体化系统的要求。滚珠丝杠螺母副是一种为了克服普通螺旋传动的缺点而发展起来的新型螺旋传动机构。它用滚动摩擦螺旋代替滑动摩擦螺旋，具有磨损小、传动效率高、传动平稳、寿命长、精度高、温升低和便于消除传动间隙等优点。虽然制造成本高，但是摩擦阻力小，传动效率高，故应用广泛。

1.2.1　滚珠螺旋的传动原理

滚珠螺旋传动是一种新型螺旋传动结构，在具有螺旋槽的丝杠与螺母之间装有中间传动元件——滚珠，使得丝杠与螺母之间的摩擦由普通螺旋的滑动摩擦变换为滚动摩擦，它由丝杠 3、螺母 2、滚珠 4 和滚珠循环返回装置 1 四个部分组成，如图 24.6-9 所示。当丝杠转动时，带动滚珠沿螺纹滚道滚动。为了防止滚珠沿滚道端面排出，在螺母的螺旋槽两端设有滚珠回程引导装置，构成滚珠的循环返回通道，从而形成滚珠流动的闭合通路。

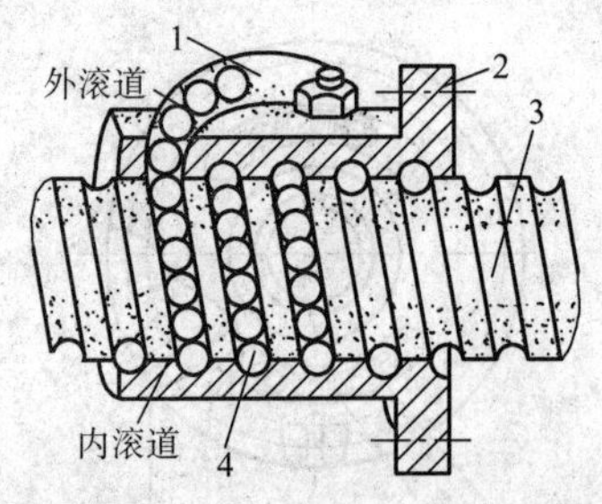

图 24.6-9　滚珠丝杠螺母副构成原理

1—滚珠循环返回装置　2—螺母　3—丝杠　4—滚珠

滚珠丝杠副的结构类型可以从螺旋滚道的截面形状、滚珠的循环方式和消除轴向间隙的调整方法进行区别。

（1）螺旋滚道型面（法向）的形状

螺旋滚道型面的形状常见的有单圆弧（见图 24.6-10a）和双圆弧（见图 24.6-10b）两种。在螺旋滚道法向截面内，滚珠与滚道接触点的公法线和丝杠轴线垂直线之间的夹角 α 称为接触角，一般取 $\alpha=45°$。

单圆弧滚道加工用砂轮成形比较简单，容易得到较高的加工精度。但接触角 α 随间隙及轴向载荷变化，故传动效率、承载能力和轴向刚度等均不稳定。

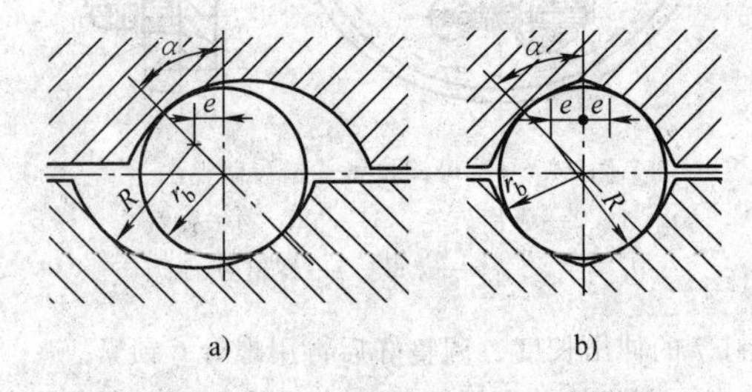

图 24.6-10　螺旋滚道型面的形状

a）单圆弧　b）双圆弧

双圆弧滚道的接触角 α 在工作过程中基本保持不变，故效率、承载能力和轴向刚度比较稳定。滚道底部与滚珠不接触，其空隙可存贮一定的润滑油和脏物，以减小摩擦和磨损。但磨削滚道砂轮修正、加工和检验都比较困难。

滚道的半径 R 与滚珠直径 d_0 的比值对承载能力有很大的影响，我国采用 $R/r_0=1.04$ 和 1.11 两种。

（2）滚珠的循环方式

滚珠螺旋传动中滚珠的循环方式有内循环和外循环两种。

1）内循环。内循环方式的滚珠在循环过程中始终与丝杠表面保持接触。如图 24.6-11 所示，在螺母 2 的侧面孔内装有接通相邻滚道的反向器 4，利用反向器引导滚珠 3 越过丝杠 1 的螺旋顶部进入相邻滚道，形成一个循环回路。一般在同一螺母上装有 2~4 个滚珠用反向器（称为 2~4 列），并沿螺母圆周均匀分布。这种方式的优点是滚珠循环的回路短、流畅性好、效率高、螺母的径向尺寸也较小。其缺点是反向

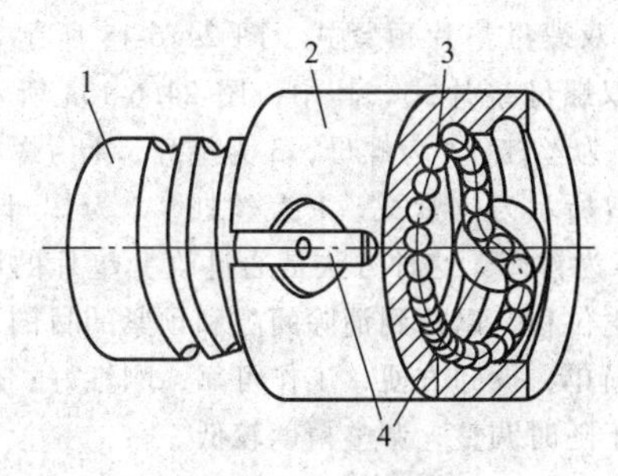

图 24. 6-11　内循环
1—丝杠　2—螺母　3—滚珠　4—反向器

器加工困难，装配、调试也不方便。

浮动式反向器的内循环滚珠丝杠螺母副如图 24. 6-12 所示。其结构特点是反向器 1 与滚珠螺母上的安装孔有 0. 01 ~ 0. 015mm 的配合间隙，反向器弧面上加工有圆弧槽，槽内安装拱形片簧 4，外有弹簧套 2，借助拱形片簧的弹力，始终给反向器一个径向推力，使位于回珠圆弧槽内的滚珠与丝杠 3 表面保持一定的压力，从而使槽内滚珠代替了定位键而对反向器起到自定位作用。浮动式反向器的优点是：在高频浮动中达到回珠圆弧槽进出口的自动对接，通道流畅，摩擦特性较好，更适用于高速、高灵敏度、高刚性的精密进给系统。

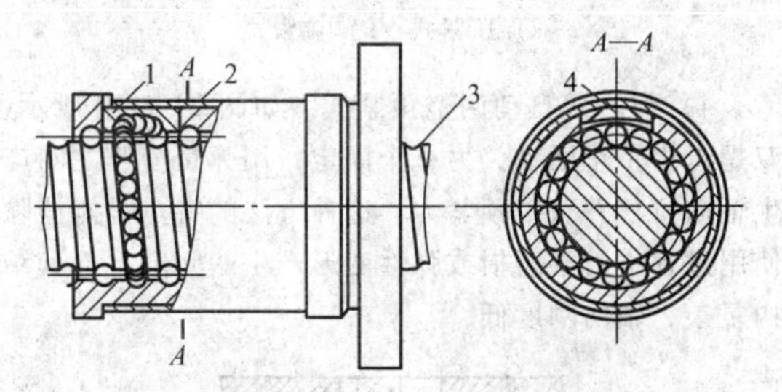

图 24. 6-12　浮动式反向器的内循环
1—反向器　2—弹簧套　3—丝杠　4—拱形片簧

2）外循环。滚珠在循环反向时，有一段脱离丝杠螺旋滚道，在螺母体内或体外作循环运动。按结构型式可分为螺旋槽式、插管式和端盖式三种：

① 螺旋槽式，如图 24. 6-13 所示。在螺母 2 的外圆柱表面上铣出螺旋凹槽，槽的两端钻出两个通孔与螺旋滚道相切，螺旋滚道内装入两个挡珠器 4 引导滚珠 3 通过这两个孔，同时用套筒 1 盖住凹槽，构成滚珠的循环回路。这种结构的特点是工艺简单、径向尺寸小、易于制造。但是挡珠器刚性差、易磨损。

② 插管式，如图 25. 6-14 所示。用弯管 1 代替螺旋凹槽，弯管的两端插入与螺纹滚道 5 相切的两个内孔，用弯管的端部引导滚珠 4 进入弯管，构成滚珠的循环回路，再用压板 2 和螺钉将弯管固定。插管式结构简单，容易制造，但是径向尺寸较大，弯管端部用作挡珠器比较容易磨损。

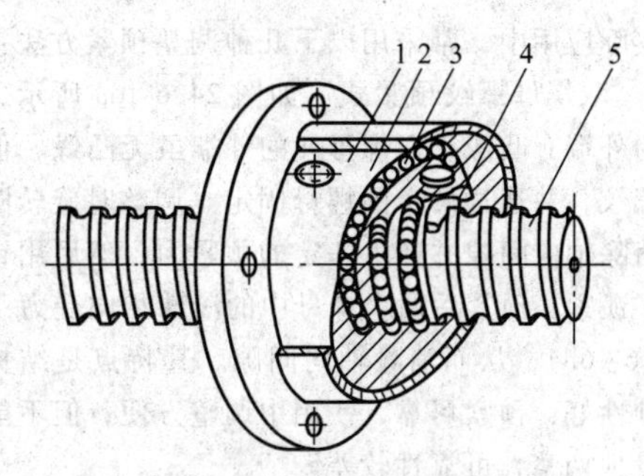

图 24. 6-13　螺旋槽式外循环结构
1—套筒　2—螺母　3—滚珠　4—挡珠器　5—丝杠

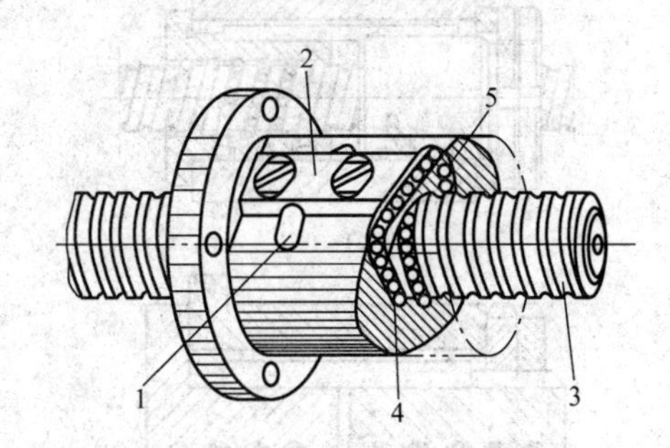

图 24. 6-14　插管式外循环结构
1—弯管　2—压板　3—丝杠　4—滚珠　5—螺纹滚道

③ 端盖式，在螺母 1 上钻出纵向孔作为滚子回程滚道（见图 24. 6-15），螺母两端装有两块扇形盖板 2 或套筒，滚珠的回程道口就在盖板上。滚道半径为滚珠直径的 1. 4 ~ 1. 6 倍。这种方式结构简单，工艺性好，但滚道吻接和弯曲处圆角不易做准确而影响其性能，故应用较少。常以单螺母形式用作升降传动机构。

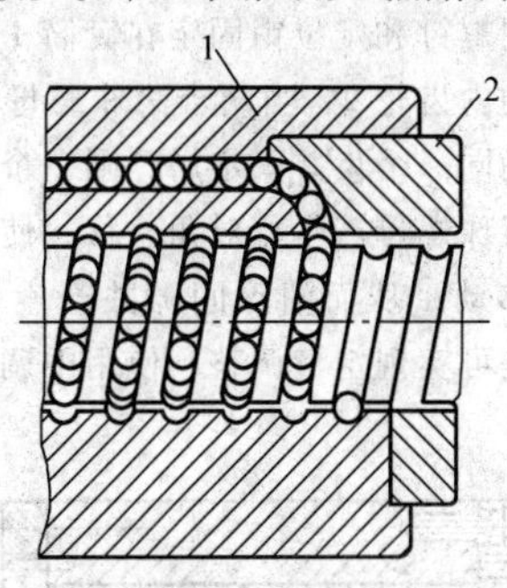

图 24. 6-15　端盖式外循环
1—螺母　2—扇形盖板

（3）滚珠丝杠螺母副轴向间隙调整与预紧

滚珠丝杠螺母在承受负载时，其滚珠与滚道面接触点处将产生弹性变形。换向时，其轴向间隙会引起空回，这种空回是非连续的，既影响传动精度，又影响系统的动态性能。单螺母丝杠副的间隙消除相当困难。实际应用中，常采用以下几种调整预紧方法：

1）双螺母螺纹预紧式。如图 24.6-16a 所示，螺母 3 的外端有凸缘，而螺母 4 的外端虽无凸缘，但加工有螺纹，并通过两个圆螺母固定。调整时旋转圆螺母 2 消除轴向间隙并产生一定的预紧力，然后用锁紧螺母 1 锁紧。预紧后两个螺母中的滚珠相向受力（见图 24.6-16b），从而消除轴向间隙。其特点是结构简单，刚性好，预紧可靠，使用中调整方便，但不能精确定量地调整，可靠性较差。

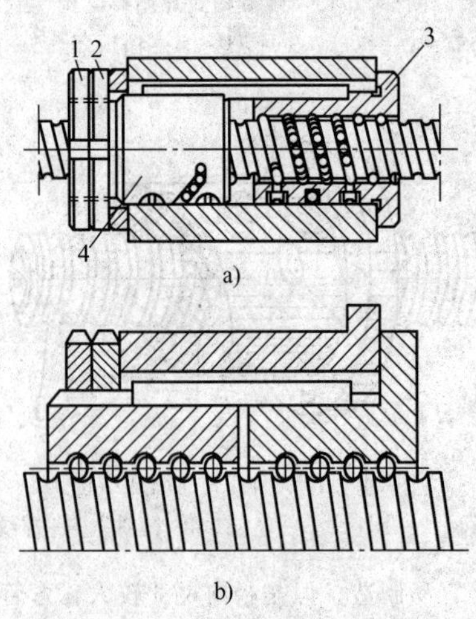

图 24.6-16　双螺母螺纹预紧式
1—锁紧螺母　2—圆螺母　3、4—螺母

2）双螺母齿差预紧式。如图 24.6-17 所示，在两个螺母 3 的凸缘上分别加工出只相差一个齿的齿圈，然后装入螺母座中，与相应的内齿圈相啮合。由于齿数差的关系，通过两端的两个内齿轮 2 与圆柱齿轮相啮合并用螺钉和定位销固定在套筒 1 上。调整时先取下两端的内齿轮 2，当两个滚珠螺母相对于套筒同一方向转动同一个齿并固定后，则一个滚珠螺母相对于另一个滚珠螺母产生相对角位移，使两个滚珠螺母产生相对移动，从而消除间隙并产生一定的预紧力。其特点是可实现定量调整，使用中调整较方便。

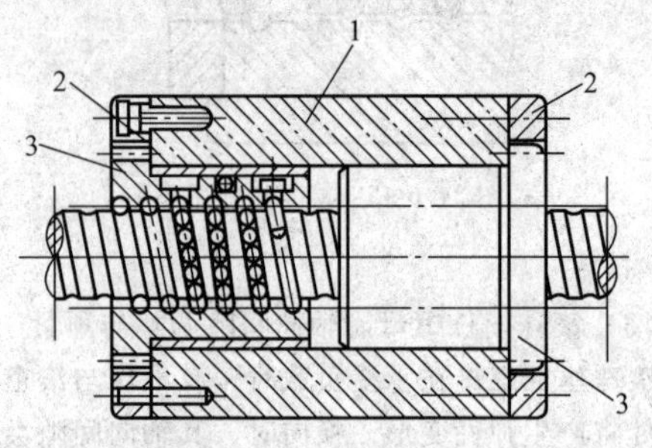

图 24.6-17　双螺母齿差预紧式
1—套筒　2—内齿轮　3—螺母

3）双螺母垫片预紧式。图 24.6-18 所示为两种常用的双螺母垫片式。其中，图 24.6-18a 所示为压紧式，1 为丝杠，2 为螺母，3 为垫片，4 为螺栓；图 24.6-18b 所示为拉紧式，1 为丝杠，2 为螺母，3 为垫片，4 为衬筒。这种方法是通过改变垫片的厚度使螺母产生位移，以达到消除间隙和预紧的目的。该方法结构简单，拆卸方便，工作可靠，刚性好；但使用中不便于随时调整，调整精度较低。

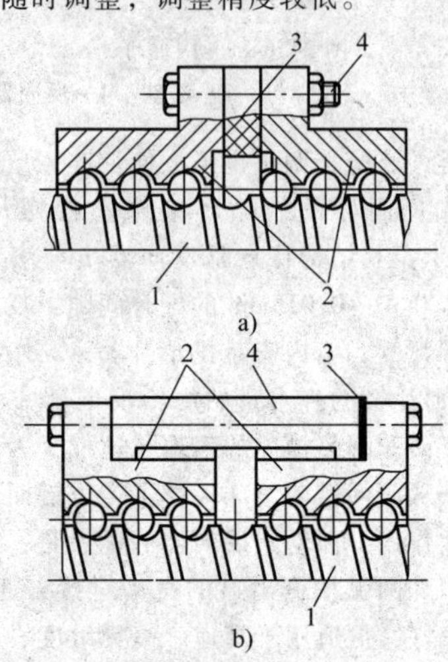

图 24.6-18　双螺母垫片预紧式
a）压紧式　b）拉紧式

4）弹簧式自动调整预紧式。如图 24.6-19 所示，双螺母中一个活动，另一个固定，用弹簧使其之间产生轴向位移并获得预紧力。这种方法的特点是能消除使用过程中由于磨损或弹性变形产生的间隙；但其结构复杂，轴向刚度低。

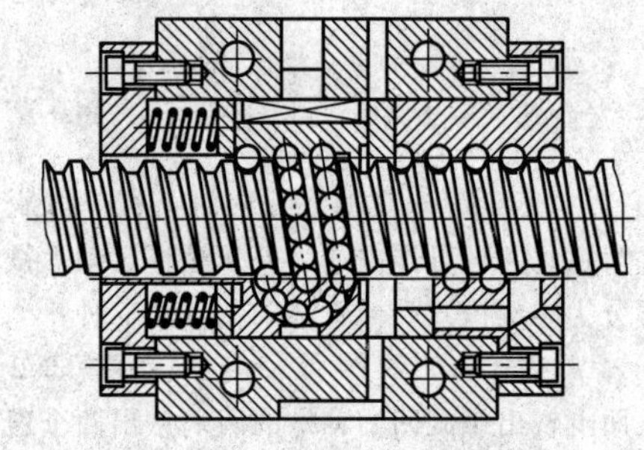

图 24.6-19　弹簧式自动调整预紧式

5）单螺母变位导程自预紧式。如图 25.6-20 所示，这种方法是在内螺纹滚道轴向制作一个 ΔL 的导程突变量，在滚珠螺母内的两组循环圈之间，借助于螺母体内的两列滚珠在轴向错位来实现消除间隙和预紧，其预紧力的大小由 $\pm\Delta L$ 和单列滚珠径向间隙确定。该方法是以上几种方法中结构最简单、尺寸最紧凑的，且价格低廉，缺点是不便于随时调整。

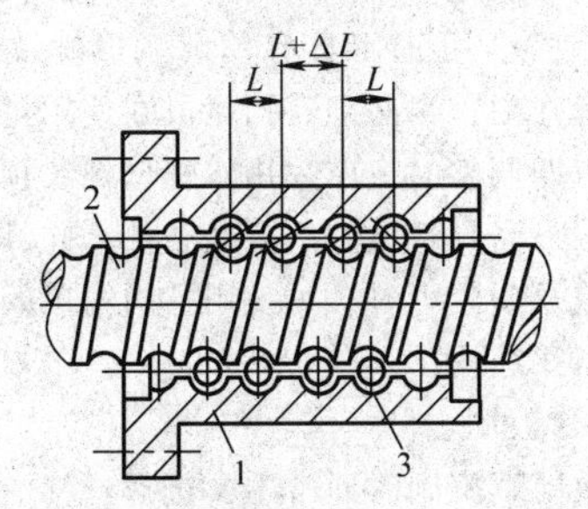

图 24. 6-20　单螺母变位导程自预紧式

1. 2. 2　滚动螺旋副支承方式的选择

1）支承方式。实践证明，丝杠的轴承组合及轴承座以及其他零件的连接刚性不足，将严重影响滚动螺旋副的传动精度和刚度，在设计安装时应认真考虑。为了提高轴向刚度，常用推力轴承为主的轴承组合来支承丝杠。当轴向载荷较小时，也可用向心推力球轴承来支承丝杠。常用轴承的组合方式见表 24. 6-3。

2）轴承组合支承安装示例如图 24. 6-21 所示。

3）制动装置。垂直安装时，因其传动效率高，无自锁作用，故必须设置当驱动力中断后防止被驱动部件因自重发生逆传动的自锁或制动装置。常用的制动装置有体积小、重量轻、易于安装的超越离合器。选购时可同时选购相宜的超越离合器，如图 24. 6-22 所示。

表 24. 6-3　常用轴承的组合方式

支承方式	示意图	特　　点
单推-单推式		轴向刚度较高；预拉伸安装时，预紧力较大；轴承寿命比双推-双推式低
双推-双推式		适用于高刚度、高速度、高精度的精密丝杠传动系统。由于随温度的升高会使丝杠的预紧力增大，故易造成两端支承的预紧力不对称
双推-简支式		轴向刚度不太高，使用时应注意减少丝杠热变形的影响。双推端可预拉伸安装，预紧力小，轴承寿命较高，适用于中速、精度较高的长丝杠传动系统
双推-自由式		轴向刚度和承载能力低，多用于轻载、低速的垂直安装丝杠传动系统

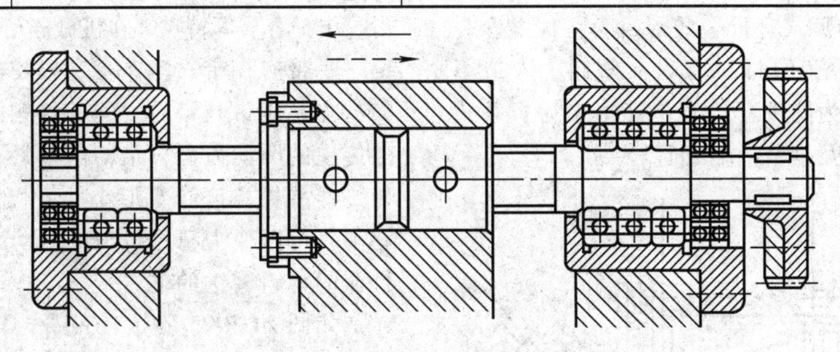

图 24. 6-21　轴承组合支承安装

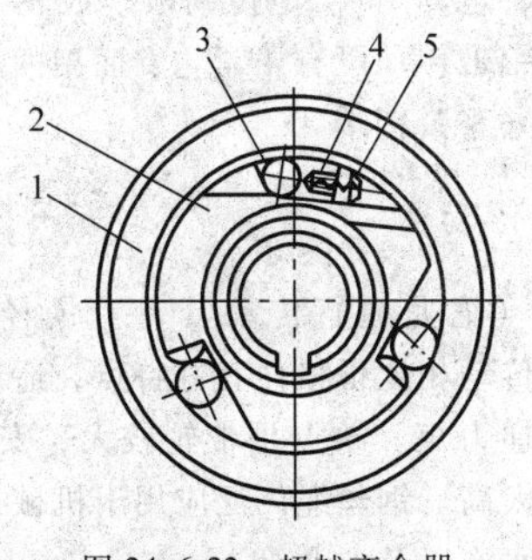

图 24. 6-22　超越离合器

1—外圈　2—星轮　3—滚柱　4—活销　5—弹簧

另外还可选用如图 24. 6-23 所示的制动装置，当主轴 7 做上、下进给运动时，电磁线圈 2 通电，吸引铁心 1，从而打开摩擦离合器 4，此时电动机 5 通过减速齿轮、滚珠丝杠副 6 带动主轴 7 做垂直上、下运动。当电动机停止运动或断电时，电磁线圈 2 也同时断电，在弹簧 3 的作用下摩擦离合器 4 压紧制动轮，使滚珠丝杠不能自由转动，从而防止因上、下运动部件的自重而自动下降。

1. 2. 3　滚动螺旋副的密封与润滑

滚动螺旋副的密封可用防尘密封圈或防护套，防

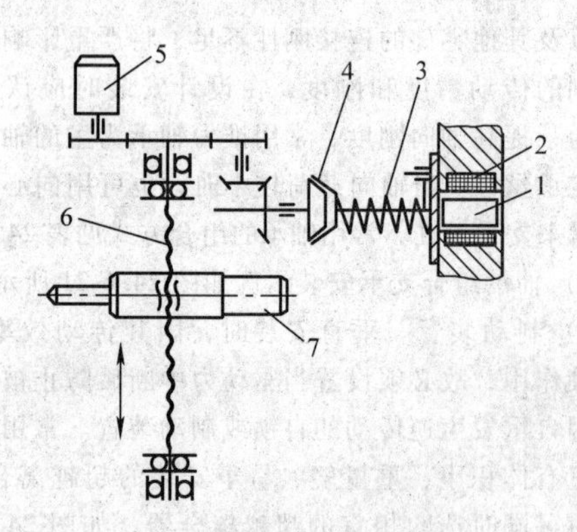

图 24.6-23　电磁-摩擦制动装置
1—铁心　2—电磁线圈　3—弹簧　4—摩擦离合器
5—电动机　6—滚珠丝杠副　7—主轴

止灰尘及杂质进入滚珠丝杠副，使用润滑剂来提高耐磨性及传动效率，从而维持传动精度，延长使用寿命。

密封圈有接触式和非接触式两种，将其装在滚珠螺母的两端即可。接触式密封圈用具有弹性的耐油橡胶或尼龙等材料制成，因此有接触压力并产生一定的摩擦力矩，但其防尘效果好。非接触式密封圈通常由聚氯乙烯等塑料制成，其内孔螺纹表面与丝杠螺纹之间略有间隙，故又称迷宫式密封圈。

常用的润滑剂有润滑油和润滑脂两类。润滑脂一般在安装过程中放进滚珠螺母滚道内，因此为定期润滑，而使用润滑油时应注意经常通过注油孔注油。

防护套可防止尘土及杂质进入滚珠丝杠，影响其传动精度。防护套的形式有折叠式密封套、伸缩套管和伸缩挡板式。防护套的材料有耐油塑料、人造革等。图 24.6-24 所示为防护套示例，其中 1 为折叠式密封套，2 为螺旋弹簧钢带伸缩套管。

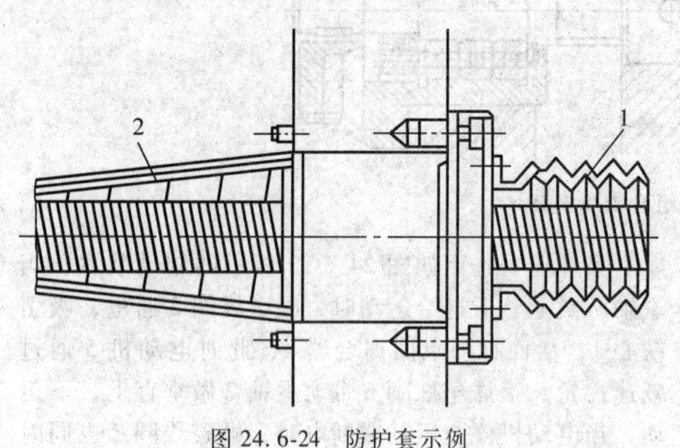

图 24.6-24　防护套示例

1.2.4　滚动螺旋副的选择方法

（1）结构的选择

根据防尘防护条件以及对调隙及预紧的要求，可选择适当的结构型式。例如，当允许有间隙存在时（如垂直运动），可选用具有单圆弧形螺纹滚道的单螺母滚珠丝杠副；当必须有预紧或在使用过程中因磨损而需要定期调整时，应采用双螺母螺纹预紧或齿差预紧式结构；当具备良好的防尘条件，并且需在装配时调整间隙及预紧力时，可采用结构简单的双螺母垫片调整预紧式结构。

（2）尺寸的选择

选用滚动螺旋副时通常主要选择丝杠的公称直径 d_0 和公称导程 P_h。公称直径 d_0 应根据轴向最大载荷按滚珠丝杠副尺寸系列选择。螺纹长度 l_1 在允许的情况下要尽量短，一般取 $l_1/d_0<30$ 为宜；公称导程 P_h 应按承载能力、传动精度及传动速度选取，P_h 大，承载能力也大，P_h 小，传动精度较高。要求传动速度快时，可选用大导程滚珠丝杠副。

1.3　挠性传动

挠性传动是通过挠性元件进行传递运动和力矩的一种传动机构，它特别适合轴间距较大的运动传递。挠性传动有摩擦传动和啮合传动两种方式。摩擦传动包括平带传动、V 带传动和绳传动，这种传动为保证传递力矩有时需设置张紧装置。啮合传动有链传动和同步带传动等。

1.3.1　平带传动

带传动具有结构简单、传动平稳、能缓冲吸振、可以在大的轴间距和多轴间传递动力、造价低廉、不需润滑、维护容易等特点，在机械传动中应用十分广泛。

平带有钢带、帆布带和橡胶输送带等。钢带传动的特点是钢带与带轮之间的接触面积大，无间隙，摩擦传递的驱动力大，结构简单紧凑，运行可靠，噪声低，寿命长，拉伸变形小，可以应用于高温场合等，它不仅可以作为精密机械的传动方式，也可作为食品行业的物料输送的输送带。

如图 24.6-25 所示，Adept One 水平关节机器人中小臂传动采用的是钢带传动，小臂电动机通过驱动轴及钢带，将运动 1∶1 地传到被动鼓轮，驱动小臂回转。这里钢带传动没有压紧轮，而用两层主动鼓轮的相对转动来张紧钢带。

1.3.2　绳传动

钢丝绳（尼龙绳）传动具有重量轻、体积小、与齿轮和链传动相比价格便宜等特点，适用于在较长的区间内传递力矩。缺点是带轮较大，安装面积大，加速度不易太高。钢丝绳广泛应用于机械、造船、采矿、林业、水产以及农业等。

钢丝绳应用于起重机的起升机构、变幅机构、牵

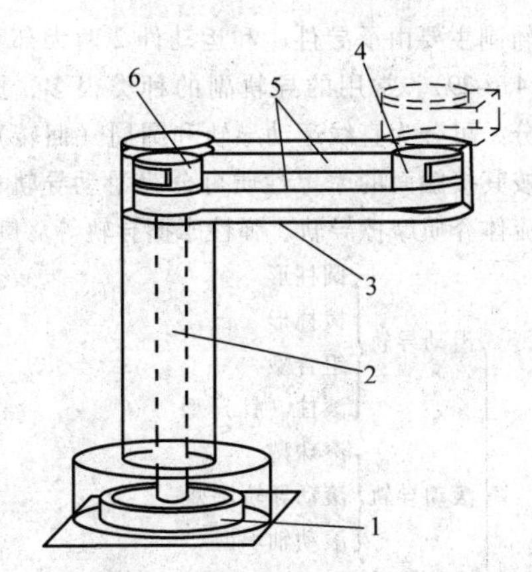

图 24. 6-25　Adept One 机器人
1—电动机转子　2—驱动轴　3—小臂　4—被动鼓轮
5—钢带　6—主动鼓轮

引机构。图 24. 6-26 所示为钢丝绳用于机器人手指驱动的结构。使用时，当牵引抓取钢丝绳时，手指合拢，抓取物体；当牵引松开钢丝绳时，手指松开，放下物体。

1. 3. 3　链传动

链传动的链条可分为圆环链和滚子链等。链传动是通过链条将具有特殊齿形的主动链轮的运动和动力传递到具有特殊齿形的从动链轮的一种传动方式。与带传动相比，链传动无弹性滑动和打滑现象，平均传动比准确，工作可靠，效率高；传递功率大，过载能力强；所需张紧力小，能在高温、潮湿、多尘、有污染等恶劣环境中工作。链传动的缺点有：仅能用于两平行轴间的传动；成本高，易磨损，易伸长，传动平稳性差，运转时会产生附加动载荷、振动、冲击和噪声等。

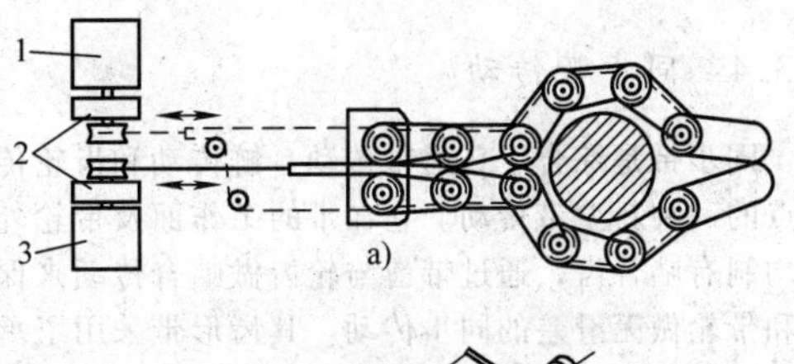

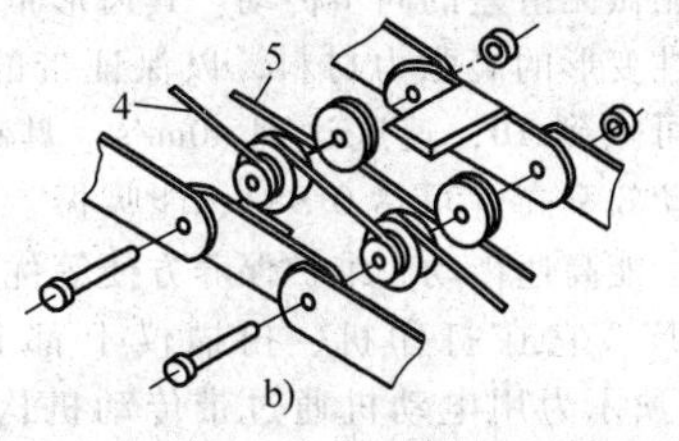

图 24. 6-26　钢丝绳用于机器人手指驱动的结构
a）钢丝绳驱动手爪机构　b）钢丝绳驱动轮局部
1—松开电动机　2—离合器　3—抓紧电动机
4—抓紧钢丝绳　5—松开钢丝绳

滚子链传动属于比较完善的传动机构，由于噪声小，效率高，因此得到广泛应用。但是，高速运动时，滚子和链轮之间的碰撞产生较大的噪声和振动，只有在低速时才能得到满意的效果。

如图 24. 6-27 所示，滚子链是用销轴等连接到连

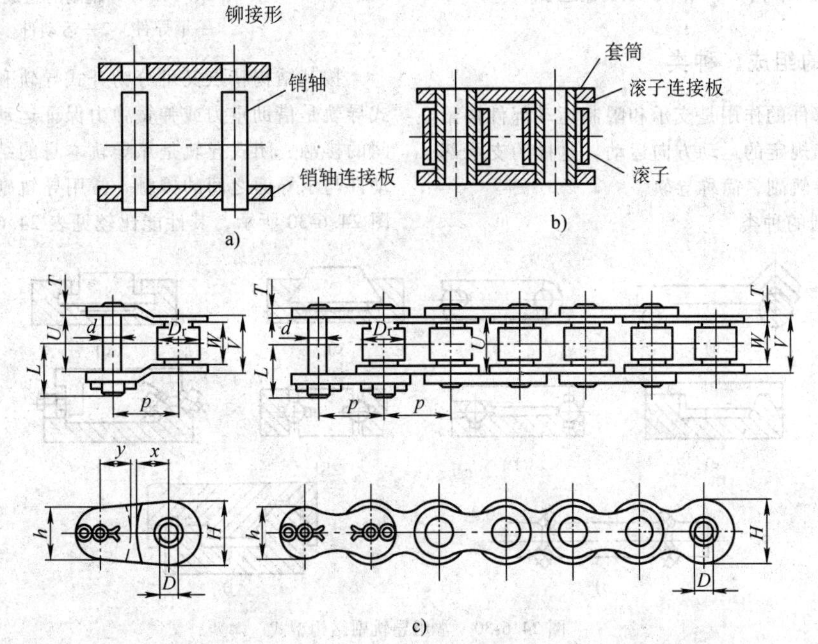

图 24. 6-27　滚子链的连接和结构
a）销轴连接　b）滚子连接　c）滚子链结构

接板，并装入套筒和滚子制成的。销轴固定在销连接板上，套筒固定在滚子连接板上，滚子可以自由回转。传递大动力时，可以用双列、3列或多列滚子链。链轮齿数少摩擦力会增加，要得到平稳运动，链轮的齿数要大于17，并尽量采用奇数个齿。

1.3.4　同步带传动

同步带是综合了普通带传动、链传动和齿轮传动优点的一种新型带传动。它在带的工作面及带轮外周上均制有啮合齿，通过带齿与轮齿做啮合传动来保证带和带轮做无滑差的同步传动。其齿形带采用了承载后无弹性变形的高强力材料，以保证带的节距不变。传动比可大到10，速度达到40m/s，具有传动比准确、传动效率高（可达0.98）、能吸振、噪声低、传动平稳、能高速传动、维护保养方便等优点，故使用范围较广。它在打印机、扫描仪上都有应用。图24.6-28所示为用电动机通过带传动机构驱动滑板，实现直线运动传送的机构简图。

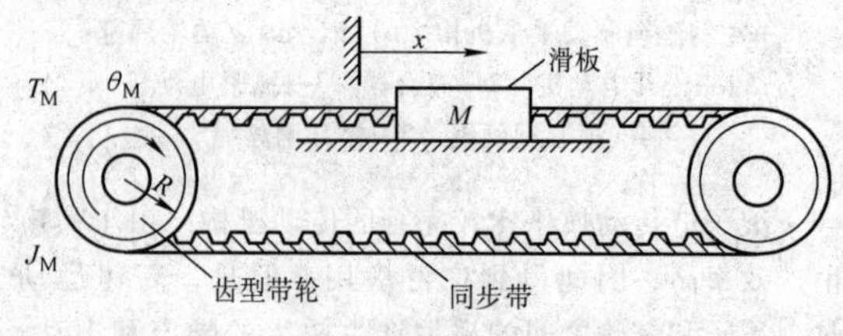

图24.6-28　同步带传动机构

2　导向支承部件的结构型式选择

2.1　导轨副的组成、种类

导向支承部件的作用是支承和限制运动部件按给定的运动要求和规定的运动方向运动，这样的支承部件通常被称为导轨副，简称导轨。

（1）导轨副的种类

导轨副主要由承导件1和运动件2两大部分组成（见图24.6-29）。常用的导轨副的种类很多，按运动轨迹划分，可分为直线运动导轨和圆周（回转）运动导轨。按其接触面的摩擦性质可分为滑动导轨、滚动导轨、流体介质摩擦导轨、弹性摩擦导轨等。例如：

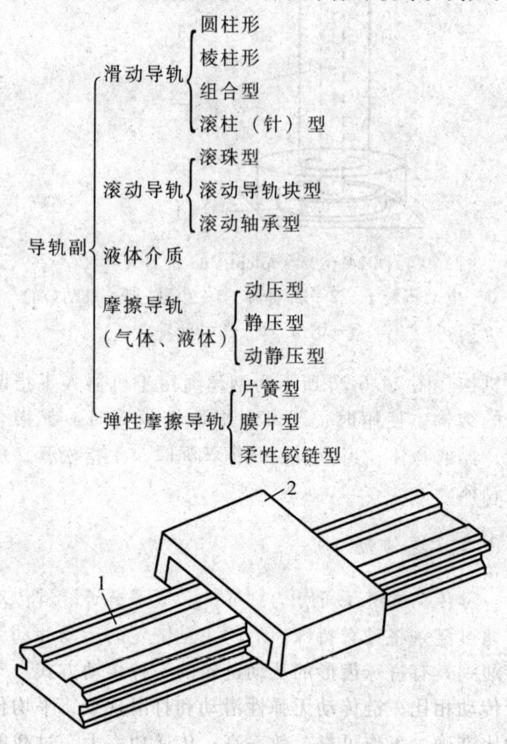

图24.6-29　导轨副的组成
1—承导件　2—运动件

按其结构特点又可分为开式导轨和闭式导轨。开式导轨是借助重力或弹簧弹力保证运动件与承导面之间的接触，闭式导轨是靠导轨本身的结构形状保证运动件与承导面之间的接触。常用导轨副的结构型式如图24.6-30所示，其性能比较见表24.6-4。

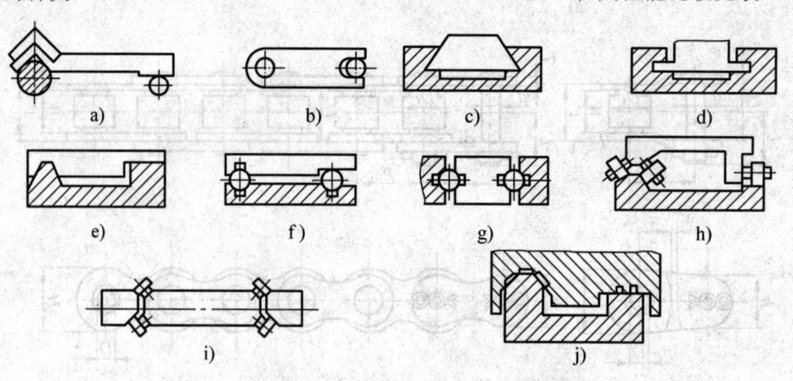

图24.6-30　常用导轨副结构型式
a）开式圆柱面导轨　b）闭式圆柱面导轨　c）燕尾导轨　d）闭式直角导轨　e）开式V形导轨
f）开式滚珠导轨　g）闭式滚珠导轨　h）开式滚柱导轨　i）滚动轴承导轨　j）液体静压导轨

表 24.6-4　常用导轨副性能比较

导轨类型	结构工艺性	方向精度	摩擦力	对温度敏感性	承载能力	耐磨性	成本
开式圆柱面导轨(见图 24.6-31a)	好	高	较大	不敏感	小	较差	低
闭式圆柱面导轨(见图 24.6-31b)	好	较高	较大	较敏感	较小	较差	低
燕尾导轨(见图 24.6-31c)	较差	高	大	敏感	大	好	较高
闭式直角导轨(见图 24.6-31d)	较差	较低	较小	较敏感	大	较好	较低
开式 V 形导轨(见图 24.6-31e)	较差	较高	较大	不敏感	大	好	较高
开式滚珠导轨(见图 24.6-31f)	较差	高	小	不敏感	较小	较好	较高
闭式滚珠导轨(见图 24.6-31g)	差	较高	较小	不敏感	较小	较好	高
开式滚柱导轨(见图 24.6-31h)	较差	较高	小	不敏感	较大	较好	较高
滚动轴承导轨(见图 24.6-31i)	较差	较高	小	不敏感	较大	好	较高
液体静压导轨(见图 24.6-31j)	差	高	很小	不敏感	大	很好	很高

（2）导轨副的设计要求

机电一体化系统对导轨的基本要求是导向精度高、刚性好、运动轻便平稳、耐磨性好、温度变化影响小以及结构工艺性好等。

对精度要求高的直线运动导轨还要求导轨的承载面与导向面严格分开，当运动件较重时，必须设有卸荷装置。运动件的支承必须符合三点定位原理。

1）导向精度。导向精度是指动导轨按给定方向做直线运动的准确程度。导向精度的高低，主要取决于导轨的结构类型，导轨的几何精度和接触精度，导轨的配合间隙、油膜厚度和油膜刚度，导轨和基础件的刚度和热变形等。

对直线运动导轨的几何精度（见图 24.6-31），一般有下列几项规定：

① 导轨纵向直线度，如图 24.6-31a 所示。

② 导轨横向直线度，如图 24.6-31b 所示。

理想的导轨与垂直和水平截面上的交线应是一条直线，但由于制造的误差，使实际轮廓线偏离理想的直线，测得实际包容线的两平行直线间的宽度 ΔV、ΔH，即为导轨纵向直线度或横向直线度。

③ 两导轨面间的平行度（扭曲度），如图 24.6-31c 所示。这项误差一般用在导轨一定长度上或全长上的横向扭曲值表示。

2）刚度，就是抵抗载荷的能力。抵抗恒定载荷的能力称为静刚度，抵抗交变载荷的能力称为动刚度。

现简略介绍静刚度。在恒定载荷作用下，物体变形的大小表示静刚度的好坏。导轨变形一般有自身、局部和接触三种变形。

自身变形由作用在导轨面上的零部件重量（包括自重）而引起，它主要与导轨的类型、尺寸以及材料等有关。为了加强导轨自身刚度，常采用增大尺寸和合理布置肋和肋板等办法解决。

导轨局部变形发生在载荷集中的地方，必须加强导轨的局部刚度。

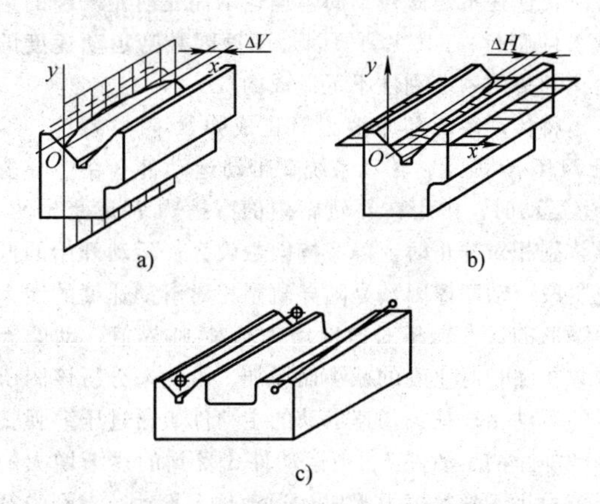

图 24.6-31　直线运动导轨的几何精度
a）导轨纵向直线度　b）导轨横向直线度
c）两导轨面间的平行度

接触变形由于在两个平面接触处加工造成的微观不平度，使其实际接触面积仅是名义接触面积的很小一部分，因而产生接触变形，如图 24.6-32 所示。由于接触面积是随机的，故接触变形不是定值，即接触刚度也不是定值。但在实际应用时，接触刚度必须是定值。为此，对于活动接触面（动导轨与支承导轨），需施加预载荷，以增加接触面积，提高接触刚度。预载荷一般等于运动件及其上的工件的重量。导轨的接触精度以导轨表面的实际接触面积占理论接触面积的百分比或在 25mm×25mm 面积上接触点的数目和分布状况来表示。为了保证导轨副的刚度，导轨副应有一定的接触精度，这项精度一般根据精刨、磨

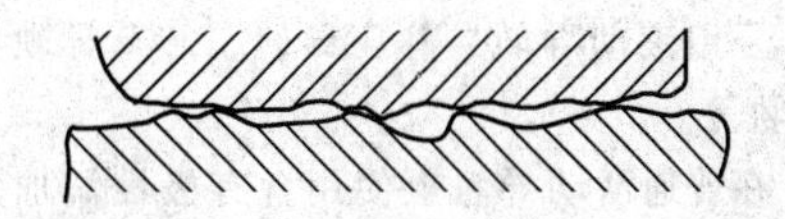

图 24.6-32　导轨实际接触面积

削、刮研等加工方法按标准规定。

3）精度的保持性，主要由导轨的耐磨性决定。导轨的耐磨性是指导轨在长期使用后，应能保持一定的导向精度。导轨的耐磨性主要取决于导轨的结构、材料、摩擦性质、表面粗糙度、表面硬度、表面润滑及受力情况等。提高导轨的精度保持性，必须进行正确的润滑与防护。采用独立的润滑系统自动润滑已被普遍采用。防护方法有很多，目前多采用多层金属薄板伸缩式防护罩进行防护。

4）运动的灵活性和低速运动的平稳性。机电一体化系统和计算机外围设备等的精度和运动速度都比较高，因此导轨应具有较好的灵活性和平稳性。工作时应轻便省力、速度均匀，低速运动或微量位移时不出现爬行现象，高速运动时应无振动现象。在低速运行时，往往不是做连续的匀速运动而是时走时停的运动（即爬行），其主要原因是摩擦因数随运动速度的变化和传动系统刚性不足造成的。

将传动系统和摩擦副简化成弹簧-阻尼系统，如图24.6-33所示，传动系统2带动运动件3在静导轨4上运动时，作用在导轨副内的摩擦力F是变化的。导轨副相对静止时，静摩擦因数较大。运动开始的低速阶段，动摩擦因数是随导轨副相对滑动速度的增大而降低的，直到相对速度增大到某-临界值，动摩擦因数才随相对速度的减小而增加。由此来分析该图所示的运动系统是：匀速运动的主动件1通过压缩弹簧推动静止的运动件3，当运动件3受到的逐渐增大的弹簧力小于静摩擦力F时，运动件3不动，直到弹簧力大于F时，运动件3开始运动，这时，动摩擦力随着动摩擦因数的降低而变小，运动件3的速度相应增大；同时弹簧相应伸长，作用在运动件3上的弹簧力逐渐减小，运动件3产生负加速度，速度降低，动摩擦力相应增大，速度逐渐下降，直到运动件3停止运动，主动件1这时再重新压缩弹簧，爬行现象进入下一个周期。

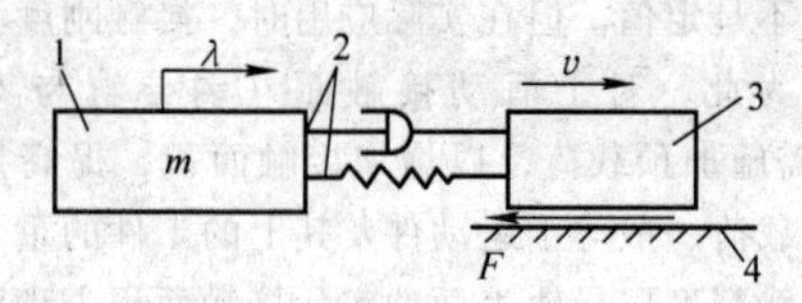

图24.6-33　弹簧-阻尼系统

1—主动件　2—传动系统　3—运动件　4—静导轨

为防止爬行现象的出现，可采取以下几种措施：

① 采用滚动导轨、静压导轨、卸荷导轨、贴塑料层导轨等。

② 在普通滑动导轨上使用含有极性添加剂的导轨油。

③ 采用减小结合面、增大结构尺寸、缩短传动链、减少传动副等方法来提高传动系统的刚度。

5）温度的敏感性和结构的工艺性。导轨在环境温度变化的情况下应能正常工作，既不“卡死”，也不影响系统的运动精度。导轨对温度变化的敏感性主要取决于导轨材料和导轨配合间隙的选择。结构的工艺性是指系统在正常工作的条件下，应力求结构简单，制造容易，装拆、调整、维修及检测方便，从而最大限度地降低生产成本。

（3）导轨副的设计

设计导轨副应包括下列几方面内容：

1）根据工作条件和载荷等特点，确定合适的导轨类型及截面形状，以保证导向精度。

2）选择适当的导轨结构及尺寸，使其在给定的载荷及工作温度范围内有足够的刚度、良好的耐磨性以及运动灵活性和低速平稳性。

3）通过导轨的力学计算，选择导轨材料、表面精加工和热处理方法以及摩擦面硬度匹配。

4）选择导轨的补偿及调整装置，经长期使用后，通过调整能保持所需要的导向精度。

5）选择合理的耐磨涂料、润滑方法和防护装置，使导轨有良好的工作条件，以减少摩擦和磨损。

6）制订保证导轨精度所必需的技术条件。

2.2　滑动导轨

（1）导轨副的截面形状及其特点

常见的导轨截面形状有三角形（分对称、不对称两类）、矩形、燕尾形及圆柱形四种，每种又分为凸形和凹形两类。凸形导轨不易积存切屑等脏物，也不易储存润滑油，宜在低速下工作。凹形导轨则相反，可用于高速，但必须有良好的防护装置，以防切屑等赃物落入导轨。各种导轨的特点见表24.6-5，各种导轨副的组合形式见表24.6-6。

（2）导轨副间隙的调整

为保证导轨正常工作，导轨滑动表面之间应保持适当的间隙。间隙过小，会增加摩擦阻力；间隙过大，会降低导向精度。导轨经长期使用后，会因磨损而增大间隙，需要及时调整，故导轨应有间隙调整装置。常用的调整方法有压板和镶条两种方法。

对燕尾形导轨可采用镶条（垫片）方法，同时调整垂直和水平两个方向的间隙（见图24.6-34）。

对矩形导轨可采用修刮压板、修刮调整块片的厚度或调整螺钉的方法进行间隙的调整（见图24.6-35）。

表 24.6-5　滑动导轨截面形状及特点

类型		截面形状 凸形	截面形状 凹形	特点
三角形导轨	对称	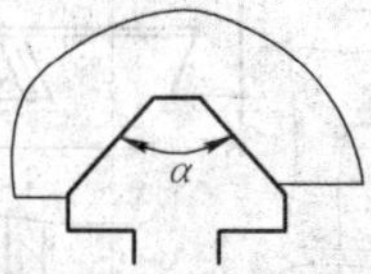 α	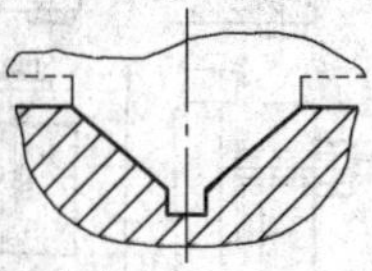	导轨尖顶朝上的称三角形，尖顶朝下的称 V 形 导向精度较高，磨损后能自动补偿 对称形截面制造方便应用广泛，两侧压力不均时采用非对称 顶角 α 一般为 90°，重型机床应采用较大的顶角（110°～120°），精密机床 α<90°
	不对称	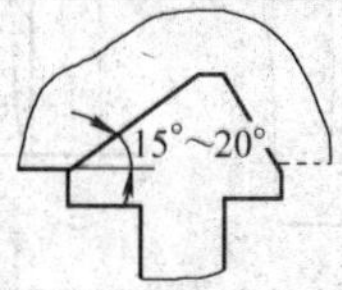 15°～20°	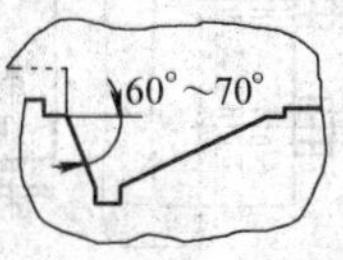 60°～70°	
矩形		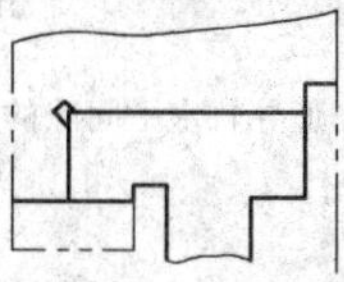	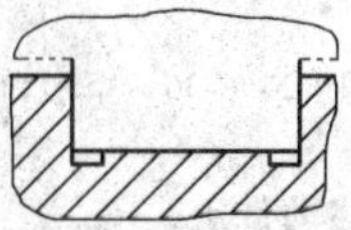	结构简单，制造、检验和修理方便，导轨面较宽，承载能力大，刚度高，故应用广泛 矩形导轨的导向精度没有三角形导轨高，磨损后不能自动补偿，须有调整间隙装置 主要用于载荷大的机床或组合导轨
燕尾形		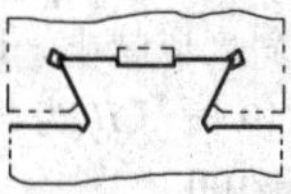	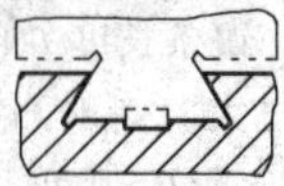	磨损后不能自动补偿间隙，需设调整间隙装置 用一根镶条就可调节水平与垂直方向的间隙，高度小，结构紧凑，可以承受颠覆力矩 刚度较差，摩擦力较大，制造、检验和维修都不方便 用于运动速度不高、受力不大、高度尺寸受到限制的场合
圆柱形		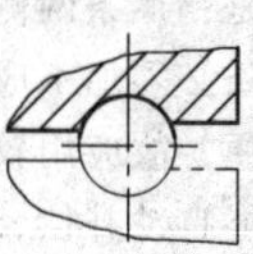	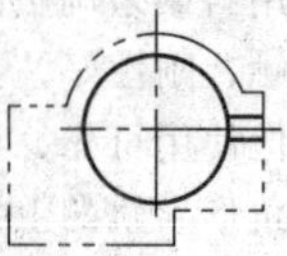	制造方便，外圆采用磨削，内孔经过珩磨，可达到精密配合，但磨损后很难调整和补偿间隙，用于承受轴向载荷的场合 不能承受大的扭矩，亦可采用双圆柱导轨

表 24.6-6　导轨副的组合形式

名称	示意图	特点
双三角形	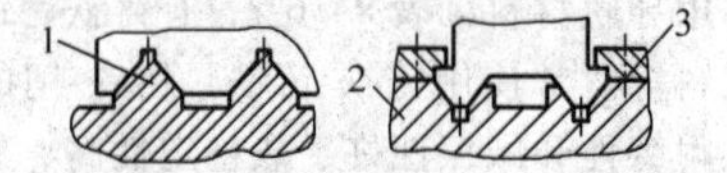 1—三角形导轨　2—V 形导轨　3—压板	导向性和精度保持性都高，接触刚度好，自动补偿垂直和水平方向的磨损，但工艺性差，对导轨的四个表面刮削或磨削也难以完全接触 多用于精度要求较高的机床设备
双矩形	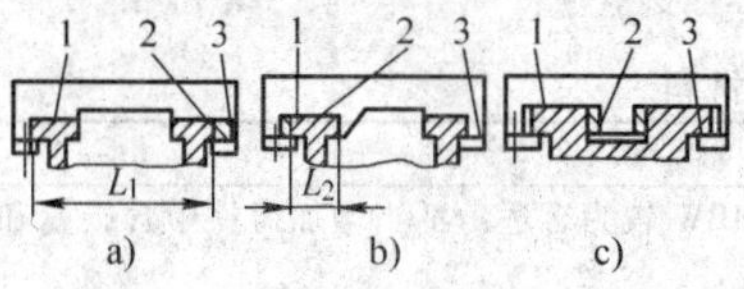 L_1　L_2 a)　b)　c) 1—承载面　2—导向面　3—辅助导轨面	制造与调整简单，刚性好，承载能力大 图 a 以两外侧面作为导向面，间距大，热变形大，要求间隙大，因而导向精度低，但承载能力大 图 b 以内外侧面作为导向面，间距较小，加工测量方便，容易获得较高的平行度，热变形小，可选用较小的间隙，导向精度高 图 c 以两内侧面作为导向面，导向面对称分布在导轨中部，当传动件位于对称中心线上时避免了引起的偏转，不致在改变运动方向时引起位置误差，导向精度高
三角形和矩形	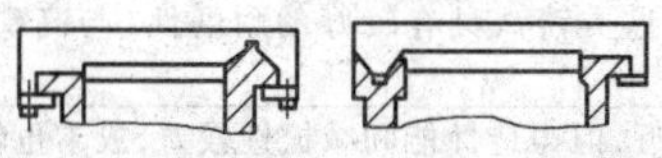	导向性好，制造方便，刚性好 但导轨磨损不均匀，一般是三角形导轨比矩形导轨磨损快，磨损后又不能通过调节来补偿，故对位置精度有影响。闭合导轨有压板面，能承受颠覆力矩
三角形和平面导轨	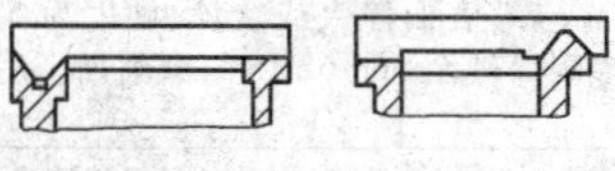	由于三角形和平面导轨的摩擦阻力不相等，因此在布置牵引力的位置时应使导轨的摩擦阻力的合力与牵引力在同一直线上，否则就会产生力矩，使三角形导轨对角接触，影响运动件的导向精度和运动的灵活性
燕尾形及其组合	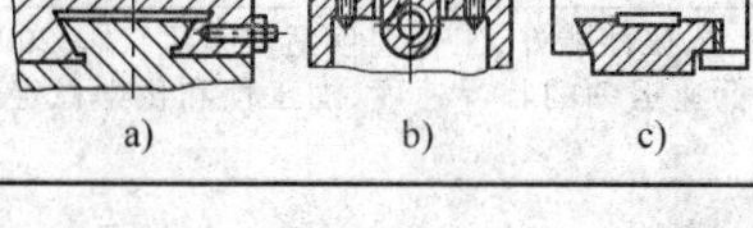 a)　b)　c)	图 a 所示为整体式燕尾形导轨 图 b 所示为装配式燕尾形导轨，其特点是制造、调试方便 图 c 所示为燕尾形与矩形组合，它兼有调整方便和能承受较大力矩的优点，多用于横梁、立柱和摇臂等导轨

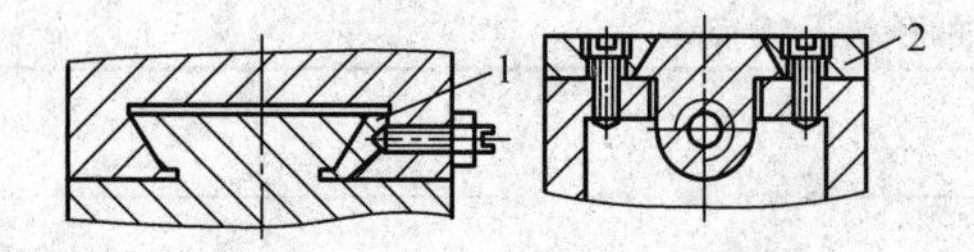

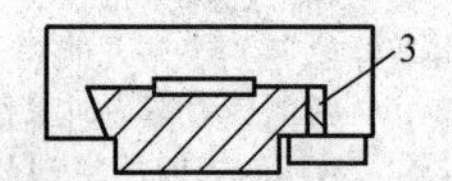

图 24.6-34　燕尾形导轨的间隙调整

1—斜镶条　2—压板　3—直镶条

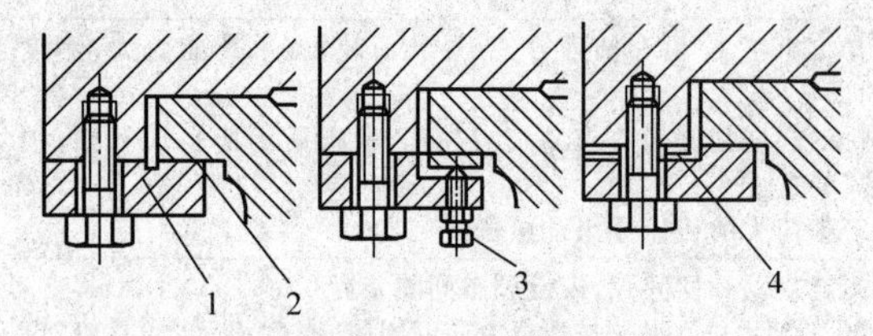

图 24.6-35　矩形导轨垂直方向的间隙调整

1—压板　2—接合面　3—调整螺钉　4—调整垫片

导轨水平间隙的调整如图 24.6-36a 所示。平镶条横截面积为矩形或平行四边形（用于燕尾导轨），以镶条的横向位移来调整间隙。平镶条一般放在受力小的一侧，用螺钉调节，螺母锁紧。因各螺钉单独拧紧，故收紧力不易一致，使镶条在螺钉的着力点有挠度，接触不均匀，刚性差，易变形。因其调整较麻烦，故用于受力较小或短的导轨。图 24.6-36b 和 c 所示为采用两根斜镶条调整导轨侧面间隙的结构。调整时拧动螺钉，使斜镶条纵向（平行运动方向）移动来调整间隙。为了缩短斜镶条的长度，一般将镶条

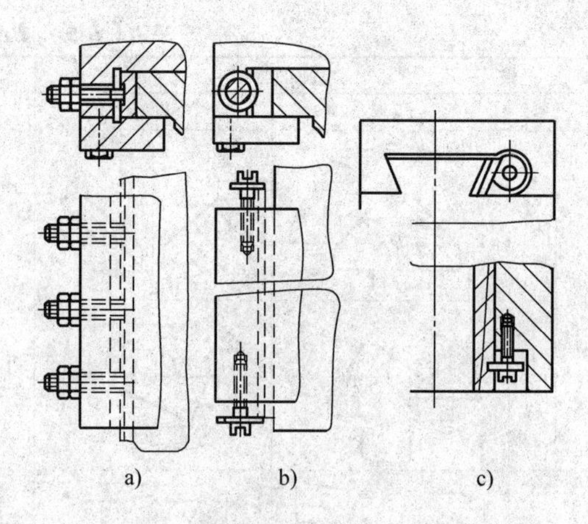

图 24.6-36　矩形和燕尾形导轨水平间隙的调整

放在移动件上。

斜镶条是在全长上支承，其斜度为 1∶40～1∶100，镶条长度 L 越长，斜度应越小，以免两端厚度相差过大。一般当 $L/H<10$ 时（H 为导轨高度），取1∶40；$L/H>10$ 时，取 1∶100。

采用斜镶条调整的优点是：镶条两侧面与导轨面全部接触，刚性好，但斜镶条必须加工成斜形，制造困难。但使用可靠，调整方便，故应用较广。

三角形导轨的上滑动面能自动补偿，下滑动面的间隙调整和矩形导轨的下压板调整底面间隙相同，同形导轨的间隙不能调整。

（3）导轨的材料

常用导轨材料见表 24.6-7，有铸铁、钢、有色金属和塑料等。常使用铸铁-铸铁、铸铁-钢的导轨。铸铁具有耐磨性和减振性好、热稳定性高、易于铸造和切削加工，成本低等特点，因此在滑动导轨中被广泛采用。

表 24.6-7　常用导轨材料

材　料			特　点
铸铁	灰铸铁		常用的是 HT200(一级铸铁)，硬度以 180～200HBW 较为合适。适当增加铸铁中含碳量和含磷量，减少含硅量，可提高导轨的耐磨性
	耐磨铸铁	高磷铸铁	含磷量(质量分数)为 0.3%～0.65%的灰铸铁，其硬度为 180～220HBW，耐磨性能比灰铸铁 HT200 约高一倍。脆性和铸造应力较大，易产生裂纹
		低合金铸铁	如钒钛铸铁、中磷钒钛铸铁、中磷铜钒钛铸铁等。这类铸铁具有较好的耐磨性(与高磷铜钛铸铁相近)，且铸造性能优于高磷系铸铁
		稀土铸铁	具有强度高、韧性好的特点，耐磨性与高磷铸铁相近，但铸造性能和减振性较差，成本也较高
		孕育铸铁	常用的孕育铸铁是 HT300，它比 HT200 的耐磨性高
钢			常用的钢有 15 钢、40Cr、T8A、T10A、GCr15、GCr15SiMn 等，表面淬火或全淬，硬度为 52～58HRC。要求高的导轨，常采用的钢有 20Cr、20CrMnTi、15 钢等，渗碳淬硬至 56～62HRC，磨削加工后淬硬层深度不得低于 1.5mm
有色金属			常用的有色金属有铅黄铜 HPb59-1、铸造锡青铜 ZQSn6-6-3、铸造铝青铜 ZCuAl9Mn2 和铸造锌合金 ZZnAl4Cu1Mg、超硬铝 7A04、铸铝 ZL101 等，其中以铸造铝青铜较好
塑料			镶装塑料导轨具有耐磨性好(但略低于铝青铜)，抗振性能好，工作温度适应范围广(−200～260℃)，抗撕伤能力强，动、静摩擦因数低，差别小，可降低低速运动的临界速度，加工性和化学稳定性好，工艺简单，成本低等优点

（4）提高导轨副耐磨性的措施

导轨的使用寿命取决于导轨的结构、材料、制造质量、热处理方法，以及使用与维护。提高导轨的耐磨性，使其在较长时期内保持一定的导向精度，就能延长导轨的使用寿命。

1）采用镶装导轨。为了提高导轨的耐磨性，又要使导轨的制造工艺简单，修理方便，成本低等，往往采用镶装导轨，即在支承导轨（如底座、床身等）上镶装淬硬钢条、钢板或钢带，在动导轨上镶装塑料或有色金属板。

① 镶钢导轨。如图24.6-37所示，都是用螺钉将淬硬的钢导轨固定在支承件上。最好采用图24.6-37a和b所示的固定方法，以免损伤导轨表面。当采用图24.6-37c所示的固定方法时，螺钉固定后，应将螺钉头去掉并磨光。

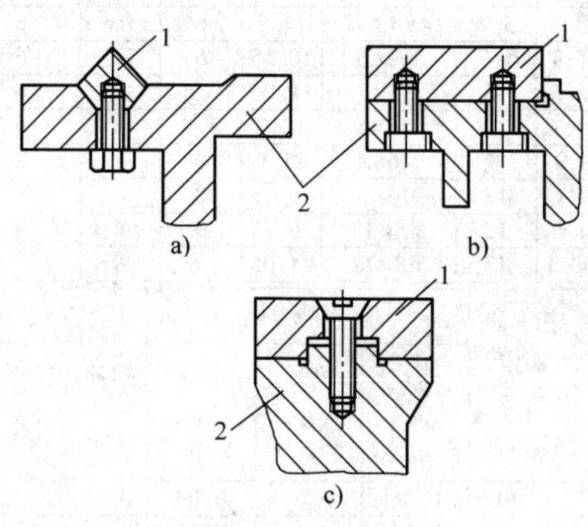

图24.6-37　镶装导轨
1—钢导轨　2—机身、机架

② 镶装塑料导轨。这种导轨多用酚醛夹布胶木板，塑料板厚度为0.5~10mm。为了提高塑料板的黏结强度，可在端部加固定销。除镶装塑料导轨外，还有喷涂塑料导轨，用的塑料有锦纶和低压聚乙烯粉末。

③镶装有色金属导轨。常用的材料是铸造铝青铜ZCuAl9Mn2和铸造锌合金ZZnAl4Cu1Mg。由于这两种材料与铸铁的黏结强度不够高，因此有色金属与铸铁导轨除了黏结外，还必须用螺钉紧固。

2）提高导轨精度与改善表面粗糙度。目的是减少导轨的摩擦和磨损，从而提高耐磨性。

3）减小导轨单位面积上的压力。要减小导轨面压力，应减轻运动部件的重量和增大导轨支承面的面积，减小两导轨面之间的中心距，减小外形尺寸和减轻运动部件的重量。但是减小中心距受到结构尺寸的限制，而中心距太小，将导致运动不稳定。降低导轨压力的另一种办法，是采用卸荷装置，即在导轨载荷的相反方向增加弹簧或液压作用力，以抵消导轨所承受的部分载荷。

（5）应用实例

以天津罗升有限公司HIWIN直线导轨为例。图24.6-38所示为HIWIN直线导轨-EG系列规格表示方法，图24.6-39所示为EGH-SA/EGH-CA导轨图，表24.6-8为EGH-SA/EGH-CA尺寸表。

2.3　静压导轨

静压导轨是将具有一定压力的油或气体介质通入导轨的运动件与导向支承件之间。运动件浮在压力油或气体薄膜之上，与导向支承件脱离接触，致使摩擦阻力（力矩）大大降低。运动件受外载荷作用后，介质压力会反馈升高，以支承外载荷。

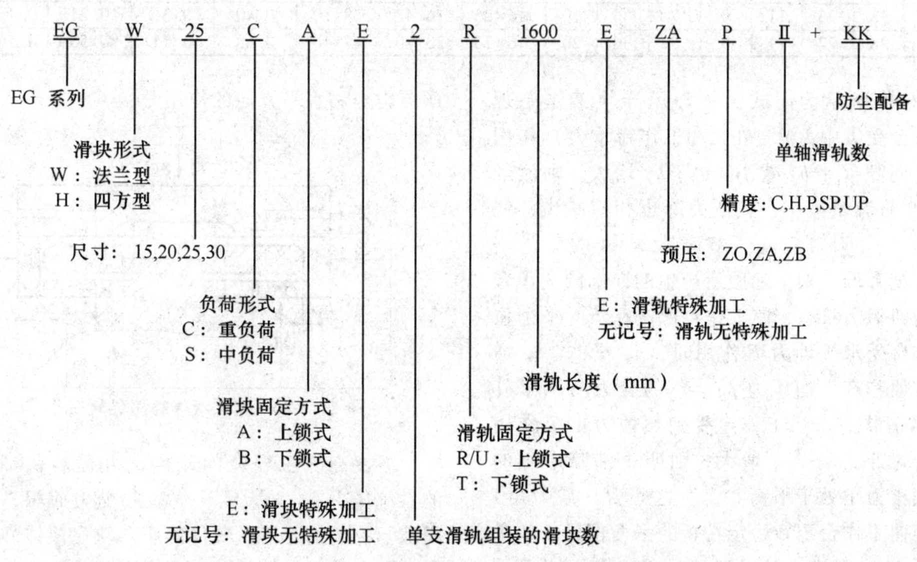

图24.6-38　HIWIN直线导轨-EG系列规格表示方法

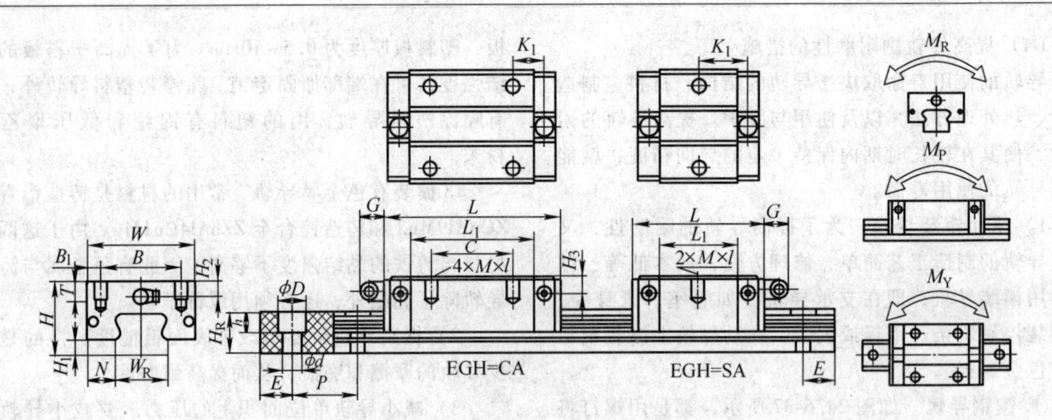

图 24.6-39　EGH-SA/EGH-CA 导轨图

表 24.6-8　EGH-SA/EGH-CA 尺寸表

型号	组件尺寸/mm			滑块尺寸/mm											
	H	H_1	N	W	B	B_1	C	L_1	L	G	$M\times l$	K_1	T	H_2	H_3
EGH15SA	24	4.5	9.5	34	26	4	—	23.1	40.7	5.7	M4×6	14.8	6	5.5	6
EGH15CA	24	4.5	9.5	34	26	4	26	39.8	57.4	5.7	M4×6	10.15	6	5.5	6
EGH20SA	28	6	11	42	32	5	—	29	50.6	12	M5×7	18.75	7.5	6	6
EGH20CA	28	6	11	42	32	5	32	48.1	69.7	12	M5×7	12.3	7.5	6	6
EGH25SA	33	7	12.5	48	35	6.5	—	35.5	61.1	12	M6×9	21.9	8	8	8
EGH25CA	33	7	12.5	48	35	6.5	35	59	84.6	12	M6×9	16.15	8	8	8
EGH30SA	42	10	16	60	40	10	—	41.5	71.5	12	M8×12	26.75	9	8	9
EGH30CA	42	10	16	60	40	10	40	70.1	100.1	12	M8×12	21.05	9	8	9

型号	滑轨尺寸/mm							滑轨的固定螺栓尺寸/mm	基本动额定负荷 C/kN	基本静额定负荷 C_0/kN	容许静力矩			重量	
	W_R	H_R	D	h	d	P	E				M_R /kN·m	M_P /kN·m	M_Y /kN·m	滑块 /kg	滑轨 /kg·m^{-1}
EGH15SA	15	12.5	6	4.5	3.5	60	20	M3×16	5.35	9.40	0.08	0.04	0.04	0.09	1.25
EGH15CA	15	12.5	6	4.5	3.5	60	20	M3×16	7.83	16.19	0.13	0.10	0.10	0.15	1.25
EGH20SA	20	15.5	9.5	8.5	6	60	20	M5×16	7.23	12.74	0.13	0.06	0.06	0.15	2.08
EGH20CA	20	15.5	9.5	8.5	6	60	20	M5×16	10.31	21.13	0.22	0.16	0.16	0.24	2.08
EGH25SA	23	18	11	9	7	60	20	M6×20	11.40	19.50	0.23	0.12	0.12	0.25	2.67
EGH25CA	23	18	11	9	7	60	20	M6×20	16.27	32.40	0.38	0.32	0.32	0.41	2.67
EGH30SA	28	23	11	9	7	80	20	M6×25	16.42	28.10	0.40	0.21	0.21	0.45	4.35
EGH30CA	28	23	11	9	7	80	20	M6×25	23.70	47.46	0.68	0.55	0.55	0.76	4.35

图 24.6-40 所示为闭式液体静压导轨工作原理图。当工作台受集中力 p（外力和工作台重力）作用而下降，使间隙 h_1、h_2 减小，h_3、h_4 增大，则流经节流器 1、2 的流量减小，其压力降也相应减少，使油腔压力 p_1、p_2 升高。流经节流器 3、4 的流量增大，p_3、p_4 则降低。四个油腔所产生的向上的支承合力与力 p 达到平衡状态，使工作台稳定在新的平衡位置。当工作台受水平外力 F 作用时，h_5 减小、h_6 增大，左、右油腔产生的压力 p_5、p_6 的合力与水平外力 F 处于平衡状态。当工作台受到颠覆力矩 T 作用时，h_1、h_4 减小，h_2、h_3 增大，则四个油腔产生的反力矩与颠覆力矩处于平衡状态。这些力（或力矩）的变化都会使工作台重新稳定在新的平衡位置。如果仅有油腔 1、2，则成为开式静压导轨，它不能承受颠覆力矩和水平方向的作用力。

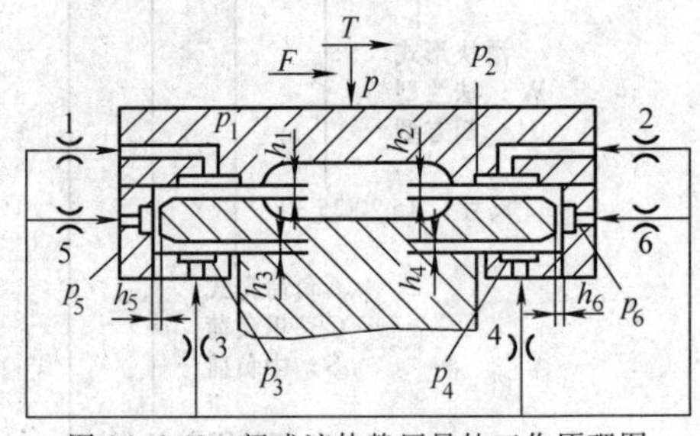

图 24.6-40　闭式液体静压导轨工作原理图

要提高静压导轨的刚度，可提高供油（或气）的系统压力 p，加大油（气）腔受力面积，减小导轨间隙。一般情况下，气体静压导轨比液体静压导轨的刚度低。要提高静压导轨的导向精度，必须提高导轨表面加工的几何精度和接触精度，进入节流器的精滤过的油液中杂质微粒的最大尺寸应小于导轨间隙。静压导轨上的油腔形状有口字形、工字形和土字形。节流器的种类除毛细管式固定节流器外，还有薄膜反馈式可变节流器，其目的是增大或调节流体阻力。

2.4　滚动导轨

在相配的两导轨面之间放置滚动体或滚动支承，使导轨面间的摩擦性质成为滚动摩擦，这种导轨就叫作滚动导轨。

（1）直线运动滚动导轨副的特点及要求

滚动导轨作为滚动摩擦副的一种，具有许多优点：

1）摩擦因数小（0.003~0.005），运动灵活。

2）动、静摩擦因数基本相同，起动阻力小，不易产生爬行。

3）可以预紧，刚度高。

4）寿命长。

5）精度高。

6）润滑方便，可以采用润滑脂，一次装填，长期使用。

7）广泛地被应用于精密机床、数控机床、测量机和测量仪器等。

滚动导轨副的缺点是：导轨面与滚动体是点接触或线接触，所以抗振性差，接触应力大；对导轨的表面硬度、表面形状精度和滚动体的尺寸精度要求高。若滚动体的直径不一致，导轨表面有高有低，会使运动部件倾斜，产生振动而影响运动精度；结构复杂，制造困难，成本较高；对脏物比较敏感，必须有良好的防护装置。

（2）对滚动导轨副的基本要求

1）导向精度。导向精度是导轨副最基本的性能指标。移动件在沿导轨运动时，不论有无载荷，都应保证移动轨迹的直线性及其位置的精确性。这是保证机床运行工作质量的关键。各种机床对导轨副本身平面度、垂直度及等高、等距的要求都有规定或标准。

2）耐磨性。导轨副应在预定的使用期内，保持其导向精度。精密滚动导轨副的主要失效形式是磨损，因此耐磨性是衡量滚动导轨副性能的主要指标之一。

3）刚度。选用可调间隙和预紧的导轨副可以提高刚度。

4）工艺性。导轨副要便于装配、调整、测量、防尘、润滑和维修保养。

（3）滚动导轨副的分类

直线运动滚动导轨副的滚动体有循环的和不循环的两种类型。这两种类型又将直线运动滚动导轨副分成多种形式，见表 24.6-9。

表 24.6-9　滚动导轨副分类及特点

类型		简图	特　点
滚动体不循环	滚珠导轨	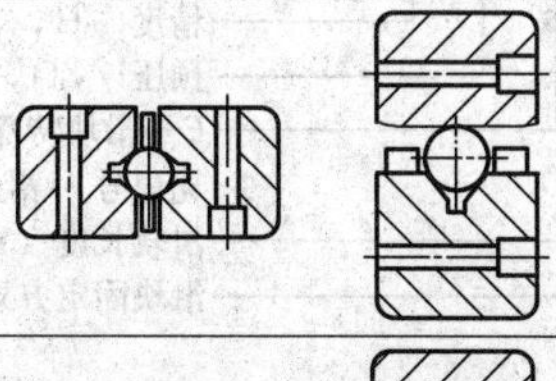	摩擦阻力小，但承载能力差，刚度低；不能承受大的倾覆力矩和水平力；经常工作的滚珠接触部位容易压出凹坑，使导轨副丧失精度。这种导轨适用于载荷不超过 200N 的小型部件。设计时应注意尽量使驱动力和外加载荷作用点位于两条导轨副的中间
	滚柱导轨	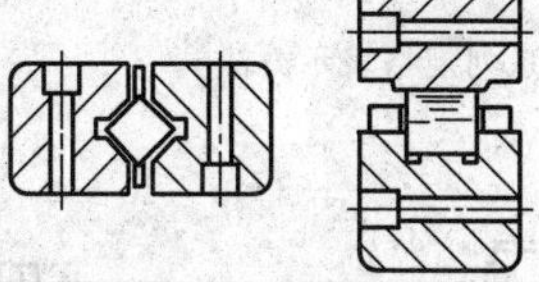	承荷能力比滚珠导轨高近 10 倍，刚度也比滚珠导轨副高，其中的交叉滚柱导轨副四个方向均能受载，导向性能也高。但是，滚针和滚柱对导轨面的平行度误差比较敏感，且容易侧向偏移和滑动，引起磨损加剧
	滚针导轨	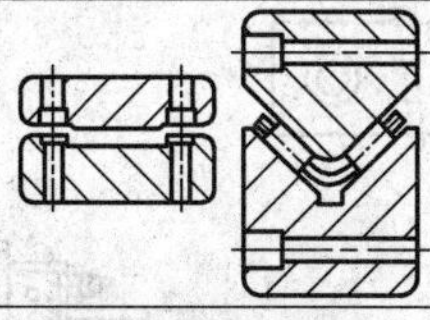	
滚动体循环	滚动直线导轨	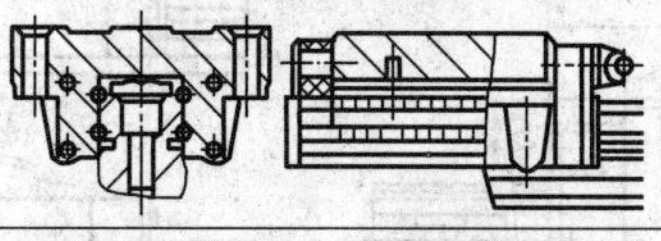	缩短设计制造周期，提高质量，降低成本
	滚柱交叉导轨	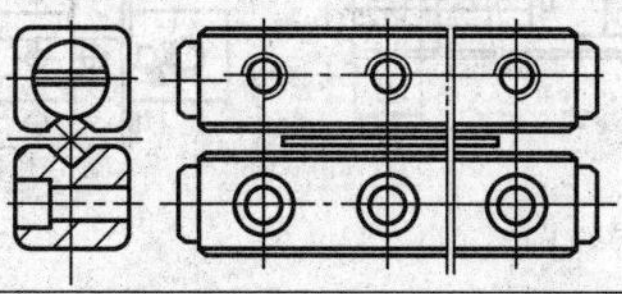	

（续）

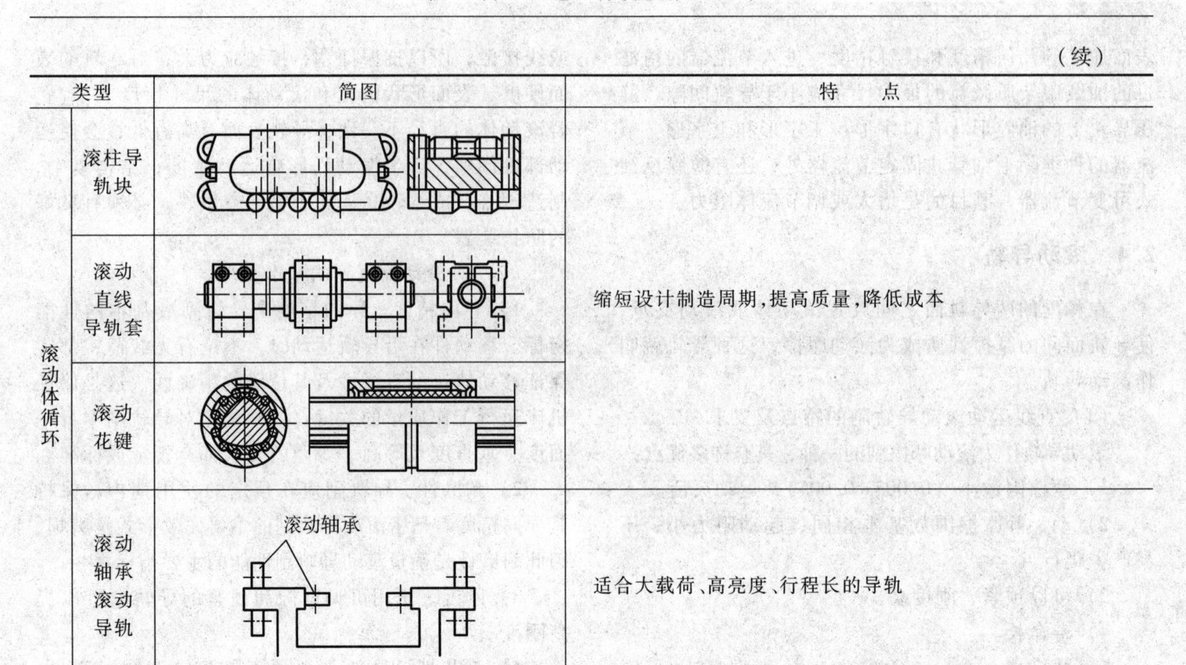

类型		简图	特　点
滚动体循环	滚柱导轨块		缩短设计制造周期,提高质量,降低成本
	滚动直线导轨套		
	滚动花键		
	滚动轴承滚动导轨	滚动轴承	适合大载荷、高亮度、行程长的导轨

(4) 应用实例

以天津罗升有限公司 HIWIN 滚柱导轨为例。图 24.6-41 所示为 HIWIN 滚柱式直线导轨-RG 系列规格表示方法，图 24.6-42 所示为 RGH-CA 导轨图，表 24.6-10 列出了 RGH-CA 尺寸。

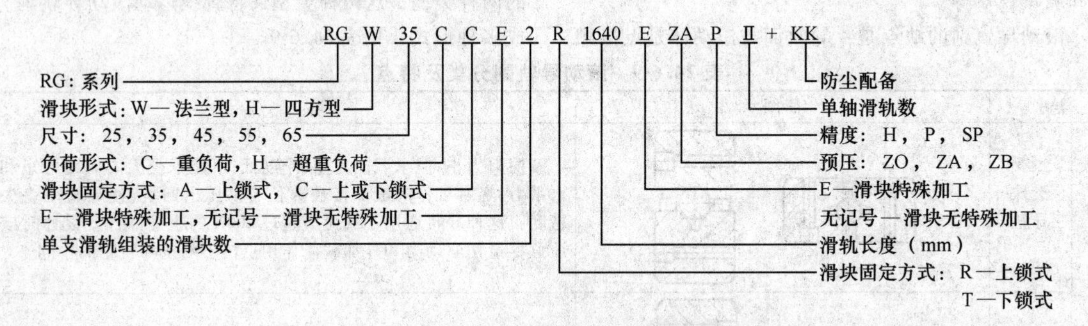

图 24.6-41　HIWIN 滚柱式直线导轨-RG 系列规格表示方法

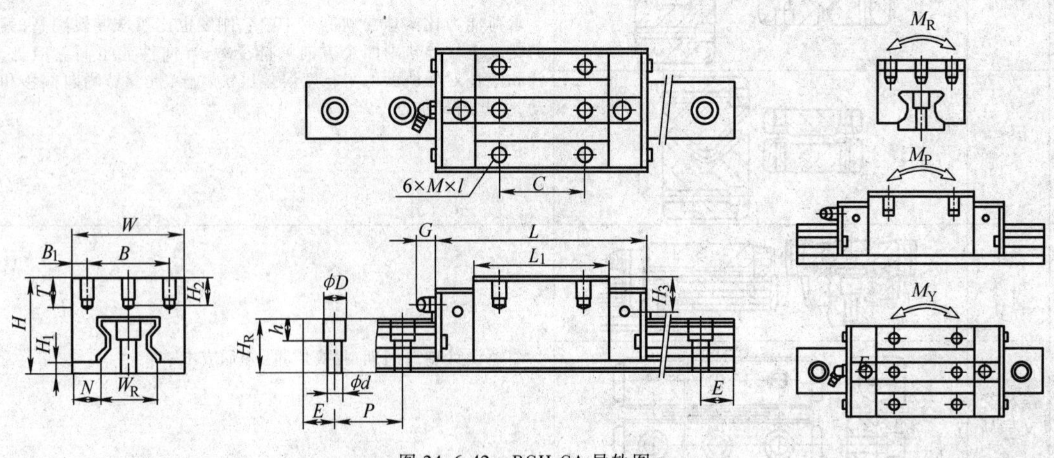

图 24.6-42　RGH-CA 导轨图

表 24.6-10　RGH-CA 尺寸

型号	组件尺寸 /mm			滑块尺寸 /mm											滑轨尺寸 /mm							滑轨的固定螺栓尺寸 /mm	基本动额定负荷 C /kN	基本静额定负荷 C_o /kN	容许静力矩			重量	
	H	H_3	N	W	B	B_1	C	L_1	L	G	$M\times l$	T	H_2	H_3	W_R	H_R	D	h	d	P	E				M_R /kN·m	M_P /kN·m	M_T /kN·m	滑块 /kg	滑轨 /kg·m^{-1}
RGH25CA	40	5.5	12.5	48	35	6.5	35	64.5	97.9	12	M6×8	9.5	10.2	10	23	23.6	11	9	7	30	20	M6×20	27.7	57.1	0.758	0.605	0.605	0.55	3.08
RGH25HA							50	81	114.4														33.9	73.4	0.975	0.991	0.991	0.7	
RGH35CA	55	6.5	18	70	50	10	50	79	124	12	M8×12	12	16	19.6	34	30.2	14	12	9	40	20	M8×25	57.9	105.2	2.17	1.44	1.44	1.43	6.06
RGH35HA							72	106.5	151.5														73.1	142	2.93	2.6	2.6	1.86	
RGH45CA	70	8	20.5	86	60	13	60	106	153.2	12.9	M10×17	16	29	24	45	38	20	17	14	52.5	22.5	M12×35	92.6	178.8	4.52	3.05	3.05	2.97	9.97
RGH45HA							80	139.8	187														116	230.9	6.33	5.47	5.47	3.97	
RGH55CA	80	10	23.5	100	75	12.5	75	125.5	183.7	12.9	M12×18	17.5	22	27.5	53	44	23	20	16	60	30	M14×45	130.5	252	8.01	5.4	5.4	4.62	13.98
RGH55HA							95	173.5	231.7														167.8	348	11.15	10.25	10.25	6.4	

3　旋转支承的类型与选择

3.1　旋转支承的种类及基本要求

旋转支承中的运动件相对于支承导件转动或摆动时，按其相互摩擦的性质可分为滑动、滚动、弹性、气体（或液体）摩擦支承。滑动摩擦支承按其结构特点，可分为圆柱、圆锥、球面和顶针支承；滚动摩擦支承按其结构特点，可分为填入式滚珠支承和刀口支承。各种支承的结构简图见表 24.6-11。设计时，选用哪种类型应视机电一体化系统对支承的要求而定。

对支承的要求应包括：①方向精度和置中精度。方向精度是指运动件转动时，其轴线与承导件的轴线产生倾斜的程度；置中精度是指在任意截面上，运动件的中心与承导件的中心之间产生偏移的程度。支承对温度变化的敏感性是指温度变化时，由于承导件和运动件尺寸的变化，引起支承中摩擦阻力矩的增大或运动不灵活的现象。②摩擦阻力矩的大小。③许用载荷。④对温度变化的敏感性。⑤耐磨性以及磨损后补偿的可能性。⑥抗振性。⑦成本。

3.2　圆柱支承

圆柱支承是滑动摩擦支承中应用最广泛的一种，其结构如图 24.6-43 所示。圆柱支承有较大的接触表面，承受载荷较大，但其方向精度和置中精度较差，且摩擦阻力矩较大，配合孔直接作用在支承座体 4 或在其中镶入的轴套 2 上，为了存储润滑油，孔的一端应制作锥孔 3 或球面凹坑。为承受轴向力或防止运动件的轴向移动，常在轴上制作轴肩 1，倒角用以储存润滑油，有利于降低摩擦力。

当需要准确的轴向定位时，常在运动件的中心孔和止推面之间放一滚珠作轴向定位。止推圆柱支承的结构如图 24.6-44a 所示。若利用轴套端面的滚珠做轴向定位（见图 24.6-44b），则具有较大的承载能力，且运动件稍有偏心时不会引起晃动，提高了机构的稳定性。

对置中精度和方向精度要求很高时，应采用运动学式圆柱支承。这种支承是用五个适当的支点，限制其运动件的五个自由度，使运动件只保留一个绕其轴线转动的自由度。为了克服点接触局部压力大的缺点，常采用小的面接触或线接触来代替点接触，就是半运动学圆柱支承，如图 24.6-45 所示。它是利用滚珠与轴套的锥形表面接触，实现轴的定向和承载，利用轴套下部的短圆柱面与轴接触定中心。由于采用点和面限制运动件的自由度，并且滚珠和轴套锥面具有自动定心作用，故间隙对轴晃动的影响比标准圆柱支承小，因而精度较高。

3.3　圆锥支承

圆锥支承的方向精度和置中精度较高，承载能力较强，但摩擦阻力矩较大。圆锥支承由锥形轴颈和带有圆锥孔的轴承组成，如图 24.6-46 所示。圆锥支承的置中精度比圆柱支承好，轴磨损后可借助轴向位移自动补偿间隙。缺点是摩擦阻力矩大，对温度变化比较敏感，制造成本较高。

圆锥支承常用于铅垂轴，承受轴向力。在轴向载荷 Q 的作用下，正压力 $N=Q/\sin\alpha$。半锥角 α 越小，正压力 N 越大，摩擦阻力矩也越大，转动灵活性就越差。为保证较高的置中精度，通常 α 角取得较小，但此时即使轴向载荷不大，也会在接触面上产生很大的法向压力。这将使摩擦阻力矩过大，转动不灵活，并使接触面很快磨损。为改善这种情况，常用图 24.6-46a 所示的修刮端面 A，或如图 24.6-46b 所示的用止推螺钉承受轴向力的办法。这样圆锥配合的表面将主要用来保证置中精度。圆锥支承的锥角 2α 越小，置中精度越高，但法向压力会越大，灵活性越差。一

般取 2α 在 4°~15°之间，4°多用于精密支承。圆锥支承在装配时，常进行成对研配，以保证轴与轴套锥面的良好接触。

表 24.6-11　旋转支承种类及特点

旋转支承	示意图	特点
圆柱支承		有较大的接触表面，承受载荷较大，但其方向精度和置中精度较差，且摩擦阻力矩较大
圆锥支承		方向精度和置中精度较高，承载能力较强，但摩擦阻力矩也较大。缺点是摩擦阻力矩大，对温度变化比较敏感，制造成本较高
球面支承		球面支承的接触面是一条狭窄的球面带，轴除自转外，还可轴向摆动一定角度。由于接触表面很小，宜用于低速、轻载场合
顶针支承		顶针支承的轴颈和轴承在半径很小的狭窄环形表面上接触，故摩擦半径很小，摩擦阻力矩较小。但由于接触面积小，其单位压力很大，润滑油从接触处被挤出。因此，用润滑油降低摩擦阻力矩的作用不大。故顶针支承宜用于低速、轻载的场合
填入式滚珠支承		
刀口支承		多用于摆动角度不大的场合。其主要优点是摩擦和磨损很小
气、液体摩擦支承		
弹性支承		弹性支承的弹性阻力矩极小，能在振动情况下工作，宜用于精度不高的摆动机构

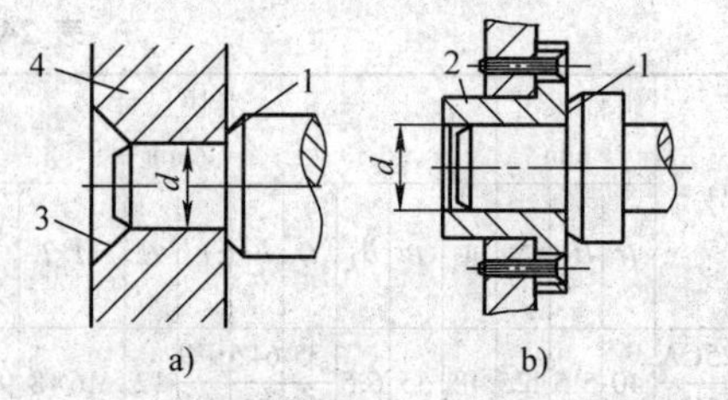

图 24.6-43　圆柱支承结构

1—轴肩　2—轴套　3—锥孔　4—支承座体

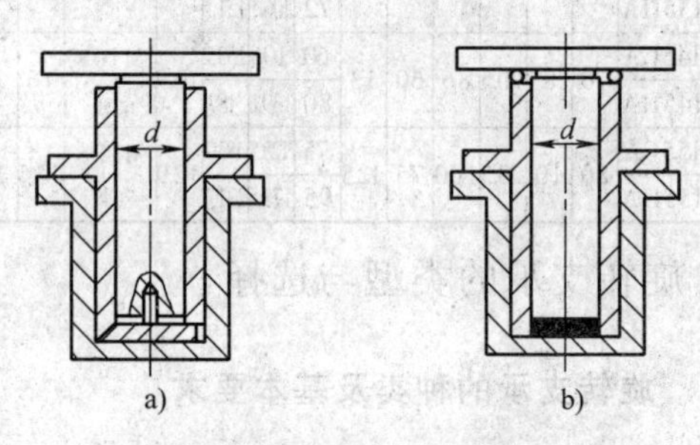

图 24.6-44　止推圆柱支承结构

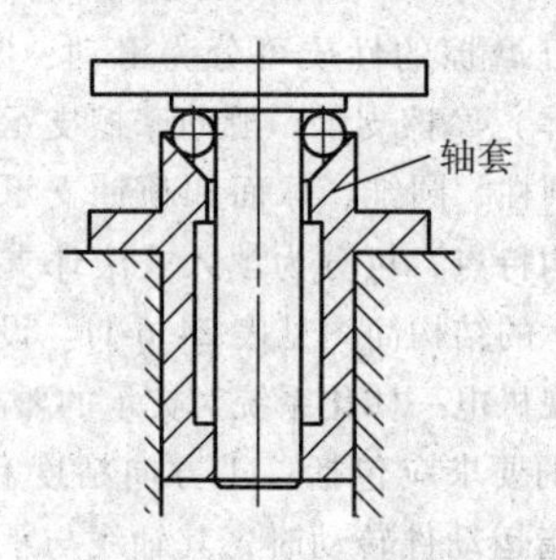

图 24.6-45　半运动学圆柱支承

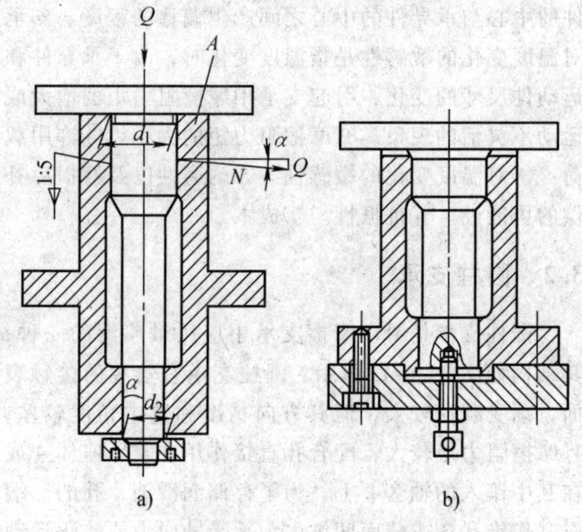

图 24.6-46　圆锥支承结构

a）修刮端面 A　b）止推螺钉

3.4　填入式滚珠支承

当标准球轴承不能满足结构上的使用要求时，常采用填入式滚珠支承。这种支承一般设有内圈和外圈，仅在相对运动的零件上加工出滚道面，用标准滚珠散装在滚道内。图 24.6-47 所示为填入式支承常用的三种典型形式，图 24.6-47a 接触面积小，摩擦阻力矩较另外两种小，但所承受的载荷也较小，在耐磨性方面也不及后两种结构好。图 24.6-47b 能承受较大载荷，但摩擦阻力矩较大。图 24.6-47c 在承受载荷和摩擦阻力矩方面介于前两者之间。

图 24.6-48a 所示为一种小型填入式滚动支承，适用于低转速、轻载场合。为使支承中的摩擦阻力矩最小，应使滚珠接触点 S_1 与 S_2 的连线 Q_1Q_2 与锥体母线相交于旋转轴线上的某一点 Q_1。为了减小摆动量、提高旋转精度，可将旋转环做成圆柱形结构，如图 24.6-48b 所示。在外形尺寸较大的情况下，可采用封闭型填入式滚珠支承，如图 24.6-48c 所示。这种支承结构紧凑，但摩擦阻力矩稍大，常用于大直径圆形工作台的旋转导轨。

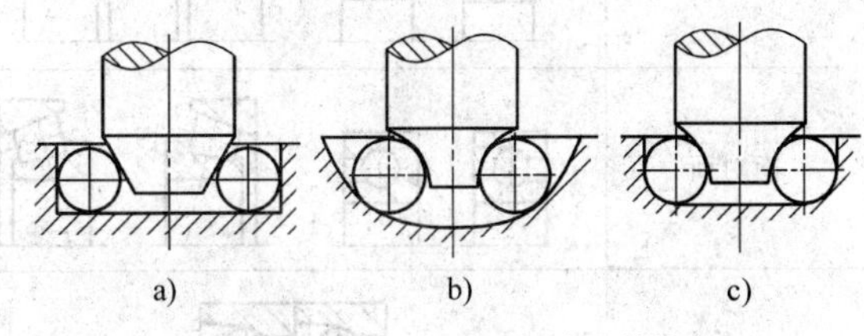

图 24.6-47　填入式滚珠支承结构

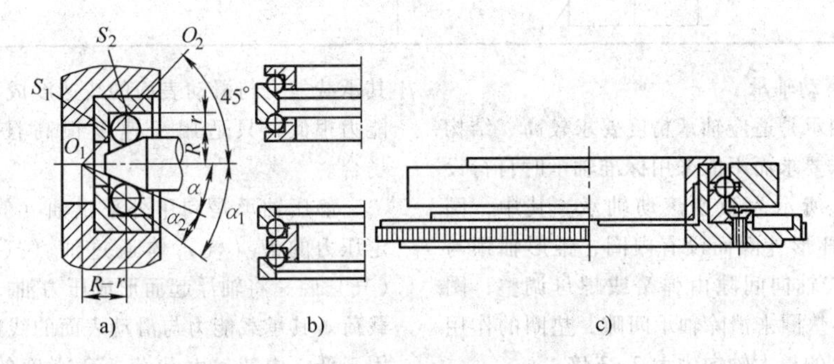

图 24.6-48　填入式滚珠支承

4　轴系部件的设计与选择

4.1　轴系设计的基本要求

轴系的主要作用是传递转矩及传动精确的回转运动，它直接承受外力或力矩。对于中间传动轴轴系一般要求不高，而对于完成主要作用的主轴轴系的旋转精度、刚度、热变形及抗振性等的要求较高。只要表现在以下几方面：

1）旋转精度。旋转精度是指在装配之后，在无负载、低速旋转的条件下，轴前端的径向跳动和轴向窜动量。旋转精度大小取决于轴系各组成零件及支承部件的制造精度与装配调整精度。在工作转速下，其旋转精度即它的运动精度取决于转速、轴承性能以及轴系的动平衡。

2）刚度。轴系的刚度反映了轴系组件抵抗静、动载荷变形的能力。载荷为弯矩、扭矩时，相应的变形量为挠度、扭转角，相应的刚度为抗弯刚度和抗扭刚度。轴系所受载荷为径向力（如带轮、齿轮上承受的径向力）时会产生弯曲变形，所以除强度验算之外，还必须进行刚度验算。

3）抗振性。表现为强迫振动和自激振动两种形式。轴系组件质量不匀引起的动不平衡、轴的刚度及单向受力等，都直接影响旋转精度和轴承寿命。对高速运动的轴系，必须以提高其静刚度、动刚度、增大轴系，阻尼比等措施来提高轴系的动态性能，特别是抗振性。

4）热变形。轴系受热会使轴伸长或使轴系零件间隙发生变化，影响整个传动系统的传动精度、旋转精度及位置精度。温度的上升使润滑油的黏度发生变化，使滑动或滚动轴承的承载能力降低，因此应采取措施将轴系部件的温度控制在一定范围之内。

5）轴上传动件的布置。轴上传动件的布置是否合理对轴的受力变形、热变形及振动影响较大。因此在通过带轮将运动传入轴系尾部时，应该采用卸荷式结构，使带的拉力不直接作用在轴端；另外，传动齿轮应尽可能安置在靠近支承处，以减少轴的弯曲和扭转变形。在传动齿轮的空间布置上，也应尽量避免弯曲变形的重叠。

4.2　轴（主轴）系用轴承的类型与选择

（1）标准滚动轴承

滚动轴承已标准化、系列化，有向心轴承、向心推力轴承和推力轴承共十几种类型。在轴承设计中应根据承载的大小、旋转精度、刚度、转速等要求选用合适的轴承类型。几种常见机床主轴轴承配置形式见

表 24.6-12。

表 24.6-12　机床主轴轴承配置形式

轴承配置	示 意 图	特　点
背对背		这种排列支点间跨距较大,悬臂长度较小,故悬臂端刚性较大。当轴受热伸长时,轴承游隙增大,因此不会发生轴承卡死破坏。如果采用预紧安装,当轴受热伸长时,预紧量将减小
面对面		结构简单,装拆方便。当轴受热伸长时,轴承游隙减小,容易造成轴承卡死,要特别注意轴承游隙的调整
串联		适用于轴向载荷大、需多个轴承联合承载的情况

(2) 非标准滚动轴承

非标准滚动轴承是适应轴承精度要求较高、结构尺寸较小或因特殊要求而不能采用标准轴承时自行设计的。图 24.6-49 所示为微型滚动轴承。其中，图 24.6-49a、b 具有杯形外圈而没有内圈，锥形轴颈与滚珠直接接触，其轴向间隙由弹簧或螺母调整；图 24.6-49c 采用碟形垫圈来消除轴承间隙，垫圈的作用力比作用在轴承上的最大轴向力大 2~3 倍。

(3) 静压轴承

滑动轴承具有阻尼性能好、支承精度高、良好的抗振性和运动平稳性等特点。按照液体介质的不同，有液体滑动轴承和气体滑动轴承两大类；按油膜和气膜压强的形成方法又有动压、静压和动静压相结合的轴承之分。

动压轴承在轴旋转时，油（气）被带入轴与轴承间所形成的楔形间隙中，由于间隙逐渐变窄，使压强升高，将轴浮起而形成油（气）楔，以承受载荷。其承载能力与滑动表面的线速度成正比，低速时承载能力很低，只适用于速度很高且速度变化不大的场合。

静压轴承是利用外部供油（气）装置将具有一定压力的液（气）体通过油（气）孔进入轴套油（气）腔，将轴浮起而形成压力油（气）膜，以承受载荷。其承载能力与滑动表面的线速度无关，广泛应用于低、中速，大载荷，高刚度的机器，具有刚度大、精度高、抗振性好、摩擦阻力小等优点。

图 24.6-50 所示为液体静压轴承工作原理图。如图 24.6-50a 所示，油腔 1 为轴套 8 内面上的凹入部分，包围油腔的四周为封油面，封油面与运动表面构成的间隙称为油膜厚度。为了承载，需要流量补偿，补偿流量的机构叫节流器，如图 24.6-50b 所示。压力油经节流器第一次节流后流入油腔，又经过封油面第二次节流后从轴向（端面）和周向（回油槽 7）流入油箱。

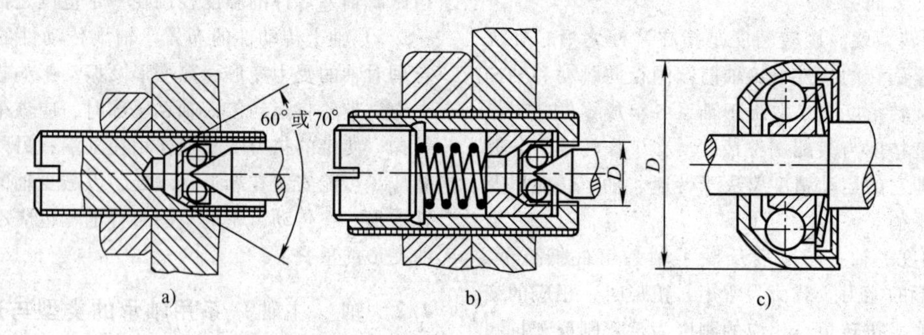

图 24.6-49　微型滚动轴承

节流器的作用是调节支承中各油腔的压力，以适应各自的不同载荷，使油膜具有一定的刚度，以适应载荷的变化。节流器的种类很多，常用的有小孔节流器（孔径远大于孔长）、毛细管节流器（孔长远大于孔径）和薄膜反馈节流器等。小孔节流器尺寸小且结构简单，油腔刚度比毛细管节流器大，缺点是温度变化会引起流体黏度变化，影响油腔的工作性能。毛细管节流器轴向长度长，占用空间大，但温升变化小，工作性能稳定。小孔节流器和毛细管节流器的液阻不随外载荷的变化而变化，也称为固定节流器。薄膜反馈节流器的液阻随载荷变化，称为可变节流器，其原理如图 24.6-50b 所示。它由两个中间有凸台的圆盒 6 以及两圆盒间隔金属薄膜 5 组成。

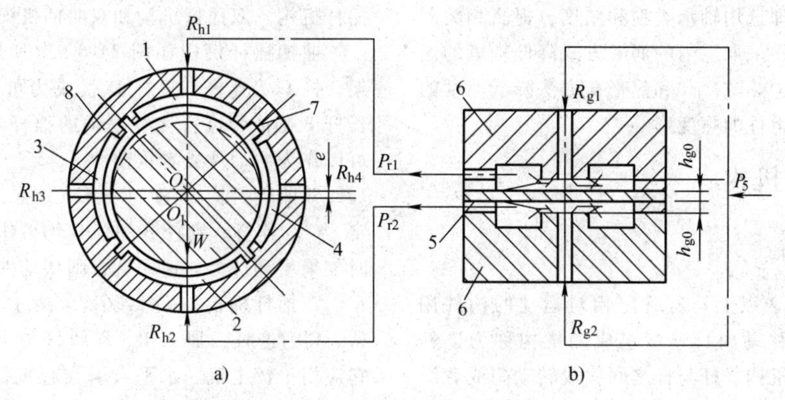

图 24.6-50　液体静压轴承工作原理

1~4—油腔　5—金属薄膜　6—圆盒　7—回油槽　8—轴套

空气静压轴承的工作原理与液体静压轴承相似。但在设计时应注意以下几方面：

1）气体密度随压力变化，在确定流量的连续方程时，不能用体积流量而要用质量流量。

2）空气黏度低，流量大，应选取较小的轴与轴套的间隙。

3）空气静压轴承的材料必须具有良好的耐蚀性，防止带有水的气体腐蚀轴承。

动静压轴承综合了动压和静压轴承的优点，使轴承的工作性能更加完善。可分为静压起动、动压工作及动静压混合工作两类。机电一体化系统中多采用动静压混合工作型。

（4）磁悬浮轴承

磁悬浮轴承是利用磁场力将轴悬浮在空间的一种新型轴承。其工作原理如图 24.6-51 所示，径向磁悬浮轴承由转子 6 和定子 5 两部分组成。定子装上电磁体，保持转子悬浮在磁场中。转子转动时，由位移传感器 4 检测转子的偏心，并通过反馈与基准信号 1（转子的理想位置）进行比较，调节器 2 根据偏差信号进行调节，并把调节信号送到功率放大器 3 以改变电磁体（定子）的电流，从而改变磁悬浮力的大小，使转子恢复到理想位置。

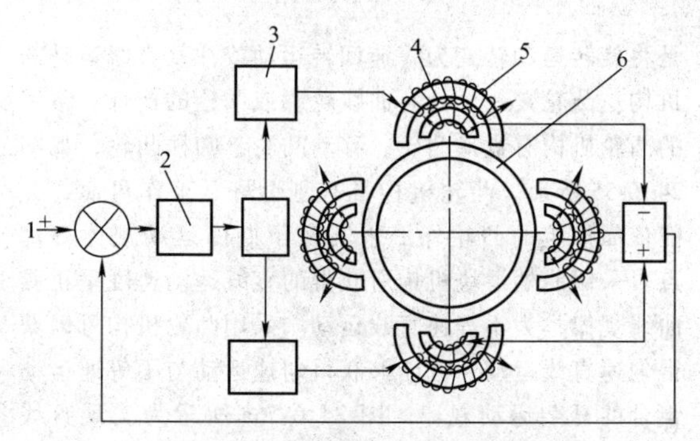

图 24.6-51　磁悬浮轴承工作原理

1—基准信号　2—调节器　3—功率放大器

4—位移传感器　5—定子　6—转子

4.3　提高轴系性能的措施

（1）提高轴系的旋转精度

轴承的旋转精度中的径向跳动主要由被测表面的几何形状误差、被测表面对旋转轴线的偏心以及旋转轴线在旋转过程中的径向漂移等因素引起。

轴系轴端的轴向窜动主要由被测端面的几何形状误差、被测端面对轴心线的不垂直度和旋转轴线的轴向窜动等三项误差引起。

提高轴系的旋转精度的主要措施有：

① 提高轴颈与架体（或箱体）支承的加工精度。

② 提高轴承装配与预紧精度。

③ 轴系组件装配后对输出端的轴的外径、端面及内孔通过互为基准进行精加工。

（2）提高轴系组件的抗振性

轴系组件有强迫振动和自激振动。强迫振动是由轴系组件的不平衡、齿轮及带轮质量分布不均匀以及负载变化引起的，自激振动是由传动系统本身的失稳引起的。

提高轴系抗振性的主要措施有：

① 提高轴系组件的固有振动频率、刚度和阻尼。刚度越高，阻尼越大，则激起的振幅越小。

② 消除或减少强迫振动振源的干扰作用。构成轴系的主要零部件均应进行静态和动态平衡，选用传

动平稳的传动件，对轴承进行合理预紧等。

③ 采用吸振、隔振和消振等装置。

另外，还应采取温度控制，以减少轴系组件热变形的影响，如合理选用轴承类型和精度，提高相关制造和装配的质量，采取适当的润滑方式降低轴承的温升；采用热隔离、热源冷却和热平衡方法降低温度的升高，防止轴系组件的热变形。

5　常用执行机构

5.1　连杆机构

由若干（两个以上）有确定相对运动的构件用低副（转动副或移动副）连接组成的机构称为连杆机构，又称低副机构。杆与杆之间构成转动副或者滑动副，其中作为旋转运动的杆件称为曲柄，而只能在一定角度内做往复摆动的杆称为摇杆。由四根杆件组成的机构称为四连杆机构。

四连杆机构按曲柄和摇杆的组合形式可分为曲柄摇杆机构、双摇杆机构和双曲柄机构。

曲柄摇杆机构如图 24. 6-52a 所示，以杆 A 为机架，杆 C 为连杆，短杆 D 就成为可回转的曲柄，而长杆 B 则成为进行往复摆动的摇杆。杆 B 和杆 D 都可以作为主动件或者从动件。

双曲柄机构如图 24. 6-52b 所示，若将短杆 A 固定，C 为连杆，则杆 B 和杆 D 均可作为曲柄使用。这时如果主动件为匀速回转，则从动件为非匀速回转。

双摇杆机构如图 24. 6-52c 所示，若以杆 A 为机架，C 为连杆，那么 B、D 两杆均可作为摆杆使用。它应用于铲土机、水平牵引式起重机等的例子很多，可以说是一种最典型的连杆机构。

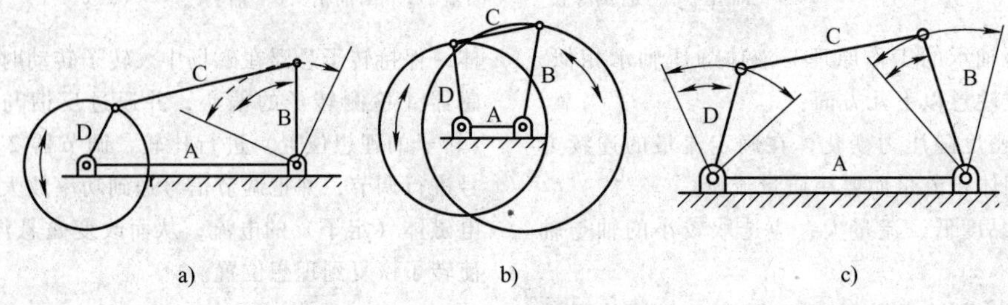

图 24. 6-52　四连杆机构
a）曲柄摇杆机构　b）双曲柄机构　c）双摇杆机构

曲柄与滑块机构组合起来能够将旋转运动变为直线运动（或将直线运动变为旋转运动），该机构称为曲柄滑块机构。一般驱动机器人臂部运动的伺服装置都是电动机，所以经常需要将旋转运动变成直线运动。图 24. 6-53 所示为曲柄滑块机构。

曲柄机构是连杆机构的一种应用，这种机构在曲柄夹紧机构和冲压机构上有使用。该机构的特点是往复运动范围大，并能够产生较大的压力。图 24. 6-54 所示为曲柄机构在机械手夹紧部分的应用。

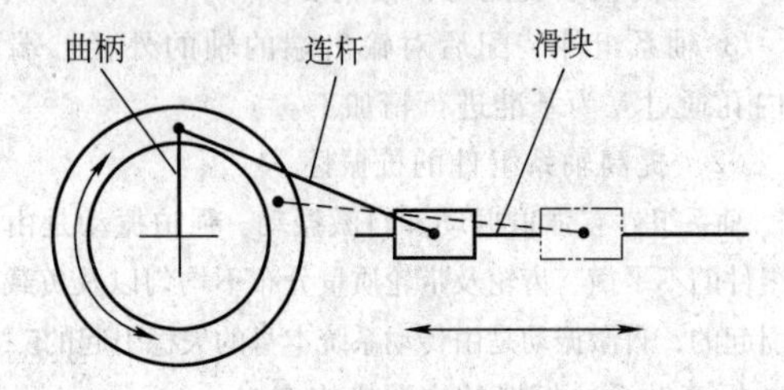

图 24. 6-53　曲柄滑块机构

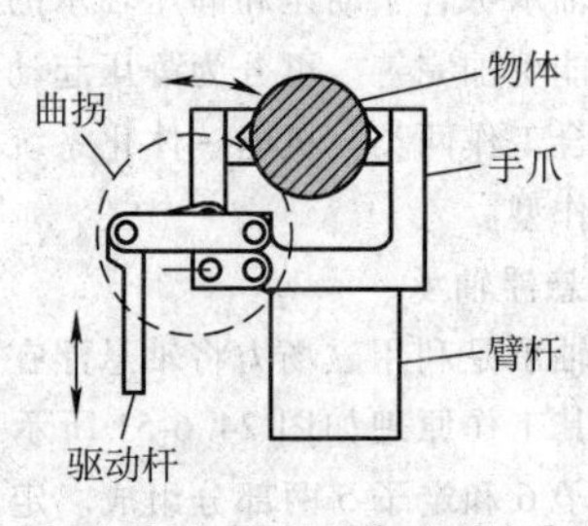

图 24. 6-54　曲柄机构（机械手）

5.2　凸轮机构

凸轮机构由凸轮、从动件和机架三部分组成，它是将旋转运动转变为等速回转运动或往复直线运动的机构。凸轮是一个具有曲线轮廓或凹槽的构件。常用的凸轮机构有盘形凸轮、移动凸轮、圆柱凸轮，如图 24. 6-55 所示。凸轮机构具有刚性好、工作可靠，并能依靠拟定的凸轮外形来实现预期的运动规律等优点。采用曲柄滑块机构所获得的直线运动速度呈正弦曲线规律，为不等速直线运动。采用凸轮机构可以获得匀速直线运动，也能够获得匀速运动与不等速运动组合的复杂运动规律。图 24. 6-56a 所示为实现直线匀速运动的心形凸轮的曲线图，图 24. 6-56b 所示为机械手上使用心形凸轮的应用实例。

凸轮曲面的加工比较复杂，因此，在各种机械中使用电气装置、液压和气动装置或选择其他机构来实现复杂运动的比较多，而尽量不使用凸轮机构。

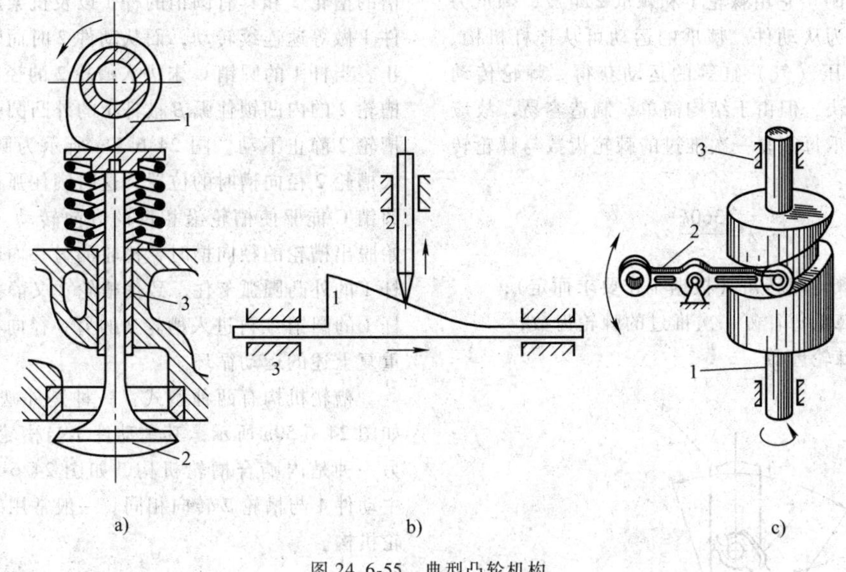

图 24.6-55　典型凸轮机构

a）盘形凸轮　b）移动凸轮　c）圆柱凸轮

1—凸轮　2—推杆　3—机架

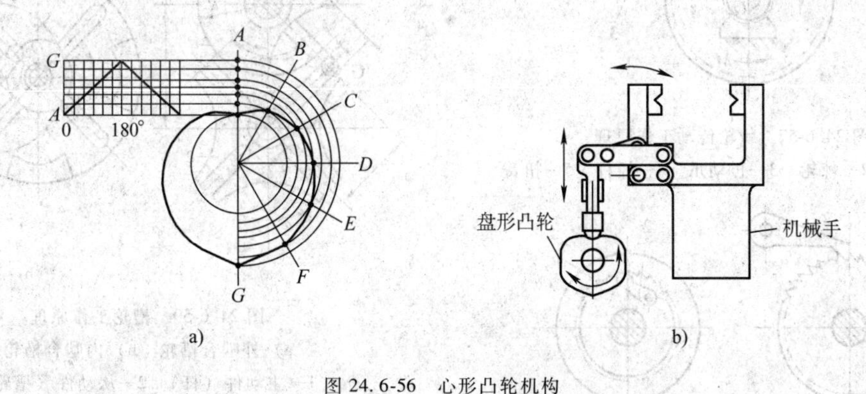

图 24.6-56　心形凸轮机构

a）心形机构　b）机械手的驱动

5.3　间歇机构

机电一体化系统中常用的间歇传动部件有：棘轮传动、槽轮传动和凸轮间歇运动等机构。这种传动部件可将原动机构的连续运动转换为间歇运动。其基本要求是移位迅速、移位过程中运动无冲击、停位准确可靠。

（1）棘轮传动机构

棘轮机构主要是由棘轮和棘爪组成的一种单向间歇运动机构，常用在各种机床和自动机构中间歇进给或回转工作台的转位上，也常用在千斤顶上。在自行车中，棘轮机构用于单向驱动；在手动绞车中，棘轮机构常用以防止逆转。由于其工作时常伴有噪声和振动，因此它的工作频率不能过高。其工作原理如图24.6-57所示。棘爪1装在摇杆4上，能围绕O_1点转动，摇杆空套在棘轮凸缘上做往复摆动。当摇杆（主动件）做逆时针方向摆动时，棘爪与棘轮2的齿啮合，克服棘轮轴上的外加力矩M，推动棘轮朝逆时针方向转动，此时止动爪3（或称止回爪、闸爪）在棘轮齿上打滑。当摇杆摆过一定角度而反向做顺时针方向摆动时，止动爪3把棘轮卡住，使其不致因外加力矩M的作用而随同摇杆一起做反向转动，此时棘爪1在棘轮齿上打滑而返回到起始位置。摇杆如此往复不停地摆动时，棘轮就不断地按逆时针方向间歇地转动。扭簧5用于帮助棘爪与棘轮齿啮合。

如图24.6-58所示，棘轮传动机构有外齿式（见

图 24.6-58a)、内齿式（见图 24.6-58b）和端齿式（见图 24.6-58c)。它由棘轮 1 和棘爪 2 组成，棘爪为主动件、棘轮为从动件。棘爪的运动可从连杆机构、凸轮机构、液压（气）缸等的运动获得。棘轮传动有噪声，磨损快，但由于结构简单，制造容易，故应用较广泛。棘爪每往复一次推过的棘轮齿数与棘轮转角的关系如下：

$$\lambda=\frac{360k}{z}$$

式中　λ——棘轮回转角（根据工作要求而定）；

k——棘爪每往复一次推过的棘轮齿数；

z——棘轮齿数。

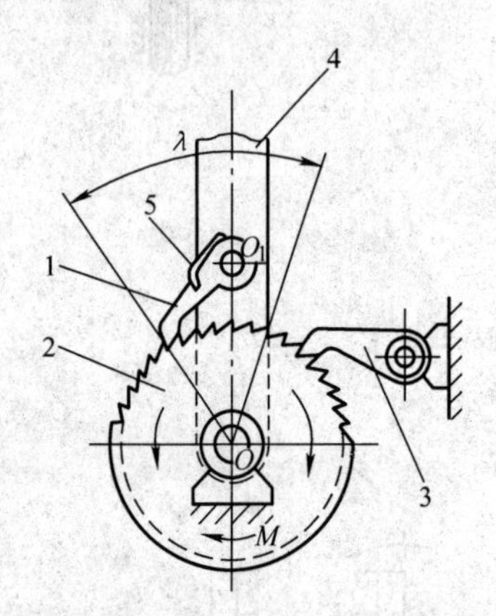

图 24.6-57　棘轮传动工作原理

1—棘爪　2—棘轮　3—止动爪　4—摇杆　5—扭簧

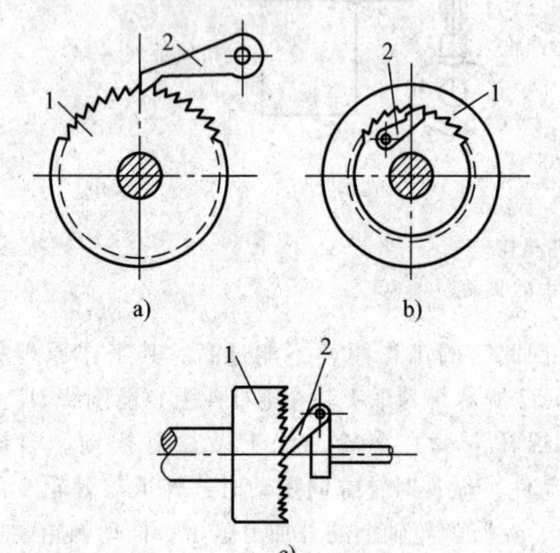

图 24.6-58　齿式棘轮机构的形式

a）外齿式　b）内齿式　c）端齿式

1—棘轮　2—棘爪

（2）槽轮传动机构

槽轮机构是由槽轮和圆柱销组成的单向间歇运动机构，又称马耳他机构。它常被用来将主动件的连续转动转换成从动件的带有停歇的单向周期性转动。图 24.6-59a所示为外啮合槽轮机构，它是由具有径向槽的槽轮 2 和具有圆销的杆 1 以及机架所组成。主动件 1 做等速连续转动，而从动件 2 时而转动，时而静止。当杆 1 的圆销 G 未进入槽轮 2 的径向槽时，由于槽轮 2 的内凹锁住弧 β 被杆 1 的外凸圆弧 α 卡住，故槽轮 2 静止不动。图 24.6-59a 所示为圆销 G 开始进入槽轮 2 径向槽时的位置，这时锁住弧被松开，因而圆销 G 能驱使槽轮沿相反的方向转动。当圆销 G 开始脱出槽轮的径向槽时，槽轮的另一内凹锁住弧又被杆 1 的外凸圆弧卡住，致使槽轮 2 又静止不转，直至杆 1 的圆销 G 再进入槽轮 2 的另一径向槽时，两者又重复上述的运动循环。

槽轮机构有两种型式：一种是外啮合槽轮机构，如图 24.6-59a 所示，其主动件 1 与槽轮 2 转向相反；另一种是内啮合槽轮机构，如图 24.6-59b 所示，其主动件 1 与槽轮 2 转向相同。一般常用的为外啮合槽轮机构。

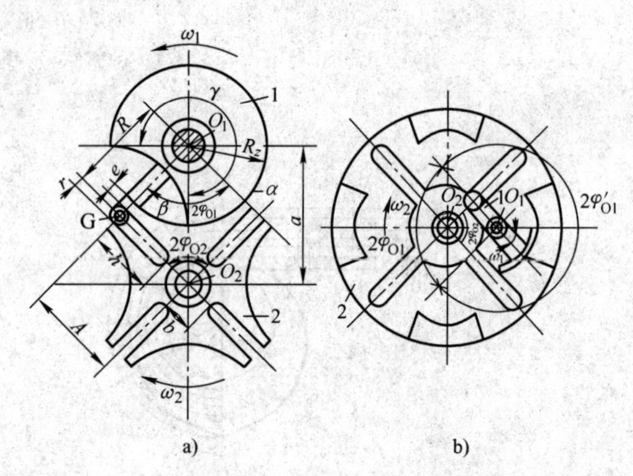

图 24.6-59　槽轮工作原理

a）外啮合槽轮　b）内啮合槽轮

1—主动件（杆）　2—从动件（槽轮）

槽轮机构结构简单，易加工，工作可靠，转角准确，机械效率高。但是其动程不可调节，转角不能太小，槽轮在起、停时的加速度大，有冲击，并随着转速的增加或槽轮槽数的减少而加剧，故不宜用于高速，多用来实现不需经常调节转位角度的转位运动。

（3）凸轮间歇运动机构

凸轮间歇运动机构主要作用是使从动杆按照工作要求完成各种复杂的运动，包括直线运动、摆动、等速运动和不等速运动。一般是由凸轮、从动件和机架三个构件组成高副机构。凸轮通常做连续等速转动，从动件根据使用要求设计使它获得一定规律的运动。如图 24.6-60a 所示，凸轮间歇运动机构由凸轮 1、转盘 2 及机架组成。转盘 2 端面上固定有圆周分布的若干滚子 3。当主动件（凸轮）转过曲线槽所对应的角

度 β 时，凸轮曲线槽推动滚子使从动件（转盘）转过相邻两滚子所夹的中心角 $2\pi/z$（其中 z 为滚子数）；当凸轮继续转过其余角度（$2\pi-\beta$）时，转盘静止不动。这样，当凸轮连续或周期性转动时，就可得到转盘的间歇转动，用以传递交错轴间的分度运动。

凸轮间歇运动机构一般有两种形式：一种是图 24.6-60 所示的圆柱凸轮间歇运动机构，凸轮呈圆柱形状，滚子均匀分布在转盘的端面上；另一种如图 24.6-61 所示，为蜗杆凸轮间歇运动机构，凸轮上有一条突脊犹如蜗杆，滚子则均匀分布在转盘的圆柱面上，犹如蜗轮的齿。这种凸轮机构可以通过调整凸轮与转盘的中心距来消除滚子与凸轮突脊接触的间隙或补偿磨损。

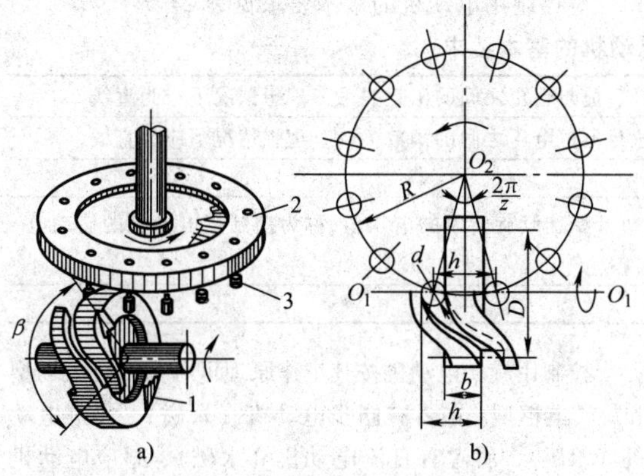

图 24.6-60　凸轮间歇运动机构
1—凸轮　2—转盘　3—滚子

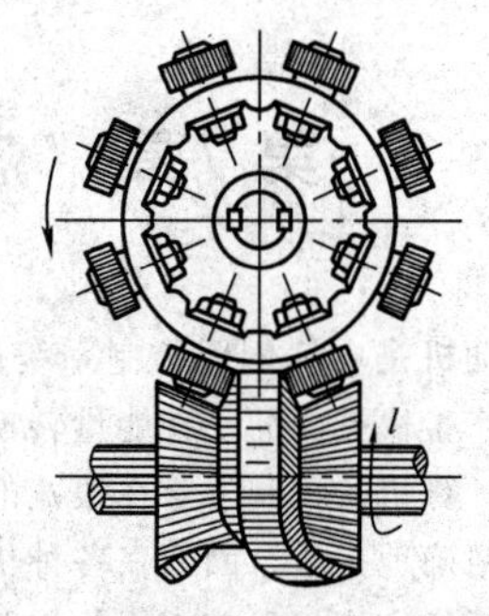

图 24.6-61　蜗杆凸轮间歇运动机构

凸轮间歇运动机构的优点是：运转可靠，传动平稳，转盘可以实现任何运动规律，以适应高速运转的要求；可以通过改变凸轮曲线槽所对应的 β 角，来改变转动与停歇时间的比值。在转盘停歇时，一般就依靠凸轮棱边进行定位，不需要附加定位装置，因此凸轮加工精度要求较高。

凸轮间歇运动机构常用于需要间歇地转位的分度装置中和要求步进动作的机械中，如多工位立式半自动机上工作盘的转位、轻工业中的火柴包装机、拉链嵌齿机的步进机构和电机硅钢片冲槽机的间歇机构等。这种机构可以实现复杂的运动要求，广泛用于各种自动化和半自动化机械机构中。

第7章　常用控制用电动机及其驱动

控制用电动机是电气伺服控制系统的动力部件。它是利用电能产生机械能的一种能量转换装置。由于它们可在上位计算机的控制下，在很宽的速度和负载范围内连续而精确地工作，因而在各种机电一体化系统中得到了广泛的应用。目前常用的控制用电动机有直流电动机、交流异步电动机、交流同步电动机、步进电动机和直线电动机等，可根据它们的性能特点应用于不同的机电一体化产品中。

控制用电动机一般根据其原理的不同，通过调节电枢电压、电流，以及通电相序来控制电动机的运行速度、输出力矩、运行方向等。控制用电动机的控制目标一般有位置、速度和输出力矩三种。控制用电动机一般不单独使用，而是配套相应的驱动装置一起使用。驱动装置是通过接收计算机信号改变电动机电枢电压、电流来实现对电动机控制的系统。

1　对控制用电动机的基本要求

对控制用电动机的基本要求见表 24.7-1。

表 24.7-1　对控制用电动机的基本要求

机械特性	机械特性是指在一定的电枢电压条件下,电动机转速与转矩之间的函数关系。理想情况下应为直线
调节特性	调节特性是指在一定的转矩条件下,电动机转速与电枢电压之间的函数关系。理想情况下应为直线
调速范围	电动机转速范围,最低转速与最高转速的比值
空载使动电压	当电动机空载时,控制电压开始缓缓增加,电动机开始连续旋转时的电压值,称为控制用电动机的使动电压。空载使动电压越低,说明电动机越灵敏
尺寸要求	功率体积比大

2　控制用电动机的种类、特点及选用

不同的应用场合，对控制用电动机的性能密度的要求也有所不同。对于起停频率低（如几十次/min），但要求低速平稳和转矩脉动小，高速运行时振动、噪声小，在整个调速范围内均可稳定运动的机械，如数控机械的进给运动、机器人的驱动系统，其功率密度是主要的性能指标；对于起停频率高（如数百次/min），但不特别要求低速平稳性的产品，如高速打印机、绘图机、打孔机、集成电路焊接装置等，主要的性能指标是高比功率。在额定输出功率相同的条件下，交流伺服电动机的比功率最高，直流伺服电动机次之，步进电动机最低。

控制用旋转电动机按其工作原理可分为旋转磁场型和旋转电枢型。前者有同步电动机（永磁）、步进电动机（永磁），后者有直流电动机（永磁）、感应电动机（按矢量控制等效模型），具体分类见表 24.7-2。

表 24.7-2　常用控制用电动机分类

直流伺服电动机	永磁直流伺服、无槽铁枢型、空心杯电枢型、印制绕组型
交流伺服电动机	同步型、感应型(异步型)
步进电动机	反应式、永磁式、混合式
直接驱动电动机	直流力矩电动机、变磁阻电动机

不同种类的电动机特点不同，使用时可按表 24.7-3 的原则选择。

表 24.7-3　常用控制用电动机的选用原则

<table>
<tr><td rowspan="5">直流伺服电动机</td><td>永磁直流伺服电动机</td><td>一般的直流伺服系统</td><td rowspan="7">可采用位置闭环控制,用于要求高精高速的机电一体化产品</td></tr>
<tr><td>无槽电枢直流伺服电动机</td><td>需要快速动作、功率较大的伺服系统</td></tr>
<tr><td>空心杯电枢直流伺服电动机</td><td>需要快速动作的伺服系统</td></tr>
<tr><td>印制绕组直流伺服电动机</td><td>低速运行和起动、反转频繁的系统</td></tr>
<tr><td>无刷直流伺服电动机</td><td>家用电器、电动车、机器人等</td></tr>
<tr><td rowspan="2">交流伺服电动机</td><td>同步型</td><td>常用于位置伺服系统,如数控机床的进给系统、机器人关节伺服系统及其他机电一体化产品的运动控制。功率一般在数十瓦到数十千瓦</td></tr>
<tr><td>异步型</td><td>主要用于需要以恒功率扩展调速范围的大功率调速系统中。目前,西门子异步型交流伺服电动机达到 630kW</td></tr>
</table>

（续）

步进电动机	反应式	成本低，动态性能要求不高	用于开环系统，精度和速度要求不高、成本要求低的机电一体化产品
	永磁式	步距角大，动态性能要求较高	
	混合式	步距角小，动态性、力矩性能要求较高	

3　直流伺服（DC）电动机与驱动

直流电动机以其调速性能好、起动转矩大等优点，在相当长的一段时间内，在电动机调速领域占据着很重要的位置。随着电力电子技术的发展，特别是在大功率电力电子器件问世以后，直流电动机调速将有逐步被交流电动机调速所取代的趋势。但在中、小功率的机电一体化应用场合，常使用永磁直流电动机进行调速。该类直流电动机采用永磁材料励磁，调速时只需对电枢回路进行控制，相对比较简单。

3.1　直流电动机调速原理及调速特性

以他励直流电动机为例说明直流电动机调速原理。他励直流电动机的电路原理图如图 24.7-1 所示。图中，电枢电路串接电阻 R_{ad}，电枢内阻为 R_a，电枢总电阻 $R=R_{ad}+R_a$。

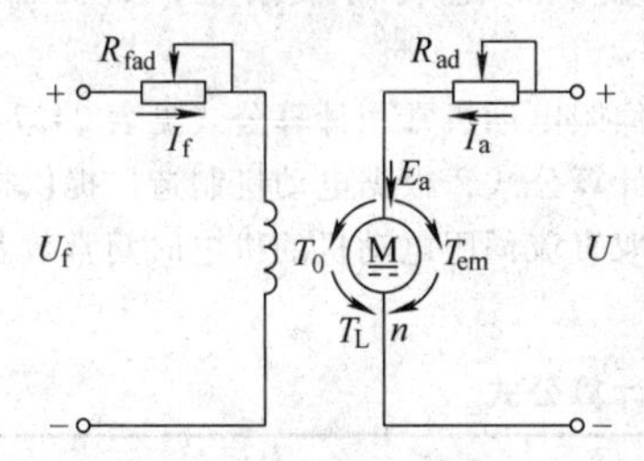

图 24.7-1　他励直流电动机电路原理图

由图 24.7-1 可知，直流电动机的电压平衡方程为

$$U_a=E_a+RI_a \tag{24.7-1}$$

式中　U_a——电枢电压；

I_a——电枢电流；

E_a——感应电动势。

感应电动势 $E_a=C_e n$，其中，C_e 为直流电动机的感应电动势系数，与每极磁通 Φ 成正比。因此，直流电动机的转速特性为

$$n=\frac{U_a-I_aR}{C_e}=\frac{U_a-I_aR}{k\Phi} \tag{24.7-2}$$

由直流电动机的转速特性可知，直流电动机的调速方法有两种：

1）改变电枢端电压 U_a。

2）改变每极磁通 Φ。

这两种调速方法的特点如下：

（1）改变电枢端电压调速

由直流电动机转速特性可知，如果保持磁通 Φ 不变，改变电动机的电枢电压 U_a，则理想空载转速随电枢电压的变化而变化，而机械特性斜率保持不变，因而可以得到一簇平行线，如图 24.7-2 所示。由于提高电枢电压受到绕组绝缘耐压的限制，因此改变 U_a 应该用在降压的方向，也就是从电动机的额定转速向下调速。这种在额定转速以下改变电枢电压的调速方式是目前直流调速系统采用的主要调速方案，尤其对于永磁式直流电动机，这是唯一的调速方式。在调速过程中，若保持电枢电流 I_a 不变，则电动机的输出转矩将保持不变，故改变电枢电压的调速为恒转矩调速，一般用于恒转矩负载的调速。

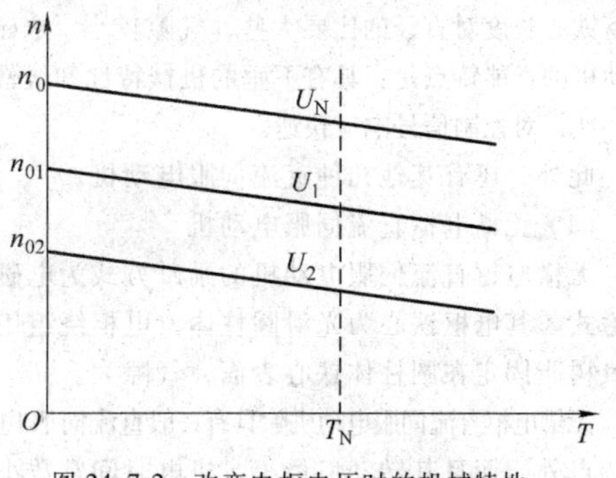

图 24.7-2　改变电枢电压时的机械特性

U_N—额定电压　T_N—额定转矩

（2）改变每极磁通调速

由直流电动机转速特性可知，如果保持电枢电压 U_a 不变，减弱磁通 Φ，则理想空载转速随着磁通的减弱而增加，同时，机械特性的斜率也增加，如图 24.7-3 所示。弱磁调速一般只用在调压调速所不能达到的额定转速以上的调速情况。对于普通电动机，弱磁调速的调速范围很小，一般不能超过 2 倍。在调速过程中，若保持电枢电流 I_a 不变，则电动机的输出功率保持不变，故弱磁调速为恒功率调速，一般应用于恒功率负载。

3.2　永磁直流电动机伺服系统

永磁直流电动机系指以永磁材料获得励磁磁场的一类直流电动机。

永磁直流电动机具有体积小、转矩大、力矩和电流成比例、伺服性能好、反应迅速、功率体积比大、功率重量比大、稳定性好等优点。目前永磁直流电动机伺服系统是最重要的一种电气伺服系统。永磁直流电动机伺服系统广泛应用于办公自动化（OA）、工厂自动

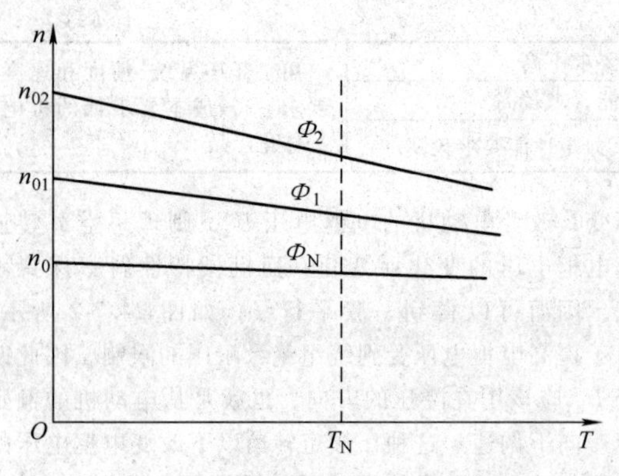

图 24.7-3 改变磁通时的机械特性
Φ_N—额定磁通 T_N—额定转矩

化（PA）、国防和航天工业、家电产品、仪器仪表等领域，是机电一体化产品的一种重要的执行元件。

永磁直流电动机的结构与一般直流电动机相似，但电枢铁心长度对直径的比要大些，气隙较小。永磁直流电动机的性能特点是：具有下垂的机械特性和线性的调节特性，对控制信号响应快速。

此外，还有其他几种直流伺服电动机。

（1）无槽电枢直流伺服电动机

无槽电枢直流伺服电动机的励磁方式为电磁式或永磁式。其电枢铁心为光滑圆柱体，电枢绕组用耐热环氧树脂固定在圆柱体铁心表面，气隙大。

无槽电枢直流伺服电动机除具有一般直流伺服电动机的特点外，而且其转动惯量小，机电时间常数小，换向性能良好，一般用于需要快速动作、功率较大的伺服系统中。

（2）空心杯电枢直流伺服电动机

空心杯电枢直流伺服电动机的励磁方式采用永磁式，其电枢绕组用环氧树脂浇注成杯形，空心杯电枢内外两侧均由铁心构成磁路。

空心杯电枢直流伺服电动机除具有一般直流伺服电动机特点外，而且其转动惯量小，机电时间常数小，换向性能好，低速运转平滑，快速响应性好，寿命长，效率高。

空心杯电枢直流伺服电动机适用于需要快速动作的电气伺服系统，如在机器人的腕、臂关节及其他同精度要求伺服系统中作为伺服电动机。

（3）印制绕组直流伺服电动机

印制绕组直流伺服电动机的励磁方式采用永磁式，在圆形绝缘薄板上印制裸露的绕组构成电枢，磁极轴向安装，具有扇面形极靴。

印制绕组直流伺服电动机换向性能好，旋转平稳，机电时间常数小，具有快速响应特性，低速运转性能好，能承受频繁的换向运转，适用于低速和起动、反转频繁的电气伺服系统，如机器人关节控制。

直流伺服电动机常用计算公式见表 24.7-4。按表中所列的计算公式，根据电动机制造厂提供样本中的数据可求取直流伺服电动机的机电时间常数及其传递函数。

表 24.7-4 直流伺服电动机常用计算公式

项 目	计算公式	备 注
输入功率 P_1/W	$P_1=UI$	U—输入电压(V) I—电枢电流(A)
输出功率 P_2/W	$P_2=0.105T_n n$	T_n—输出转矩(N·m) n—转速(r/min)
输出转矩 T_n/N·m	$T_n=9.545P_2/n$	
阻尼系数 D/[N·m/(rad/s)]	$D=T_d/\omega_0$	T_d—堵转转矩(N·m) ω_0—空载角速度(rad/s)
理论堵转加速度 A_d/(rad/s^2)	$A_d=T_d/J$	J—转动惯量(kg·m^2)
传递函数 $F(s)$	$F(s)=\dfrac{\omega(s)}{U(s)}=\dfrac{1/K_T}{s(1+\tau_j s)}$	s—拉氏变换算符 K_T—转矩常数,$K_T=T_n/I$ τ_j—电动机时间常数

3.3 直流伺服电动机驱动

直流伺服电动机为直流供电，为调节电动机转速和方向，需要对其直流电压的大小和方向进行控制。目前常用晶体管脉宽调速驱动和晶闸管直流调速驱动两种方式。

（1）晶闸管调速驱动

晶闸管直流调速驱动主要是应用在大型直流电动机中，可以实现数千千瓦的直流电动机调速。变流器中晶闸管的换相只通过自然换相或电网换相即可实现。当一个投入的“晶闸管”开通时，另一个已开通的晶闸管立即受到反向偏置而被关断。换向过程不需要附加电路。由于晶闸管中的损耗极小，这种变流器的电力变换效率高达 95%以上，因此，相控变流器既简单又经济，在工业中得到了广泛应用。

全控变流器驱动的直流电动机控制系统的电压与电流波如图 24.7-4 所示。图中所标志的晶闸管开通

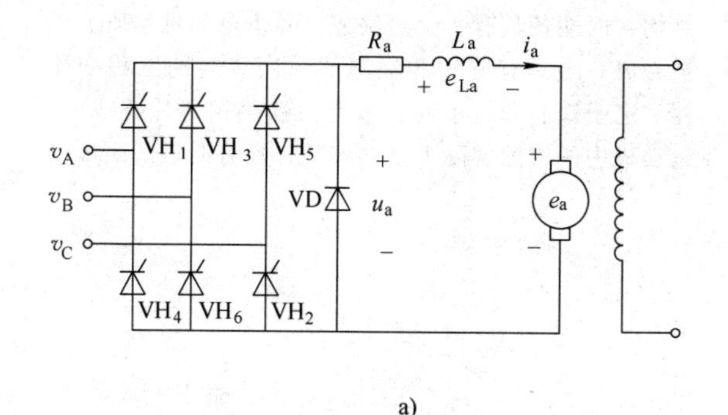

a)

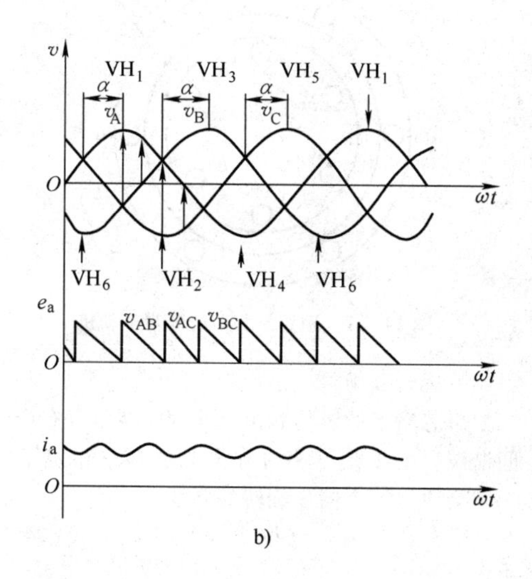

b)

图 24.7-4　全控变流器驱动的直流电动机控制系统的电压与电流波
a）主电路　b）电压和电流波形

角 α 为 60°。晶闸管以 60°的间隔按次序开通，电动机每周 6 个脉冲。当 $\omega t=\pi/6+\alpha$ 时，VH_1 开通，而在此之前 VH_6 已被开通了。因此，当 A 相电压波形在 $\pi/6+\alpha<\omega t<\pi/6+\alpha+\pi/3$ 区间时，晶闸管 VH_1 和 VH_6 导通，电动机端子与 A 相和 B 相接通，故 $u_a=v_{AB}$。当 $\omega t=\alpha+\pi/3$ 时，晶闸管 VH_2 开通，电流流经 VH_2，而 VH_6 由于受反向偏置而关断（自然或电网换向）。这时 VH_1 和 VH_2 导通，电动机两端电压 $u_a=v_{AC}$。这样，当每隔 60°又有一只晶闸管被开通之后，重复上述过程。

由于晶闸管本身的工作原理和电源的特点，导通后是利用交流（50Hz）过零来关闭的，因此，在低整流电压时，其输出是很小的尖峰值（三相全控时每秒 300 个）的平均值，从而造成电流的不连续。

（2）PWM 控制的晶体管调速驱动系统

脉宽调制（PWM）直流调速驱动系统原理如图 24.7-5 所示。当输入一个直流控制电压 U 时就可得到一定宽度与 U 成比例的脉冲方波来给伺服电动机电枢回路供电，通过改变脉冲宽度来改变电枢回路的平均电压，从而得到不同大小的电压值 U_a，使直流电动机平滑调速。设开关 S 周期性地闭合、断开，开和关的周期是 T。在一个周期 T 内，闭合的时间是 τ，断开的时间是 $T-\tau$。若外加电源电压 U 为常数，则电源加到电动机电枢上的电压波形是一个方波列，其高度为 U，宽度为 τ，则一个周期内电压的平均值为

$$U_a = \frac{1}{T}\int_0^{\tau} U\mathrm{d}t = \frac{\tau}{T}U = \mu U \quad (24.7\text{-}3)$$

式中　μ——导通率，又称占空系数，$\mu=\tau/T$。

当 T 变小时，只要连续地改变 τ（0~T）就可以连续地使 U_a 由 0 变化到 U，从而达到连续改变电动机转速的目的。实际应用的 PWM 系统，采用大功率晶体管代替开关 S，其开关频率一般为 2000Hz，即

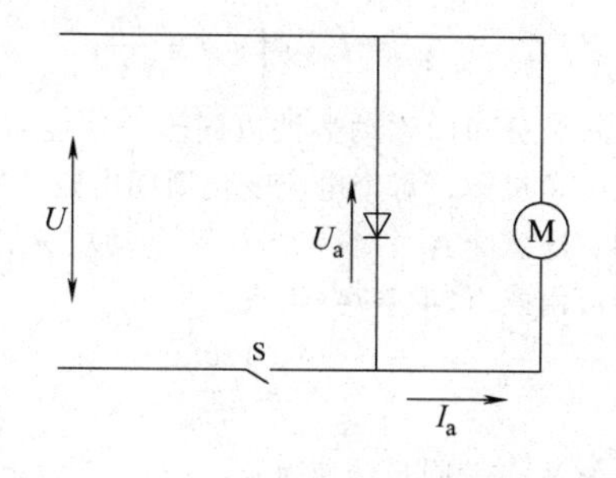

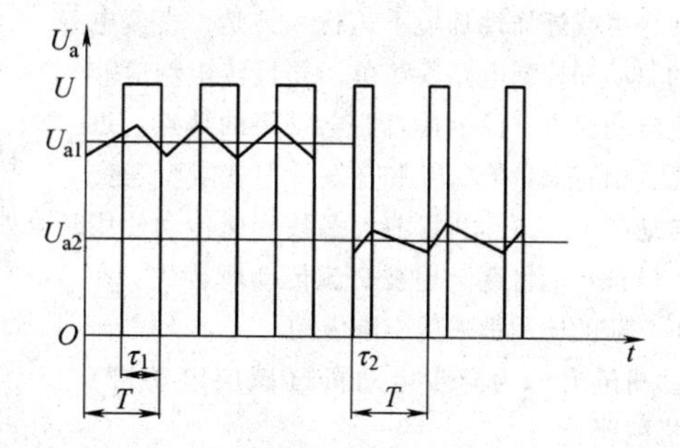

图 24.7-5　PWM 直流调速驱动系统原理图

$T=0.5$ms，它比电动机的机械时间常数小得多，故不至于引起电动机转速脉动。常选用的开关频率为 500~2500Hz。图中的二极管为续流二极管，当 S 断开时，由于电感 L_a 的存在。电动机的电枢电流 I_a 可通过它形成回路而继续流动，因此尽管电压呈脉动状，而电流还是连续的。

直流电动机多采用全桥式电路来实现双向调速。其工作原理如图 24.7-6 所示。全桥由四个大功率晶体管 $VT_1 \sim VT_4$ 组成。通过在四个大功率晶体管的基极施加控制信号，即可控制直流电动机的速度和方向。全桥驱动方法见表 24.7-5。

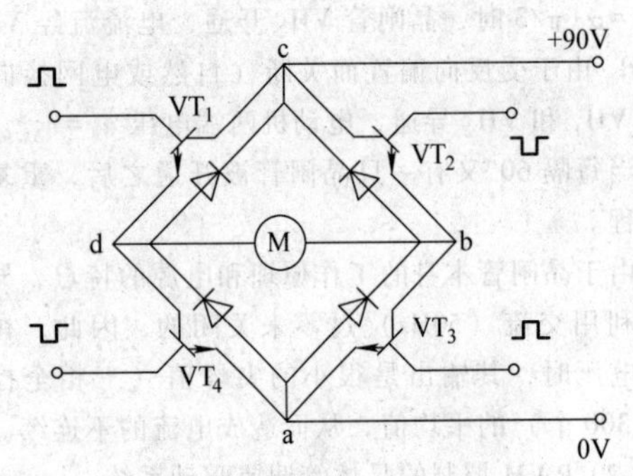

图 24.7-6　直流电动机全桥式电路双向调速原理图

表 24.7-5　直流电动机全桥驱动方法

序号	晶体管	电流流向	电动机转向	调速方法
1	VT_1、VT_3 导通 VT_2、VT_4 截止	d→M→b	正向	改变 VT_1 的 PWM 信号的占空比,可以改变正转速度
2	VT_1、VT_3 截止 VT_2、VT_4 导通	b→M→d	反向	改变 VT_2 的 PWM 信号的占空比,可以改变反转速度

4　交流伺服电动机与驱动

工业传动应用通常分为恒速和变速传动两类。传统上，恒速传动使用由恒定频率正弦电源供电的交流电动机，而变速传动首选直流电动机。直流电动机的缺点是：价格高，转子惯性大，以及具有由换向器和电刷带来的维护问题。另外，换向器和电刷还限制了电动机转速和峰值电流，引起电磁兼容的问题，并且不允许电动机在恶劣或爆炸性环境下运行。但是，直流电动机传动用的驱动和控制电路很简单，并且转矩响应非常迅速。交流电动机没有像上述直流电动机的缺点。近年来，我们已看到有大量的研究和开发针对变频变速交流电动机的传动技术。虽然，目前大多数变速传动使用直流电动机，但是它们将逐渐地被交流传动所替代。在大多数情况下，新的应用都采用交流传动。

交流电动机通常分为异步电动机（感应电动机）和同步电动机两类。

4.1　交流异步电动机

4.1.1　工作原理

如图 24.7-7 所示为一个理想的三相两极异步电动机。其中定子和转子的每相绕组由集中线圈表示。三相绕组，无论是星型连接还是三角连接，都按正弦分布嵌入在槽内。在绕线转子电动机中，转子绕组和定子绕组相似；而在笼型电动机中，转子是一个笼型结构，两端各具有一个短路环。异步电动机本质上可被看成一个具有旋转和短路的二次绕组的三相变压器。定子铁心和转子铁心都是由铁磁钢薄片叠成的；电动机中的气隙实际上是均匀的，没有明显的磁极。

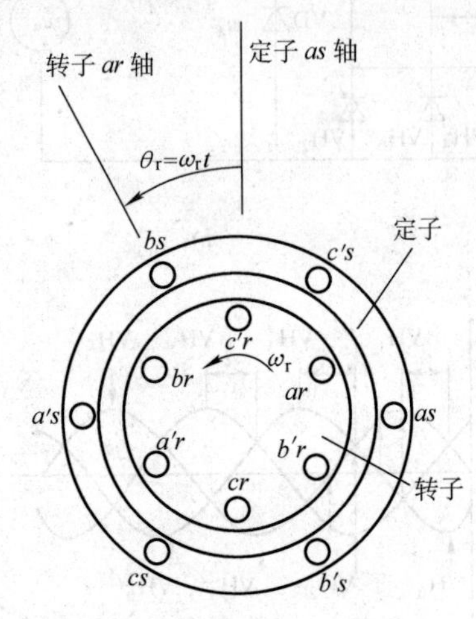

图 24.7-7　理想三相两极异步电动机

（1）旋转磁场

如果忽略槽的影响和由于非理想绕组分布产生的空间谐波，把正弦三相对称电源加到三相定子绕组上，则会建立一个同步旋转的磁场。

考虑三相正弦电流按式（24.7-4）~式(24.7-6)给出：

$$i_a = I_m \cos\omega_e t \tag{24.7-4}$$

$$i_b = I_m \cos\left(\omega_e t - \frac{2\pi}{3}\right) \tag{24.7-5}$$

$$i_c = I_m \cos\left(\omega_e t + \frac{2\pi}{3}\right) \tag{24.7-6}$$

正弦分布的磁动势波以同步角速度 ω_e 旋转。在两极电动机中，每个电流变化周期中磁动势完成一次旋转。这意味着，对一个 P 极电动机来说，磁动势转速可由式（24.7-7）给出：

$$N_e = \frac{120 f_e}{P} \tag{24.7-7}$$

式中　N_e——同步转速（r/min）；

f_e——定子频率（Hz），$f_e = \omega_e / 2\pi$。

（2）转矩的产生

若初始时，转子处于静止状态，磁场将从转子导条上扫过，从而在短路的转子电路中感应出相同频率的电流。气隙磁链和转子磁动势相互作用产生转矩。

当电动机以同步转速运行时，转子中不会产生任何感应，因此，不会产生转矩。在任何其他转速时，会感应出转子电流，转子在同旋转磁场相同的方向上运行，以减小感应电流（楞次定律）。

（3）等效电路

图 24.7-8 所示为一个类似变压器电路的异步电动机等效电路。同步旋转气隙磁动势波产生反电动势（CEMF）U_m，然后在转子相绕组中被转换成转差电压 $U_r'=nsU_m$。其中，n 是转子对定子的匝数比，s 是转差率。由于定子电阻 R_s 和定子漏电感 L_{ls} 上的电压降，定子端电压 U_s 与反电动势 U_m 不同。励磁电流 I_0 由两个分量组成：铁损分量 $I_c=U_m/R_m$ 和磁化分量 $I_m=U_m/(\omega_e L_m)$。式中，R_m 是铁损等效电阻，L_m 是磁化电感。转子感应电压 U_r' 产生转子感应电流 I_r' 频率为转差频率 ω_{s1}，其大小受到转子电阻 R_r' 和漏电抗 $\omega_{s1}L_{lr}'$ 的限制。定子电流 I_s 由励磁电流 I_0 和转子反射电流 I_r 构成。

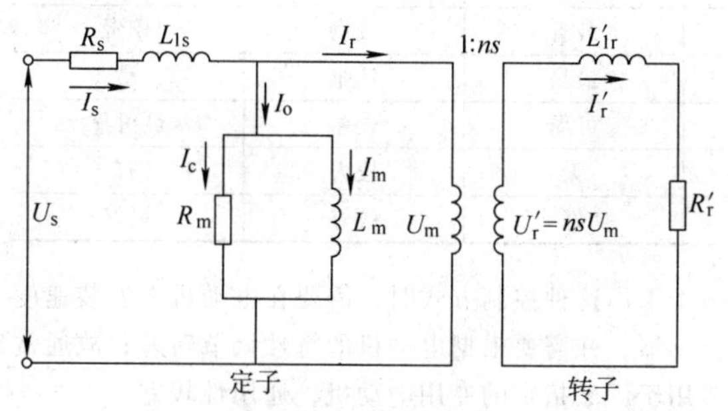

图 24.7-8　异步电动机等效电路图

4.1.2　异步电动机的运行特性

三相异步电动机定子加额定电压、额定频率，转子回路本身直接短路，定转子回路不另串电阻或电抗，这种情况下电动机的机械特性叫固有机械特性，如图 24.7-9 所示。图中画出了同一台异步电动机的两条固有机械特性，其中一条是基波磁通势正转时的机械特性，见曲线 1；另一条是基波磁通势反转时的机械特性，见曲线 2。

现以正转的那条固有机械特性为例，介绍特性曲线上的几个特殊点。

（1）起动点 Q

对应该点的转速 n 为 0（$j=1$），其电磁转矩就是堵转转矩 T_R，定子电流为堵转电流 I_q。

（2）额定工作点 N

对应该点的转速是额定转速 n_N，转差率为额定转差率 s_N，电磁转矩为额定转矩 T_N，电流为额定电流 I_N。

（3）同步工作点 H

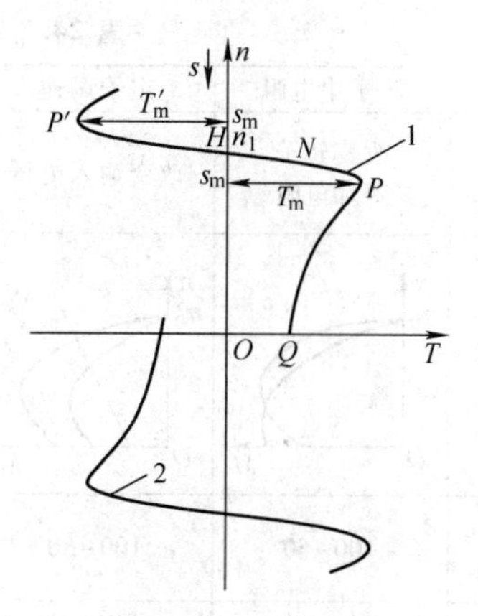

图 24.7-9　交流异步电动机固有机械特性

对应这一点的转速为同步转速 n_1（$s=0$），电磁转矩 $T=0$，定子电流为励磁电流 I_0，转子绕组里没有电流。在没有原动机拖动的情况下，异步电动机不可能运行于该点。

（4）最大电磁转矩点 P 和 P'

其中 P 点是电动状态时的最大电磁转矩点，P' 点是异步发电（回馈制动）状态时的最大电磁转矩点。如果忽略定子电阻的影响时，$T_m'=T_m$。

4.1.3　性能指标

交流伺服异步电动机性能指标见表 24.7-6。

表 24.7-6　交流伺服异步电动机性能指标

调速范围	低档的伺服系统调速范围在 1∶1000 以上，一般为 1∶5000~1∶10000，高性能的可以达到 1∶100000 以上
定位精度	达到±1 个脉冲
稳速精度	尤其是低速下的稳速精度，比如给定 1r/min 时，一般为 ±0.1r/min，高性能的可以达到±0.01r/min
动态响应	通常衡量的指标是系统最高响应频率，即给定最高频率的正弦速度指令，系统输出速度波形的相位滞后不超过 90°或者幅值不小于 50%
稳定性	主要是指系统在电压波动、负载波动、电动机参数变化、上位控制器输出特性变化、电磁干扰，以及其他特殊运行条件下，维持稳定运行并保证一定的性能指标的能力

4.1.4　交流异步伺服电动机的驱动与控制

目前所说的交流调速传动，主要是指采用电子式交流电动机的变频调速传动。除变频调速以外的某些简单的调速方式，如变极调速、定子调压调速、转差离合器调速等，虽然仍在某些特定场合有一定的应用，但由于其调速传动性能较差，终将会被变频调速传动所取代。表 24.7-7 列出了传统简单调速方法与

表 24.7-7　交流异步电动机调速方法对比

调速方案	转子串电阻	定子调速	电磁调速	变极调速	串级调速	变频调速
调速方式	改变转子附加电阻	改变输入电压	$n\propto f(I_d)$改变励磁电流	$n=60f(1-s)/P$ 变极对数 P	$n=1-k\cos\beta$ $(k=1-s)$改变逆变角	$n=60f(1-s)/P$ 改变电网频率和电压
机械特性	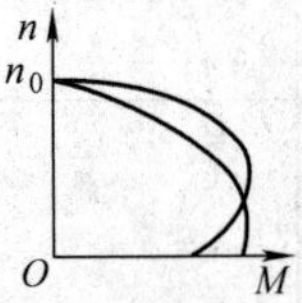 n, n_0, O, M	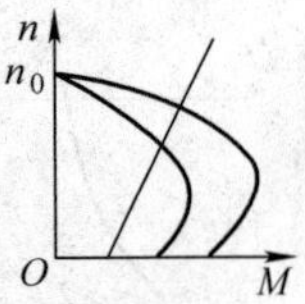 n, n_0, O, M	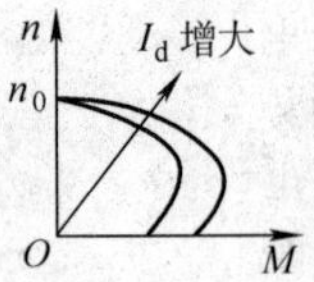 n, n_0, I_d增大, O, M	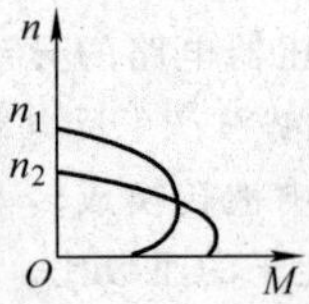 n, n_1, n_2, O, M	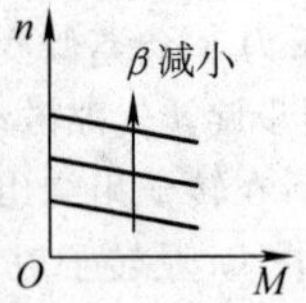 n, β减小, O, M	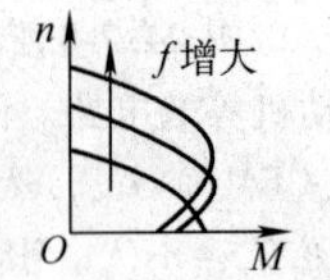 n, f增大, O, M
调速范围(%)	100~50	100~80	97~20	100、50、0	100~40	100~0
节能效果	一般 $\eta=1-s$	一般 $\eta=1-s$	一般 $\eta=1-s$	优、η优	一般	优、η优
功率因数	优	良好	良好	良好	差	优
快速性	差	快	快	快	快	快
故障处理	停车处理	可投工频	停车处理	停车处理	停车处理	不停车投工频
使用范围	新老企业	新老企业	新建企业	新建企业	新企业	新老企业
外围要求	绕线电动机	无	电磁离合器	无	绕线电动机	无
初投资	较省	省	省	最省	较贵	较贵
维护保养	易	易	较易	最易	较难	易
可靠性	可靠	可靠	一般	可靠	较差	最可靠
对电网干扰	无	大	无	无	较大	有
性能	好	不好	一般	好	较好	最好

变频调速的对比。在机电一体化产品中所谓的交流异步伺服电动机即指采用变频调速方法的交流异步电动机。一般交流异步伺服电动机都是配合变频器一起使用，主要应用在速度控制的领域。

交流异步伺服电动机的变频控制方法（见表24.7-8）根据工作原理可以分为以下三种：

（1）U/f 控制变频器

U/f（电压和频率的比）控制是一种比较简单的控制方式。它的基本特点是对变频器输出的电压和频率同时进行控制，通过使 U/f 的值保持一定而得到所需的转矩特性。采用 U/f 控制方式的变频器控制电路成本较低，多用于对精度要求不太高的通用变频器。

（2）转差频率控制变频器

转差频率控制方式是对 U/f 控制的一种改进。在采用这种控制方式的变频器中，电动机的实际速度由安装在电动机上的速度传感器和变频器控制电路得到，而变频器的输出频率则由电动机的实际转速与所需转差频率的和被自动设定，从而达到在进行调速控制的同时控制电动机输出转矩的目的。

转差频率控制是利用了速度传感器的速度闭环控制，并可以在一定程度上对输出转矩进行控制，所以和 U/f 控制方式相比，在负载发生较大变化时，仍能达到较高的速度精度和具有较好的转矩特性。但是，由于采用这种控制方式时，需要在电动机上安装速度传感器，并需要根据电动机的特性调节转差，故通常多用于厂家指定的专用电动机，通用性较差。

（3）矢量控制变频器

矢量控制理论是20世纪70年代发展起来的针对交流电动机的一种新的控制思想和控制技术，也是交流电动机的一种理想的调速方法。矢量控制的基本思想是将异步电动机的定子电流，分为产生磁场的电流分量（励磁电流）和与其相垂直的产生转矩的电流分量（转矩电流），并分别加以控制。由于在这种控制方式中，必须同时控制异步电动机定子电流的幅值和相位，即控制定子电流的矢量，所以这种控制方式被称为矢量控制方式。

矢量控制方式使对异步电动机进行高性能的控制成为可能。采用矢量控制方式的交流调速系统，不仅在调速范围上可以与直流电动机相匹敌，而且可以直接控制异步电动机产生的转矩，所以已经在许多需要进行精密控制的领域得到了应用。

由于在进行矢量控制时，需要准确地掌握交流电动机的有关参数，故这种控制方式过去主要用于厂家指定的变频器专用电动机的控制。但是，随着变频调速理论和技术的发展，以及现代控制理论在变频器中的成功应用，目前在新型矢量控制变频器中已经增加了自整定功能。带有这种功能的变频器，在驱动异步电动机进行正常运转之前，可以自动地对电动机的参数进行辨识，并根据辨识结果调整控制算法中的有关参数，从而使得对普通的异步电动机进行有效的矢量控制也成为可能。

目前，国内外变频器生产单位生产出的新型变频器，绝大多数都采用第三代的 IGBT（绝缘栅双极型三极管）半导体元器件和无速度传感器矢量控制技术，应用高级的控制算法设计完善的保护功能，使交流电动机在任何速度下都能获得超常的转矩和低噪声、高效率、平稳的运行，实现节约能源、提高产品质量、增加产品数量的目的。

表 24.7-8　交流异步电动机变频调速方法对比

		U/f 控制	转差频率控制	矢量控制
基本控制框图		n RANP f U VPAT 变频器 M	n SC f U VPAT 变频器 n S.S M	n SC 运算控制 CL 变频器 n_{1b} S.S M
加减速特性		急加、减速控制有限度，4 象限运转时在零速度附近有空载时间，过电流抑制能力小	急加、减速控制有限度（比 U/f 控制有提高），4 象限运转时通常在零速度附近有空载时间，过电流抑制能力中	急加、减速时的控制无限度，可以进行连续 4 象限运转，过电流抑制能力大
速度控制	范围	1∶10	1∶20	1∶100 以上
	响应	5~10rad/s	5~10rad/s	30~100rad/s
	控制精度	根据负载条件转差率频率发生变动	与速度检查精度、控制运算精度有关	模拟最大值的 0.5%，数字最大值的 0.05%
转矩控制		原理上不可能	除车辆调速外，一般不适用	适用
通用性		基本上不需要因电动机特性差异进行调整	需要根据电动机特性给定转差频率	按电动机不同的特性，需要给定磁场电流、转矩电流和转差频率等多个控制量
控制构成		最简单	较简单	稍复杂

4.2　交流同步电动机

4.2.1　同步电动机工作原理

同步电动机是以同步转速旋转的，也就是说，转速只与电源频率相关。在调速传动应用中，它是异步电动机的重要竞争者，这两种电动机类型在许多方面都很相似。

（1）绕线式同步电动机

图 24.7-10 所示为一台理想的三相两极绕线式同步电动机。同步电动机的定子绕组与异步电动机的相同，但是转子上带有一个通直流电流的绕组，这个通直流的绕组在气隙中产生磁链，定子感应的旋转磁场在这个磁链的作用下使转子随其一起旋转。直流励磁电流由静态整流器通过滑环和电刷，或通过无刷励磁供给转子。由于转子总是以同步转速运动，所以同步旋转的 $d^e—q^e$ 轴固定在转子上，如图 24.7-10 所示。d^e 轴对应于 N 极，在转子中不受定子感应影响。转子的磁动势由励磁绕组提供是唯一的，这使得电动机在定子端可以以任意功率因数运行，即超前、滞后或单位功率因数。而与其不同的是，在异步电动机中，转子励磁由定子提供，这使得电动机功率因数总是滞后。

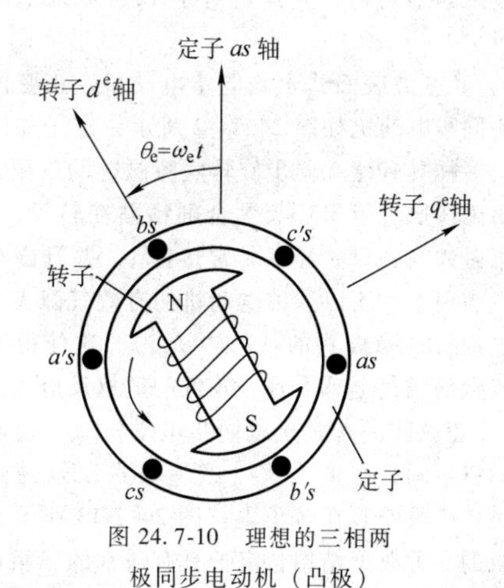

图 24.7-10　理想的三相两极同步电动机（凸极）

（2）同步磁阻电动机

除了转子上没有任何励磁绕组外，同步磁阻电动机的理想结构与图 24.7-11 所示的凸极式同步电动机完全相同。它的定子具有两相对称绕组，可以在气隙中建立正弦旋转磁场，由于转子中磁场趋向于使转子在最小磁阻的位置上对准定子磁场，因此形成了磁阻转矩。

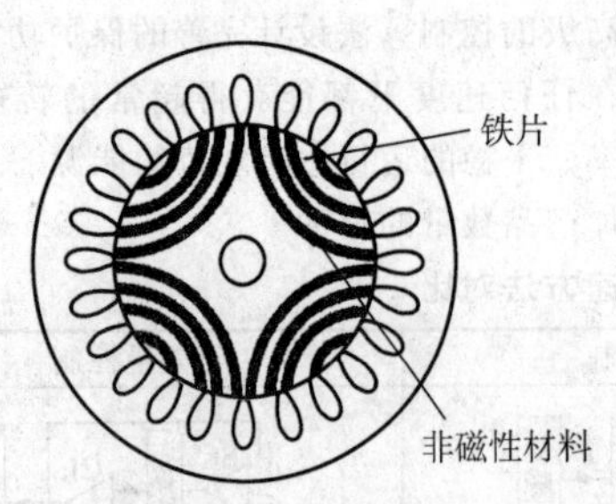

图 24.7-11 同步磁阻电动机横截面

与异步电动机相比，磁阻电动机稍重一些，而且具有较低的功率因数。通过适当设计，磁阻电动机的性能可以接近于异步电动机。对于高凸极比（L_{ds}/L_{qs}），功率因数可达到 0.8。因为没有转子铜耗，磁阻电动机的效率可能会高于异步电动机。由于内在的简单性、结构的坚固性和低成本，磁阻电动机已经广泛地用于许多低功率场合。

（3）永磁同步电动机

在永磁同步电动机中，转子的直流励磁绕组被永磁体取代。这样做的优点是消除了励磁铜耗，使功率密度更高、转子惯性更低和转子结构更加坚固。缺点是损失了励磁磁链控制的灵活性和可能会出现的退磁效应。永磁同步电动机的效率要高于异步电动机，但是通常它的成本更高。永磁电动机在工业上得到了广泛应用，尤其是在低功率范围。最近，人们对它们的应用越来越感兴趣，尤其是对于 100kW 以下的永磁电动机。

1）正弦波表面式永磁同步电动机。正弦波表面式永磁同步电动机如图 24.7-12 所示，定子如同异步电动机一样具有建立同步旋转气隙磁链的三相正弦绕组。永磁体通过使用环氧黏合剂粘贴在转子表面上。由于永磁铁的相对磁导率非常接近 1，并且磁铁安装在转子表面上，所以这种电动机的有效气隙大，并且这种电动机是隐极式的（$L_{dm}=L_{qm}$）。这使得电动机由于较低的磁化电感而具有较低的电枢反应。

2）正弦波嵌入式永磁同步电动机。与表面式永磁电动机不同，在嵌入式（或埋入式）永磁同步电动机中，磁铁安装在转子内。图 24.7-13 所示为这种电动机的一种典型结构，定子具有通常的三相正弦绕组。这种几何形状的差异使正弦波嵌入式永磁电动机具有下列特性：

① 电动机更加坚固，允许更高的运行速度。

② d^e 轴上的有效气隙大于 q^e 轴上的有效气隙，使得电动机具有明显凸极，$L_{dm}<L_{qm}$（不像标准绕线式励磁同步电动机）。

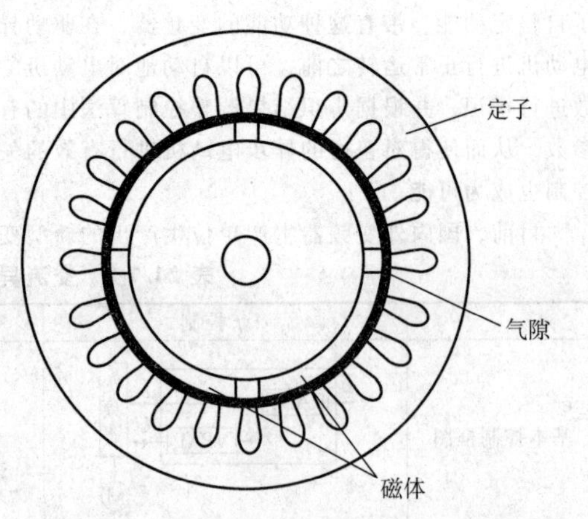

图 24.7-12 正弦波表面式永磁同步电动机横截面

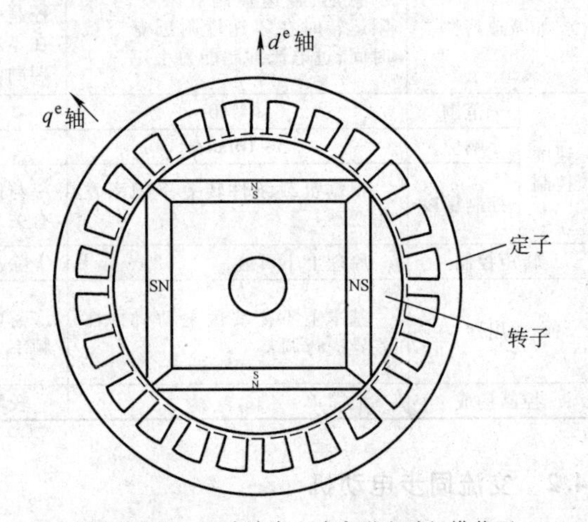

图 24.7-13 正弦波嵌入式永磁电动机横截面

③ 随着有效气隙减小，电枢反应起决定性作用。

4.2.2 等效电路

根据等效电路和相量图，对正弦波永磁电动机的稳态分析与绕线式励磁同步电动机的是相同的，只是这时等效励磁电流应被看作恒定，即磁链 $\Psi_f=L_m I_f'$ 为常数。图 24.7-14 所示为正弦波 IPM（嵌入式永磁同步电动机）的等效电路。图中有限铁损耗由虚线所示的阻尼绕组表示。忽略铁损耗，电路方程可以写为

$$v_{qs}=R_s i_{qs}+\omega_e \Psi_{ds}'+\omega_e \hat{\Psi}_f+\frac{d}{dt}\Psi_{qs} \quad (24.7\text{-}8)$$

$$v_{ds}=R_s i_{ds}-\omega_e \Psi_{ds}+\frac{d}{dt}\Psi_{ds} \quad (24.7\text{-}9)$$

式中

$$\hat{\Psi}_f=L_{dm}I_f' \quad (24.7\text{-}10)$$

$$\Psi_{ds}'=i_{ds}(L_{ls}+L_{dm})=i_{ds}L_{ds} \quad (24.7\text{-}11)$$

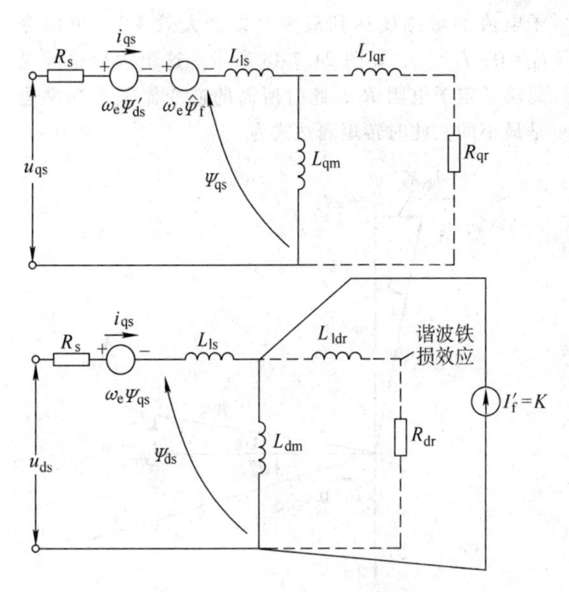

图 24.7-14　IPM 的等效电路

$$\Psi_{ds} = \hat{\Psi}_f + \Psi_{ds}' \quad (24.7\text{-}12)$$

$$\Psi_{qs} = i_{qs}(L_{ls} + L_{qm}) = i_{qs}L_{qs} \quad (24.7\text{-}13)$$

转矩方程为

$$T_e = \frac{3}{2}\left(\frac{P}{2}\right)(\Psi_{ds}i_{qs} - \Psi_{qs}i_{ds}) \quad (24.7\text{-}14)$$

4.2.3　交流同步电动机的运行特性

当三相同步电动机定子对称绕组通以三相对称电流时，定子绕组就会产生基波旋转磁场，其旋转转速为同步转速 $n_1=60f/p$。

当电动机的极对数 p 和电源的频率 f 一定时，转子转速 $n=n_1$ 为常数，因此同步电动机具有恒转速特性，它的转速不随负载转矩的变化而改变。同步电动机的机械特性如图 24.7-15 所示。

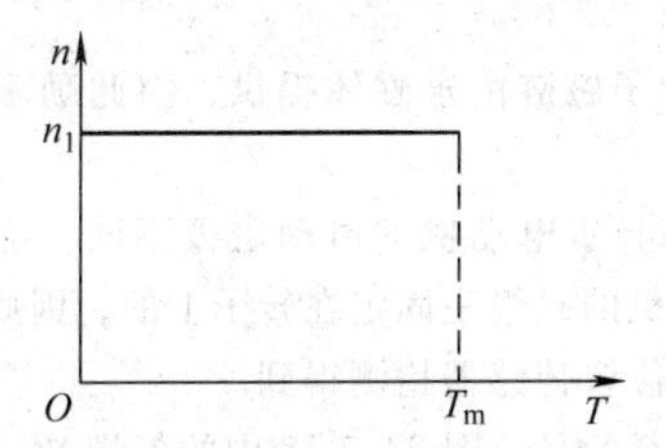

图 24.7-15　交流同步电动机固有机械特性

1）同步电动机和异步电动机一样，存在最大转矩 T_m，当负载突然增大而超过 T_m 时，电动机就会失去同步而不能运行。$K_m=T_m/T_n$，称为同步电动机过载倍数，其中 T_n 为额定转矩。生产机械要求同步电动机的过载倍数为 2.0~3.5。

2）同步电动机本身没有起动转矩。因为同步电动机刚起动时，虽然定子加上电源产生了旋转磁场，但转子是静止的，转子在惯性作用下跟不上旋转磁场的转动，此时，定、转子磁极之间存在相对运动，转子所受到的平均转矩为零。为了起动同步电动机，常用的起动方法有辅助电动机起动法、异步起动法和变频起动法。

4.2.4　同步电动机的控制

在许多工业应用中，同步电动机是异步电动机的强有力竞争对手，而且其应用还在不断推广。就一般而言，同步电动机比异步电动机造价要昂贵一些，但它的优点是效率高、维护费用低。大功率（几兆瓦）应用场合一般使用绕组励磁式同步电动机，而在中、小功率（几百瓦）的应用场合中一般使用永磁同步电动机。传统的同步电动机与笼型绕组或阻尼绕组的异步电动机的直接起动类似，但稳态时则稳定运行在同步转速。

（1）正弦波永磁同步电动机

同步电动机传动系统的转速只与逆变器或周波变流器供电电源的频率有关，它或者不运行，或者以同步速度运行，这一点和异步电动机不同。同步电动机传动系统主要有两种控制方式：一种是开环控制，它通过控制变流器的输出频率控制电动机转速；另一种是自控方式，这种方式通过安装在电动机轴上的转子位置编码器导出的脉冲信号控制可变频的电力变流器。

1）开环电压/频率控制。同步电动机开环电压/频率速度控制如图 24.7-16 所示。它是同步电动机最简单的标量控制方法，但其性能不好，远不如高性能矢量控制。从拓扑和性能上看，它与异步电动机电压/频率控制方案有些相似。开环电压/频率控制在并联

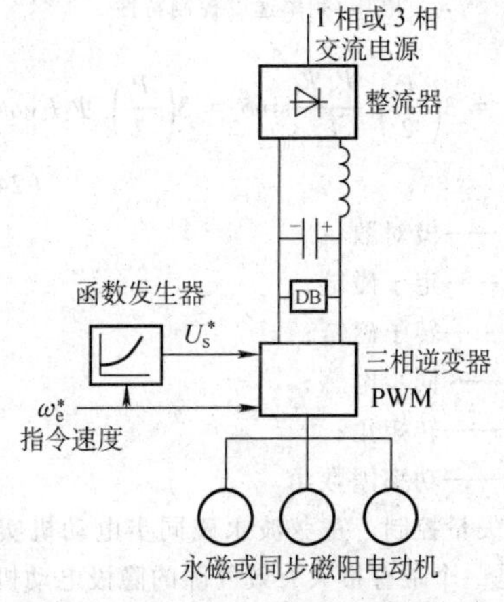

图 24.7-16　多永磁同步电动机的开环电压/频率速度控制

同步磁阻或永磁同步电动机传动中的应用很普遍，尤其是要求多台同步电动机进行紧密速度跟踪协调的场合，如纺纱机。

这种方法是把所有的电动机并联接在同一个逆变器上，全部电动机按输入的指令频率 ω_e^* 同步运转。相电压控制信号 U_s^* 由一个函数发生器（FG）产生，电压和频率之间基本上维持一定的比例以保持定子磁链 Ψ_s 为一个常量。与异步电动机传动类似，在频率接近为零时，增加一个补偿电压以补偿定子电阻的压降，这是必要的。当定子磁链量保持额定值不变时，可产生最大的转矩/电流比，同时可获得较快的瞬态响应。电压源型 PWM 逆变器的前端通过二极管整流器和 LC 滤波器供电。电动机通常还配置有阻尼绕组或笼型绕组，以避免瞬态响应过程中的振荡或欠阻尼状态。

转矩-速度平面上的电压/频率速度控制特性如图 24.7-17 所示，它表明了电动机在正转时的电动状态和制动状态情况。其转矩表达式如下：

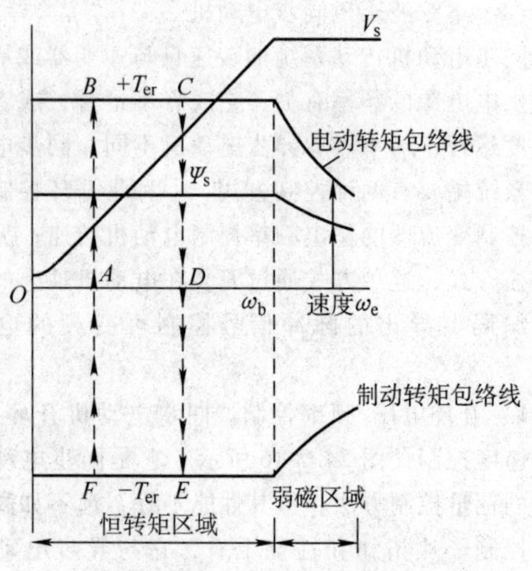

图 24.7-17　转矩-速度平面上的电压/频率速度控制特性

$$T_e = 3\left(\frac{P}{2}\right)\frac{\Psi_s\Psi_f}{L_s}\sin\delta = 3\left(\frac{P}{2}\right)\Psi_s I_s\cos\varphi \tag{24.7-15}$$

式中　P——极对数；

Ψ_s——定子磁链；

Ψ_f——转子磁链；

L_s——同步电感；

δ——转矩角；

φ——功率因数角。

2）矢量控制。正弦波永磁同步电动机实质上可被看成是一个带有很大有效气隙的隐极电动机。这种特性使得同步电感 L_s 和对应的电枢磁链 $\Psi_a(=L_sI_s)$ 都很小，也就是说，$\Psi_a\approx\Psi_m\approx\Psi_f$。为了使转矩对定子电流的敏感度达到最大（即最大效率），可以令 $i_{ds}=0$，$I_s=i_{qs}$，如图 24.7-18 所示。这里为简单起见忽略了定子电阻 R_s，此时所需的逆变器额定功率也是最小的。此时转矩表达式为

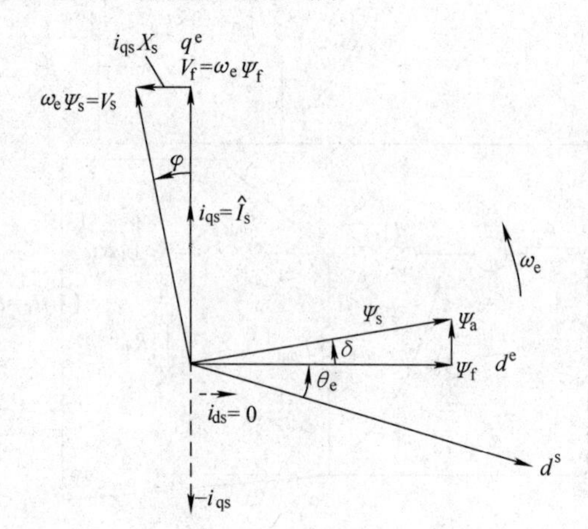

图 24.7-18　矢量控制相量图

$$T_e=\frac{3}{2}\left(\frac{P}{2}\right)\Psi_f i_{qs} \tag{24.7-16}$$

式中，Ψ_f 是空间矢量的幅值（$\sqrt{2}\Psi_f$），且有 $\Psi_s\cos\varphi=\Psi_s\cos\delta=\Psi_f$。

上式表明，转矩和 i_{qs} 成正比，功率因数角 φ 和转矩角 δ 相等。图 24.7-19 所示为电动机的矢量控制图，其中定子给定电流 i_{qs}^* 由速度控制环得出，它的极性在电动模式下为正，在再生模式下为负。借助于单位矢量信号（$\cos\theta_e$，$\sin\theta_e$），可将旋转坐标系上的电流信号变换为定子电流给定量。如果有需要，也可以很容易地添加位置控制环。

这种矢量控制策略和异步电动机的矢量控制策略在一定程度上是相似的，其不同点在于：

① 电动机始终以同步速度 ω_e 运转，故其转差频率 $\omega_{sl}=0$。

② 转子磁链由永磁体提供，因此励磁电流分量 $i_{ds}^*=0$。

③ 与异步电动机的滑动磁极不同，正弦波 SPM 同步电动机的磁极是固定在转子上的，因此其单位矢量由绝对位置传感器检测得到。

要注意的是，图 24.7-18 中的矢量 Ψ_s 和 Ψ_f 是正交的，这一点和直流电动机很相似，不同的是这些矢量是以同步速度旋转的。这种电动机从真正意义上具备了无刷直流电动机的特性。从图中可以看出，电动机运行时的滞后功率因数 φ 很小。图中所示的矢量控制方法仅在恒转矩区才有效。随着速度的增加，电压 U_s 和 U_f 也按比例地增加。最后，当 PWM 控制器在恒转矩区域的边缘达到饱和时，矢量控制失效。

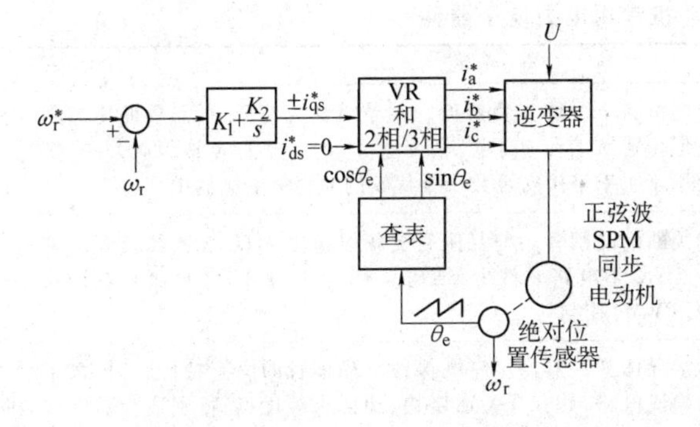

图 24.7-19 正弦波 SPM 同步电动机的矢量控制（恒转矩区）

（2）正弦波 IPM 永磁同步电动机的控制

与正弦波 SPM 永磁同步电动机的控制相似，IPM 电动机可以运行在直接起动或开环电压/频率速度控制模式下，这时需要有阻尼绕组。IPM 电动机在自控方式下不需要有阻尼绕组。

1）最大转矩/电流的矢量控制。采用最大转矩/电流原理控制 IPM 电动机也是可能的，它能使电气损耗降到最小，也就是使传动系统的效率达到最优。这也意味着，系统对逆变器额定功率的要求降到最低，即逆变器的利用效率达到最优。当然，这并不意味着传动系统具有最好的瞬态响应。

图 24.7-20 所示为 IPM 电动机恒转矩运行曲线上的最大转矩/电流控制轨迹。轨迹上任何一点到原点的径向距离代表定子电流的大小 $\hat{I}_s=\sqrt{i_{ds}^2+i_{qs}^2}$。轨迹上的 A 点代表最小定子电流，即定子电流 $0A$ 满足 $T_e(\text{pu})=1.0$ 时的最大转矩/电流标准。对于更高的 T_e，相应的最优点分别为 B、C、D 等。要注意的是，当转矩为正时，i_{qs}的极性是正的，但 i_{ds}的极性是负的。

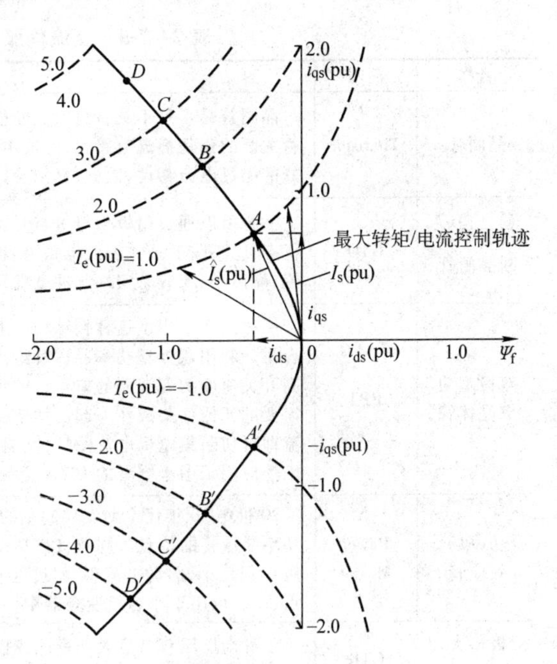

图 24.7-20 恒转矩运行曲线上的最大转矩/电流控制轨迹

图 24.7-21 所示为基于最大转矩/电流控制（仅对于恒转速区）的 IPM 电动机速度控制系统。从图中可以看出，借助于绝对位置信号 θ_e 可将旋转坐标系下的信号 i_{ds}^*和 i_{qs}^*转成静止坐标系下的相电流给定 i_a^*、i_b^*、i_c^*。控制三相定子绕组电流为给定电流值，即可获得最大的转矩 T_e。忽略电动机参数变化的影响，那么这种简单的前馈电流控制还是可以正常工作的。但实际上，参数变化（即 Ψ_f、L_{ds}和 L_{qs}）将使电流 i_{ds}和 i_{qs}的搭配不正确。另外，这种控制算法仅在恒转矩区域有效，其中逆变器的 PWM 控制用于实现期望的电流控制。

2）弱磁控制。在采用 PWM 方式电流控制的恒转矩区域内，随着电动机转速增加，反电动势也将成比例地增加，因而需要提供更高的电压。最终，当电流控制完全失效后，PWM 控制器达到饱和状态并运行于方波模式。图 24.7-22 所示为正弦波 IPM 永磁同步电动机弱磁方式电流控制的运行状态。速度逐渐增大至 ω_{e3}时，方波电压模式下电流矢量受限于极限椭圆。由图可知，电动机无法工作于工作点 2，即无法提供工作点 2 处所需的输出转矩，工作点必须考虑从点 2 移至椭圆内部。可以把 i_{qs}^* 给定减小至点 3 处，即满足工作点落在极限椭圆内部，由此最优轨迹上的工作点 1 提供较大的转矩，也就是在恒功率区削弱定子磁链，以使电流控制在基速以上。

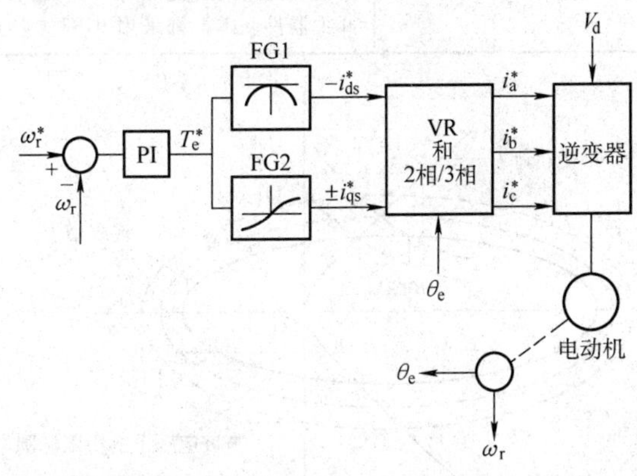

图 24.7-21 基于最大转矩/电流控制（仅对于恒转速区）的 IPM 电动机速度控制系统

4.3 交流伺服电动机常用电力电子器件

表 24.7-9 为交流伺服电动机常用电力电子器件。

表 24.7-9　交流伺服电动机常用电力电子器件

名称	简写	特　点
晶闸管	Thyristor	晶闸管是一种不具备自我关断能力的电力半导体开关器件。在晶闸管变频器中,需要促使晶闸管关断的强迫换流电路,虽然成本高,但由于大容量(高电压、大电流)的晶闸管容易制造,并有更好的耐过电流特性,因此,晶闸管广泛用于 1 千千伏安至数千千伏安的大容量变频器中
门极可关断晶闸管	GTO	一种可以通过门极信号进行开通和关断的晶闸管。与晶闸管变频器相比,GTO 变频器具有下列优点;①不需要强迫换流电路,损耗减少;②主电路元件少,结构简单,体积变小;③换流是脉冲换流,噪声小;④容易实现脉冲宽度调制(PWM)控制
双极型功率晶体管	BPT	一种内部采用了达林顿结构的电力半导体开关器件。它既保留了晶体管的固有特性,又扩大了容量。利用双极型功率晶体管组成的换流电路,具有开关速度快、功耗小等优点,特别适合需要较高开关速度的变频器的应用。近年来还出现了将两个以上的双极型功率晶体管及其他换流电路所需要的元器件集成在一起的功率模块,更方便应用于变频器中。由于功率晶体管具有切断基极电流即可切断集电极电流的特性(自关断能力)和开关频率高(可以达到数千赫兹)的特点,因此,它广泛应用于中小容量的 PWM 变频器
功率场效应管	Power Mosfet	20 世纪 70 年代中期发展起来的一种新型半导体器件。它既具有传统的 Mosfet 的特点,又吸收了功率晶体管的特点。同双极型功率晶体管(BPT)相比,功率场效应管具有开关速度快(快一个数量级),损耗小,驱动电流小,耐过电流和抗干扰能力强,安全工作区域(DA)宽,无二次击穿现象等优点,广泛应用于小容量变频器中
双极型大功率晶体管	GTR	一种高反压双极型大功率晶体模块,具有自关断能力,开关时间短,饱和压降低和安全工作区宽等优点。可由两个或多个晶体管组成达林顿 GTR,广泛应用于变频器中
绝缘栅双极型晶体管	IGBT	目前最广泛地应用于中小容量变频器中的一种半导体开关器件。由于它集功率场效应管(Power Mosfet)和功率晶体管的优点于一身,具有输入阻抗高、开关速度快、驱动电路简单、通态电压低、耐压高等特点,因此,IGBT 应用广泛,发展迅速。另外,因为采用了 IGBT 的 PWM 变频器的载频可以达到 10~15MHz,从而达到降低电动机运行噪声的目的,所以 IGBT 广泛应用于低噪声变频器中
智能功率模块	IPM	一种将功率开关器件及其驱动电路、保护电路等集成在一起的集成模块。目前的 IPM 一般采用 IGBT 作为功率开关器件,经过光耦合接收信号后,对 IGBT 进行驱动,并且具有过电流保护、过热保护以及驱动电源电压不足时的保护等功能。由于 IPM 具有许多优点,特别是在发生负载事故或使用不当的情况下,也可以保证 IPM 本身不受损坏,因此很受用户欢迎。目前,市场上已出现多种将逆变电路的六个开关器件封装在一起的 IPM。随着电力半导体技术的发展,大容量的 IPM 必将不断地出现并得到广泛的应用
复合模块		一种将变频器主电路的整流电路、制动电路以及逆变电路封装在一起的器件,具有体积小、可以节约装配时间等优点,但它的散热效率差,只能用于小电流的变频器。目前,复合模块中的半导体开关器件基本上都采用 IGBT

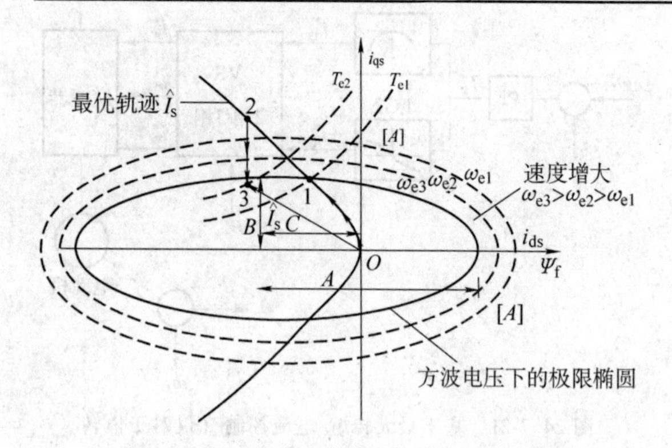

图 24.7-22　弱磁方式电流控制的运行状态

5　步进电动机与驱动

步进电动机是一种将电脉冲信号转换成直线或角位移的执行元件，也称脉冲电动机。对这种电动机施加一个电脉冲后，其转轴就转过一个角度，称为步距角；脉冲数增加，角位移随之增加；脉冲频率增高，则转速增高；分配脉冲的相序改变，则转向改变。从广义上讲，步进电动机是一种受脉冲信号控制的无刷式直流电动机，也可看作在一定频率范围内转速与控制脉冲频率同步的同步电动机。

5.1　步进电动机分类

步进电动机种类很多，从励磁相数来分有两相、三相、五相等步进电动机。按照转子的结构来分，常常将步进电动机分为表 24.7-10 中的三种。

表 24.7-10　常用步进电动机分类

	结构特点	优　点	缺　点
反应式	由定子绕组产生的反应电磁力吸引用软磁钢制的齿形转子做步进驱动	易获得小步距角,转子结构简单、直径小,有利于高速响应	制造成本高、效率低、转子的阻尼差、噪声大
永磁式	转子采用永久磁铁	定子断电后转子有保持转矩,可用作定位驱动。励磁功率小、效率高、造价低	一般步距角大、转子惯量大
混合式	转子中含有一个轴向磁化的永磁体,由软磁体制作的两段齿形转子被磁化为 N 极和 S 极	具有反应式步距角小的特点,还具有永磁式励磁功率小、效率高特点	

5.2　步进电动机工作原理

以反应式步进电动机为例说明步进电动机的工作原理。图 24.7-23 所示为常见的三相反应式步进电动机的剖面示意图。电动机的定子上有 6 个均布的磁极，其夹角均为 60°。各磁极上套有线圈，按图连成 A、B、C 三相绕组。转子上均布 40 个小齿，因此每个齿的齿距为 $\theta_e = 360°/40 = 9°$，而定子每个磁极的极弧上也有 5 个小齿，且定子和转子的齿宽和齿距均相同。由于定子和转子的小齿数目分别是 30 和 40，其比值是一固定分数，这就产生了所谓的齿错位的情况。若以 A 相磁极小齿和转子的小齿对齐（见图 24.7-23），那么 B 相和 C 相磁极的齿就会分别和转子齿相错三分之一的齿距，即 3°。因此，B、C 极下的磁阻比 A 磁极下的磁阻大。若给 B 相通电，B 相绕组产生定子磁场，其磁力线穿越 B 相磁极，并力求按磁阻最小的路径闭合，这就使转子受到反应转矩（磁阻转矩）的作用而转动，直到 B 磁极上的齿与转子齿对齐，此时恰好转子转过 3°；此时 A、C 磁极下的齿又分别与转子齿错开三分之一齿距。接着停止对 B 相绕组通电，而改为 C 相绕组通电。同理，受反应转矩的作用，转子会按顺时针方向再转过 3°。依次类推，当三相绕组按 A→B→C→A 顺序循环通电时，转子会按顺时针方向，以每个通电脉冲转动 3°的规律步进式转动起来。如果改变通电顺序，按 A→C→B→A 顺序循环通电，则转子会按逆时针方向以每个通电脉冲转动 3°的规律转动。因为每一个瞬间只有一相绕组通电，并且按三种通电状态循环通电，故称为单三拍运行方式。单三拍运行时的步距角 θ_b 为 3°。三相步进电动机还有两种通电方式，分别是双三拍运行，即按 AB→BC→CA→AB 顺序循环通电的方式，以及单、双六拍运行，即按 A→AB→B→BC→C→CA→A 顺序循环通电的方式。六拍运行时的步距角将减半。反应式步进电动机的步距角可按式（24.7-17）计算：

$$\theta_b = 360°/NE_r \qquad (24.7\text{-}17)$$

式中　E_r——转子齿数；

N——运行拍数，$N = km$，其中 m 为步进电动机的绕组相数，$k = 1$ 或 2。

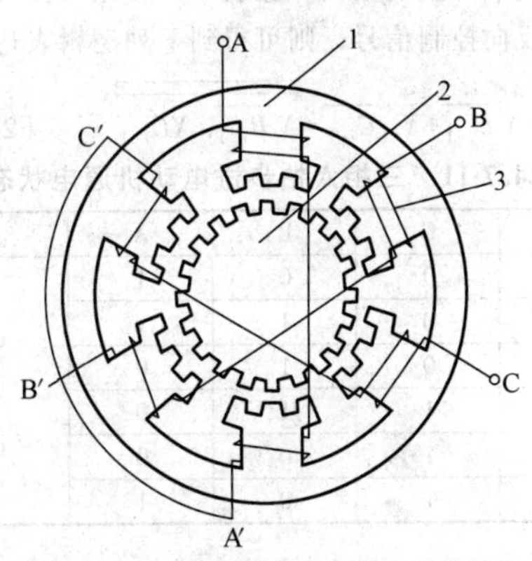

图 24.7-23　三相反应式步进电动机结构

5.3　步进电动机驱动与控制

步进电动机与直流电动机的不同之处是，仅仅接通供电源它是不会运行的。图 24.7-24 所示为步进电动机的驱动和控制系统的基本组成。该系统包括步进电动机、脉冲发生器、脉冲分配器、功率放大器以及直流功率电源五个部分，较复杂的驱动控制系统带有位置反馈的环节，组成闭环系统。

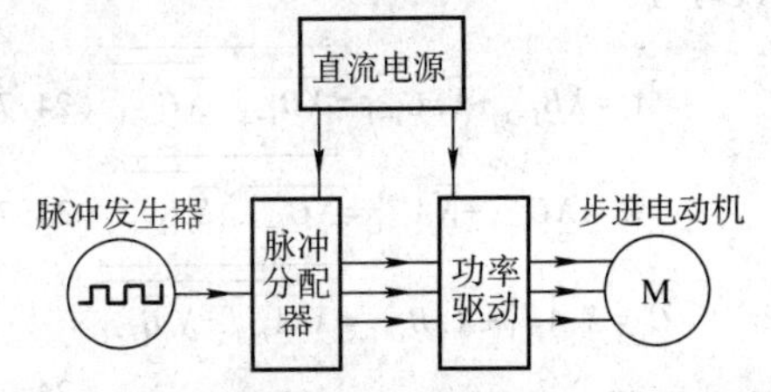

图 24.7-24　步进电动机驱动和控制系统基本组成

5.3.1　脉冲分配器

步进电动机的驱动控制由脉冲分配器和功率放大器组成。脉冲分配器的主要功能是将数控装置的插补脉冲按步进电动机所要求的规律分配给步进电动机的驱动电源的各相输入端，以控制励磁绕组的通断、运行及换向。当步进电动机在一个方向上连续运行时，其各相通断或脉冲分配是一个循环，因此称为环行分配器。

硬件环行分配器的种类很多，它可由 D 触发器或 JK 触发器构成，亦可采用专用集成芯片或通用可编程序逻辑器件。

对于采用 D 触发器或 JK 触发器构成的硬件环行分配器，如三相六拍正反相环行分配器，其设计过程可分为以下几个步骤：

1）列出环行分配器的输出状态表。

2）写出各相控制逻辑方程。

在环行分配器的运行过程中，总是用上一拍的状态去控制下一拍的输出，见表 24.7-11，同时用 X、$\overline{X}$ 表示正反向控制信号，则可得到下列逻辑表达式：

$$A_i = X\overline{B_{i-1}} + \overline{X}.\ \overline{C_{i-1}} = \overline{\overline{X\overline{B_{i-1}}}\cdot\overline{\overline{X}C_{i-1}}} \quad (24.7\text{-}18)$$

表 24.7-11　三相六拍步进电动机通电状态表

节拍	C	B	A	方向
1	0	0	1	逆转 ↓ 正转
2	0	1	1	
3	0	1	0	
4	1	1	0	
5	1	0	0	
6	1	0	1	

$$B_i = X\overline{C_{i-1}} + \overline{X}.\ \overline{A_{i-1}} = \overline{\overline{X\overline{C_{i-1}}}\cdot\overline{\overline{X}A_{i-1}}} \quad (24.7\text{-}19)$$

$$C_i = X\overline{A_{i-1}} + \overline{X}.\ \overline{B_{i-1}} = \overline{\overline{X\overline{A_{i-1}}}\cdot\overline{\overline{X}B_{i-1}}} \quad (24.7\text{-}20)$$

根据以上逻辑关系式，便可给出用 D 触发器和与非门构成的硬件环行分配器。

若采用图 24.7-25 中的 JK 触发器（相当于反 D 逻辑），同时考虑硬件清零，令 C 相通电作为初始状态，则将 C 相接在触发器的 $\overline{\text{Q}}$ 端，上面的逻辑表达式可改写为

$$A_i = XB_{i-1} + \overline{X}.C_{i-1} = \overline{\overline{XB_{i-1}}\cdot\overline{\overline{X}C_{i-1}}} \quad (24.7\text{-}21)$$

$$B_i = XC_{i-1} + \overline{X}A_{i-1} = \overline{\overline{XC_{i-1}}\cdot\overline{\overline{X}A_{i-1}}} \quad (24.7\text{-}22)$$

$$C_i = X\overline{A_{i-1}} + \overline{X}.\overline{B_{i-1}} = \overline{\overline{X\overline{A_{i-1}}}\cdot\overline{\overline{X}\,\overline{B_{i-1}}}} \quad (24.7\text{-}23)$$

目前市场上有许多专用的集成电路环行脉冲分配器出售，集成度高，可靠性好，有的还有可编程功能，如国产的 PM 系列步进电动机的专用集成电路有 PM03、PM04、PM05 和 PM06，分别用于三相、四相、五相和六相步进电动机的控制。进口的步进电动机专用集成芯片 PMM8713 和 PM8714 可用于四相（或二相）和五相步进电动机的控制，而 PPM101B

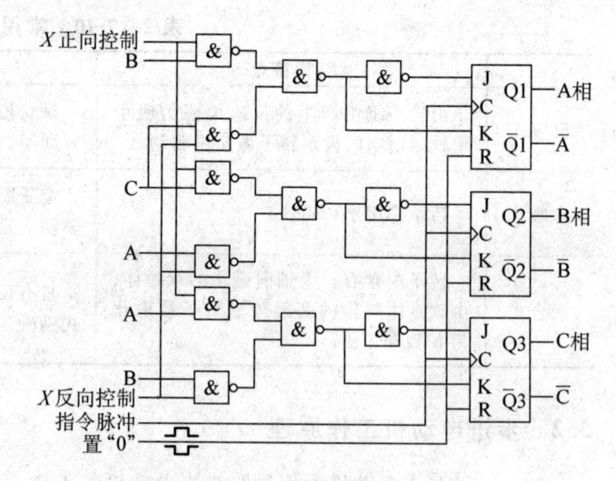

图 24.7-25　步进电动机的三相六拍硬件环形分配器原理图

则是可编程的专用步进电动机控制芯片，通过编程可用于三、四、五相步进电动机的控制。

5.3.2　功率放大器

从环行分配器输出的进给控制信号的电流只有几毫安，而步进电动机的定子绕组需要几安培的电流，因此需要对从环行分配器输出的进给控制信号进行功率放大。由于功率放大器中的负载为步进电动机的绕组，是感性负载，与一般功率放大器不同点就由此产生，主要是：较大电感影响快速性，感应电势带来的功率管保护等问题。

功率驱动器最早采用单电压驱动电路，后来出现了双电压（高电压）驱动电路、斩波电路、调频调压和细分电路等。

（1）单电压驱动电路

步进电动机单电压驱动电路的工作原理如图 24.7-26 所示。图中 L 为步进电动机励磁绕组的电感，R_a 为绕组电阻，串接一电阻 R_c，以减小回路的时间常数 $L/(R_a+R_c)$，电阻 R_c 并联一电容 C（可提高负载瞬间电流的上升率），从而提高电动机的快速响应能力和起动性能。续流二极管 VD 和阻容吸收回路 RC 是功率管 VT 的保护线路。单电压驱动电路的优点是线路简单，缺点是电流上升不够快，高频时负载能力低。

（2）高低电压驱动电路

高低电压驱动电路的特点是给步进电动机绕组的供电有高低两种电压，高压由电动机参数和晶体管的特性决定，一般为 80V 或更高；低压即步进电动机的额定电压，一般为几伏，不超过 20V。

图 24.7-27 所示为高低压供电切换线路的工作原理图。该电路由功率放大器、前置放大器和单稳延时

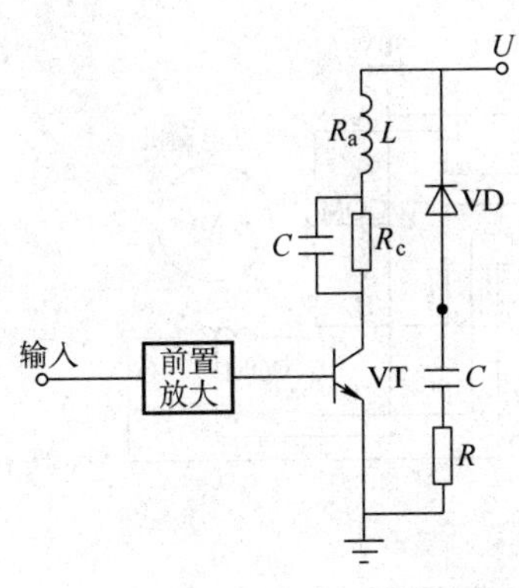

图 24.7-26　步进电动机单电压驱动电路原理图

电路组成。二极管 VD_d 起高低压隔离的作用，VD_g 和 R_g 构成高压放大电回路。前置放大电路则起到将 TTL 电平放大到可以驱动功率导通的电流。高压导通时间由单稳延时电路整定，通常为 100~600μs，对功率步进电动机可达到几千微秒。

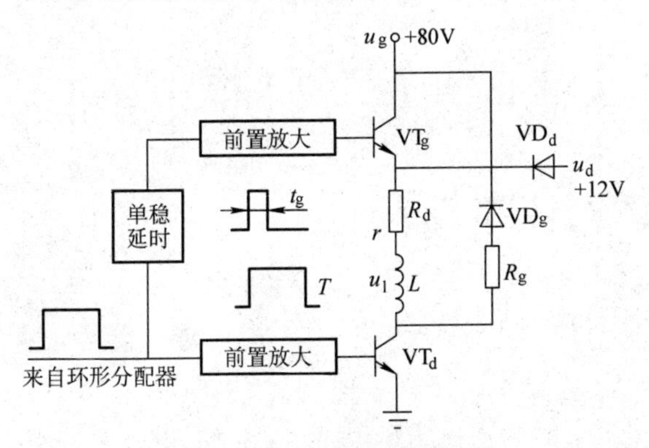

图 24.7-27　高低压供电切换电路

当环行分配器输出为高电平时，两只功率管 VT_g、VT_d 同时导通，步进电动机绕组以 u_g（即+80V 的电压）供电，绕组电流以 $L/(R_d+r)$ 的时间常数向稳定值上升，当达到单稳延时时间 t_g 时，T_g 功率管截止，改为由 u_d，即+12V 供电，维持绕组的额定电流。若高低压之比为 u_g/u_d，则电流上升率将提高 u_g/u_d 倍，上升时间减小。当低压断开时，绕组中的储存的能量通过 $u_d \to D_d \to R_d \to L \to R_g \to D_g \to u_g$ 构成放电回路，放电电流的稳态值为 $(u_g-u_d)/(R_g+R_d+r)$，因此加快了放电过程。高低压供电电路由于加快了电流的上升和下降时间，故有利于提高步进电动机的起动频率和连续工作频率。另外，由于额定电流由低电压维持，只需较小的限流电阻，减小了系统的功耗。

（3）斩波恒流功率放大电路

斩波恒流功率放大电路是利用直流斩波器将步进电动机的电流设定在给定值上。图 24.7-28 所示为斩波恒流驱动功放原理。图中 V_{in} 为原步进电动机的绕组驱动脉冲信号，这是在通过与门 A_2 和比较器 A_1 的输出信号相与后，作为绕组的驱动信号 V_b。当 V_{in} 为高电平“1”和比较器 A_1 输出高电平“1”时，V_b 为高电平，绕组导通。比较器 A_1 的正输入端的输入信号为参考电压 V_{ref}，由电阻 R_1 和 R_2 设定；负输入端输入信号为绕组电流通过 R_3 反馈获得的电压信号 V_f，它反映了绕组电流的大小。当 $V_{ref}>V_f$ 时，比较器 A_1 输出高电平“1”，与门 A_2 输出高电平 V_b，绕组通电，电流增加。当电流达到一定时，$V_{ref}<V_f$，比较器 A_1 输出低电平“0”，与门 A_2 输出低电平 V_b，绕组断电，通过二极管 VD 续流工作。而 VT 截止后，又有 $V_{ref}>V_f$，重复上述的工作过程。这样，在一个 V_{in} 脉冲内，功率管多次通断，将绕组电流控制在给定值上下波动，如图 24.7-28 所示。

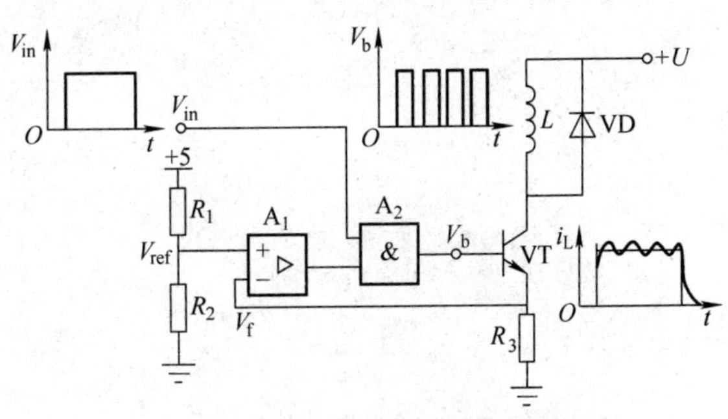

图 24.7-28　斩波恒流驱动功放原理

在这种控制方式下，绕组电流大小与外加电压 +U 大小无关，是一种恒流驱动方案，所以对电源要求比较低。由于反馈电阻 R_3 较小（一般为 1Ω），所以主回路电阻较小，系统时间常数较小，反应速度快。

目前市场上已有许多集成斩波功放芯片，这些集成电路可使步进电动机的工作频率、转矩得到提高，并能减少噪声。图 24.7-29 所示为一个使用 SLA7026M 模块构成的四相步进电动机功率驱动电路。图中 R_2、R_3 分压获得电流控制信号 V_{ref}，由 REFA、REFB 输入；R_5、R_6 为绕组电流反馈电阻，接在 RSA、RSB 输入端；、OUTA、$\overline{\text{OUTA}}$、OUTB、$\overline{\text{OUTB}}$为步进驱动信号输出端，接到四相步进驱动信号输入端 A、B、C、D 上；VS 是稳压管，限制参考信号 V_{ref}，以防输入电流超过额定值，损坏芯片和电动机。该芯片的最大输出电流为 2A，可直接驱动小功率步进电动机。当驱动大功率步进电动机时，可将芯片输出端接入功率放大电路，扩展输出电流和功率。

步进电动机的生产厂家、产品规格见相关手册。

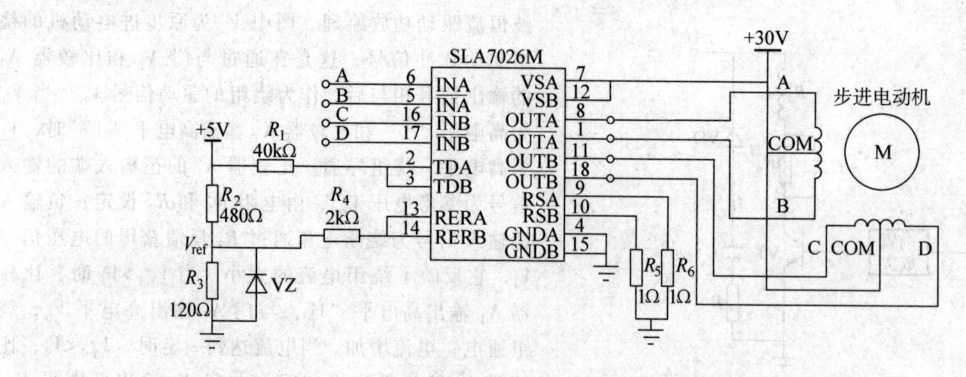

图 24.7-29 使用 SLA7026M 构成的四相步进电动机功率驱动电路

第 8 章　机电一体化设计实例

1　振幅定值控制电磁振动给料机

1.1　电磁振动给料机的工作原理

电磁振动给料机又称电振机，由料槽、激振器和减振器三部分组成。激振器又由电磁铁（铁心和线圈）、衔铁和装在两者之间的主振弹簧等构成，它是产生振动的激振源，可以通过控制装置对其进行控制。一般采用控制给料器的振幅来达到定量给料的目的。电磁振动给料机的振幅是用可控整流器进行调节的。本系统中的电振机是通过可控半波整流器控制的。

电磁振动给料机自动控制系统如图 24.8-1 所示，它是由电磁铁激振器和衔铁组成的双质体定向振动系统（电磁铁上的弹簧没有给出）。当电源电流经晶闸管半波整流时，在电源的正半周，晶闸管导通，有电流经过电磁铁的线圈，在电磁铁和衔铁之间产生电磁吸力，使衔铁向前移动，能量储存在弹簧中。正半周结束时，电流和电磁激力达到最大值，根据电磁感应原理，自感电势电流并不立即截止，而要延续一段时间，电流和电磁力逐渐减小，最后消失。当电磁力达到最大值时，两质体相互靠近；电磁力为零时，两质体又向相反的方向运动。这样电振机便以 50Hz 的电源频率往复运动。

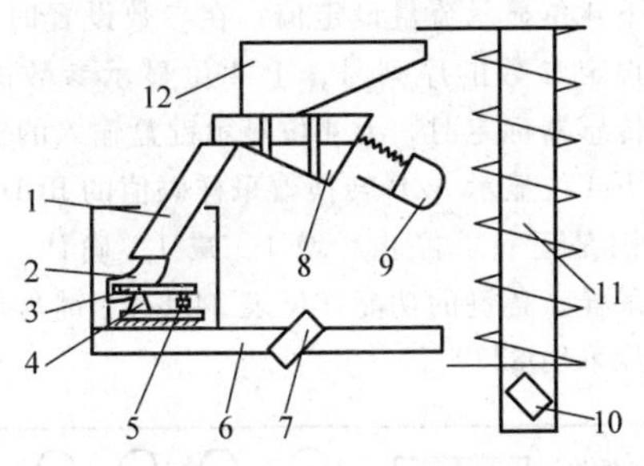

图 24.8-1　电磁振动给料机自动控制系统
1—引流槽　2—流量计弧形板　3—测力杆　4—支撑点　5—测力传感器　6—水平振动输送机　7—水平振动电动机（2 个）　8—振动料斗　9—电磁振动器　10—垂直振动电动机（2 个）　11—垂直螺旋振动给料机　12—贮料斗

如果对晶闸管的触发脉冲加以控制，控制触发脉冲导通角 α，如图 24.8-2b 所示，则当 $\alpha=0$ 时，晶闸管导通的时间最长，电磁力作用时间和力值就达到最大值，电振机的振幅也最大；而当导通角从 0°～180° 增大时，晶闸管的导通时间和电磁铁线圈中的电流逐渐减至 0，振幅也逐渐减至 0，如图 24.8-2c 所示。

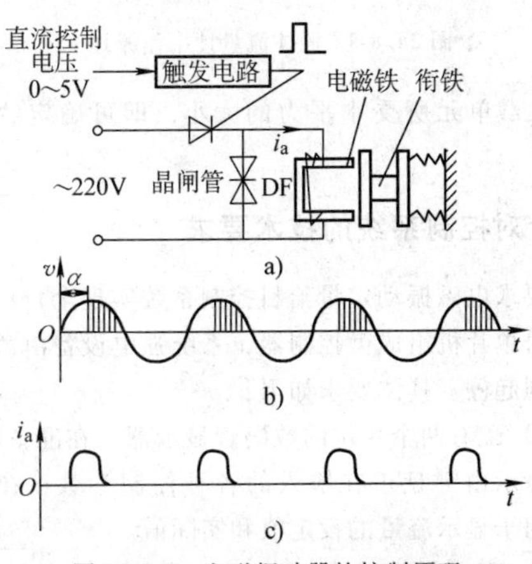

图 24.8-2　电磁振动器的控制原理

1.2　溜槽式固体流量计工作原理

溜槽式固体流量计是利用物料的动能，通过计量环节来连续检测流量的。这种流量检测装置本身没有运动部件，结构远比电子传送带秤简单，可靠耐用，适用范围广，对粉粒状物料、块状物料、固液混合浆状物料以及腐蚀性和高温物料均可进行计量。计量范围可达 10000t/h，对大、中、小量程精度均小于 2%，而且使用方便，有利于形成自动调节系统。

溜槽式固体流量计由导板、弧形板和负载单元三部分组成，其工作原理如图 24.8-3 所示。物料经过引流槽的整流后，从切线方向进入检测板，其速度基本保持不变。检测板为弧形，当物料通过时，由于重力和离心力的作用，使检测板承受偏转力，从而负载单元受到一个水平的作用力，其大小为

$$P_a = (Rg/v)(A + v^2B)\frac{dm}{dt} \qquad (24.8\text{-}1)$$

式中　P_a——物料对弧形板的水平作用力（N）；

R——弧形板的半径（m）；

g——重力加速度（m/s^2）；

A、B——与弧形板结构有关的常数；

v——物料的速度（m/s）。

由此可见，当弧形板的结构和物料的速度一定时，水平分力大小与物料的流量成正比。因此，通过

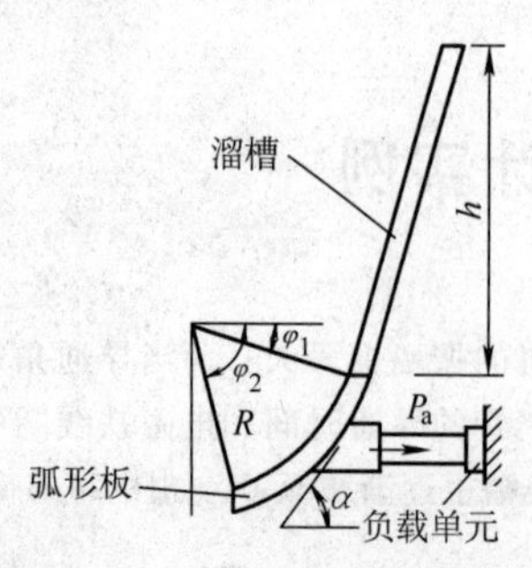

图24.8-3 固体流量计工作原理

检测负载单元所受水平力的大小，即可确定物料的流量。

1.3 对控制系统的技术要求

要求电磁振动定量给料控制系统实现全自动化控制。由单片机组成微控制器，系统强电设备由微控制器控制起停。具体要求如下：

1）配有两个4位的数码管显示器。在准备阶段，用于显示由键盘正在输入的各种控制参数；在运行时，用于显示流量的设定值和实际值。

2）配有薄膜键盘，用于输入各种参数和操作命令。

3）称重传感器选用输出为0~5V的电压信号。

4）一路0~5V的振动器控制信号。

5）系统控制误差不大于1%。

6）系统的起动顺序为两个垂直螺旋振动输送机电动机、两个水平振动输送机电动机、电振机，其间隔时间可由用户根据现场情况自动调整。

7）当系统停止时，电振机先停，在循环中的物料全部流入储料器后，停4个振动电动机，要求用户能够根据实际情况来设定4个电动机和电振机停止的时间间隔。

8）系统具有对单机起停检测的功能。

9）当系统长时间工作，由于某些原因造成系统死机时，能够自动恢复正常工作。

10）当现场有多台设备同时工作时，可通过办公室微机对现场控制精度进行监测。办公室至现场的距离不超过1km。

1.4 电磁振动定量给料控制系统的方案确定

电磁振动定量给料机控制系统是一个典型的工业控制领域的课题。它要求系统具有较高的可靠性和较强的抗干扰能力。因此，在确定系统总体方案时，要充分考虑到工业现场的各种环境因素对控制系统的干扰，确保系统能够安全运行。

1.4.1 CPU选择

本系统选用MCS-51系列单片机来开发，CPU选用8031。由于系统比较复杂，程序量比较大，所以扩展一片27512（64KB）程序存储器。系统要求设置的参数比较多，而且需要长时间地保存这些设置数据，所以应选用有掉电保护功能的静态数据存储器。本系统选用0064自带电池的64KB RAM。另外，在CPU出现死机时，系统要能够自动恢复工作，所以选用MAX690程序监视器监视系统的工作状态，一旦死机，则使系统重新复位，投入运行。

1.4.2 输入输出接口的配置

系统输出模拟量和输入模拟量各一路，选用AD574和DAC1210作为系统A/D和D/A的扩展。考虑到工作现场干扰比较严重，为保证系统安全可靠运行，A/D和D/A与CPU之间采用总线隔离技术。强电设备起动通过扩展TTL并行输出口，经光电隔离后，驱动12V小继电器，再由小继电器控制强电设备的继电器，起停各电动机和电振机。

1.4.3 键盘显示器

按系统要求，有两个4位LED显示器在工作过程中分别显示系统的设计值和实际流量控制值。还有大量的系统参数要通过人机对话的方式进行设置，因此，在微控制器的前面板上设有8个LED七段显示器和8个薄膜键，如图24.8-4所示。8个七段显示器分上下两组，在工作过程中，上4位显示实际控制流量值，下4位显示流量设定值；在参数设置时，下4位显示设定参数的序列号，上4位显示参数的设定值；在传感器标定时，上4位显示键盘输入的实际流量值，下4位显示A/D转换器采样码值的BCD码。8个键分别是运行、停止、增1、减1、确认、返回、标定和采样，各键的功能详见表24.8-1。键盘显示器接口芯片采用8279。

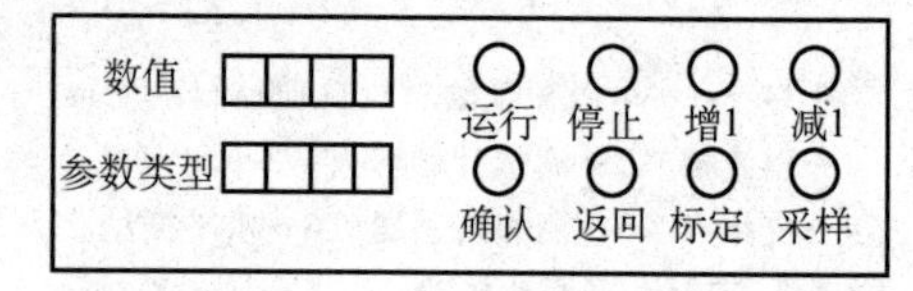

图24.8-4 键盘显示器配置

1.4.4 串行通信

系统要求当现场有多台设备同时工作时，可通过办公室微机对现场控制精度进行监测。办公室至现场的距离不超过1km。而8031的串行通信口为TTL电平，通信距离不超过 2m，因此需对串行口进行扩展。RS-485 通信距离可达到 5km，选用 MAX485 芯片对 8031 的串口进行扩展。

表 24.8-1　键盘功能说明

键名	功能说明
运行	在停机状态，当该键被按下一次时，根据系统参数设定起动要求起动设备。如果系统设定为连续运行模式，则按设定的时间间隔和顺序，连续起动各设备；如果系统设定为单机检测运行模式，则根据设定单元设定的设备号起动对应的设备
停止	在设备运行状态时，当该键被按下一次时，根据系统参数设定的当前运行模式停止设备。如果是连续运行模式，则微控制器先停电振机，然后按照系统设定的延时时间，停止两个振动输送机的电动机；如果系统处于单机检测状态，则停止正在运行的设备
增 1	系统处于停机正常显示状态，当该键每被按下一次时，则按序号增加的方式按顺序显示系统参数的设定值。系统处于标定状态，当该键被按下一次时，就增加 1 个标定的实际值。系统处于参数设定状态，当该键被按下一次时，就增加 1 个所设定参数的设定值
减 1	与增 1 功能相反
确认	在通过增 1 或减 1 键选定了要设定的参数后，当该键被按下一次时，则进入参数设定状态。参数设定完毕后，当该键被按下一次时，存储所设定值，并返回到正常显示状态
返回	在参数设定状态，当该键被按下一次时，返回到正常显示状态，但不存储数据，保持原设定值不变
标定	在正常显示停机状态，当该键被按下一次时，进入系统标定状态
采样	在采样状态，当该键被按下一次，系统采样一次，并显示在下 4 位 LED 上

1.4.5　系统电源

8031 供电为直流+5V，AD574 和 ADC1210 供电需+5V 和一组±12V 的电源，强电控制继电器需+12V 供电。而 AD574 和 ADC1210 与 CPU 总线是隔离的，为了增强系统的抗干扰能力，将强电隔离电源与 AD574 和 ADC1210 的+12V 也分开，因此系统电源需要五组，即单独一个+5 V，为 CPU 以及显示器等接口芯片供电；一组共地的+5V、+12V 和−12V 为 AD574 和 ADC1210 供电；一个独立的+12V 为驱动强电的小继电器供电。为 CPU 供电的+5V 电源由于有 8 个 LED 七段显示器，功耗比较大，每个按 5W 计算，共 40W，CPU 及内核接口芯片按 10W 计算，则内核+5V功率为 50W。±12V 电源仅为 AD574 和 ADC1210 供电，各分配 5W 即可，+5V 为 AD574、ADC1210 及周围芯片供电，分配 10W。强电控制电源+12V，由于继电器功率大，每个按 8W 计算，共 40W。因此，系统变压器的功率为 110W，输入为 AC 220V；输出有两组 8V 输出，分别为 50W 和 10W；3 组 15V 输出，功率分别为 5W、5W 和 40W。

2　电子传送带配料秤

2.1　传送带配料秤的工作原理

在冶金、水泥和化肥等行业的生产过程中，经常需要用配料秤将各种粉状原料按一定的比例配合成混合料，常见的单臂式传送带配料秤结构如图 24.8-5 所示。

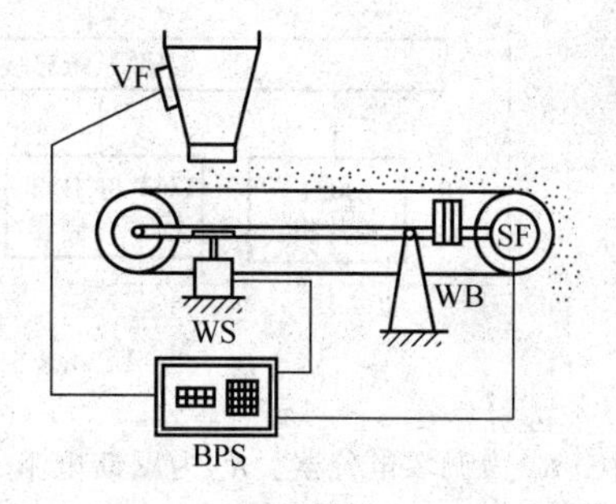

图 24.8-5　单臂式传送带配料秤结构

在传送带的上方有一个带振动器 VF 的料斗，传送带运动时，物料随传送带输送出去，下料量与振动器的振动强度成正比。传送带由异步电动机驱动，传送带的运动速度由测速传感器 SF 变成脉冲信号送出，脉冲频率与运动速度成正比。称重传感器 WS 输出与传送带上物料重量成正比的信号。平衡配重块 WB 用于调整称重传感器的空载负载。AX 为支撑秤架的支点。传送带秤监控仪（BPS）接收 SF 的速度信号 $S(t)$ 和 WS 的重量信号 $W(t)$。根据式（24.8-2）计算传送带上物料的流量：

$$Q = W(t)S(t) \tag{24.8-2}$$

将该值与设定的流量值进行比较，通过 PID 调节，输出控制信号，控制振动器的振动强度，使流量稳定在设定值。

2.2　传送带配料秤监控仪的技术要求

1）配有两个 4 位的数码管显示器。在准备阶段，用于显示由键盘正在输入的各种控制参数；在运行阶段，用于显示流量的设定值和当前值。

2）配有薄膜键盘，用于输入各种参数和操作命令。

3）输入一路 0~10mV 的称重传感器信号和一路 TTL 电平的速度脉冲信号。

4）输入一路 0~10V 的振捣器控制信号。

5）系统控制误差不大于 1%。

2.3 监控仪的硬件结构及其组成电路

根据系统的技术要求，采用 8031 单片机的传送带秤监控仪结构如图 24.8-6 所示。

监控仪主要由主机板、键盘/显示器接口板、输入/输出端子板和电源板等组成，各主要部分的组成及原理如下：

（1）信号输入通道

称重传感器输出的毫伏信号需经放大后，才能变成 A/D 转换所要求的 0 ~10V 的电压信号。这里采用美国 AD 公司生产的 AD521 作为小信号放大器，该放大器具有高输入阻抗、低失调电流、高共模抑制比的特点，其增益可在 0.1 ~1000 之间调整。

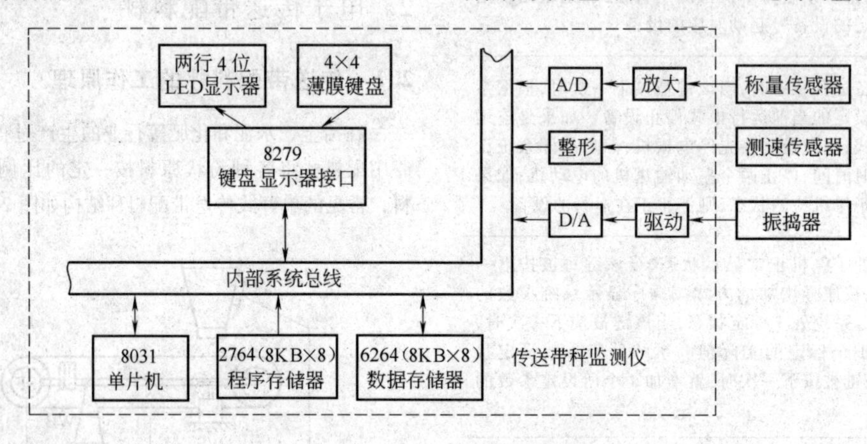

图 24.8-6 传送带秤监控仪的硬件结构图

其中，R_0 为调零电位器，R_s 为反馈电阻，R_G 为增益电阻，放大器增益 $A=R_s/R_G$。

在传送带秤监控仪中，放大器的输入信号为 0~10mV，输出信号为 0~10V，所以 $A=1000$ 倍，可取 $R_G=100\Omega$，$R_s=100k\Omega$。

为了保证测量精度，选用 12 位的 A/D 转换器 AD574。TTL 电平的脉冲信号经过整形处理后，送入单片机计数器触发输入端 T0 上。

（2）主机部分

仪表采用 8031 单片机作为控制器。外部程序存储器采用 8KB×8 位的 2764EPROM。外部数据存储器采用 8KB×8 位的 2864A EEPROM，用于存储由键盘输入的各种参数以及调整传送带秤时计算出的各种系数。由于传送带秤运行时，需要运算处理的数据量不是很大，片内 RAM 已足够使用，所以没有设置用于存储中间结果的外部数据存储器。

（3）键盘及显示器部分

监控仪配置两行 4 位的 LED 七段数码管显示器和一个 4×4 键盘。十六个按键中，有 0~9 的十个数字键，六个功能键，完成的功能有：设定、去皮、挂码标定、参数输入、自动运行、停止等。

为了简化硬件和软件设计，并使显示器能够显示较为稳定的数据，本仪器选用 8279 作为键盘和显示器的接口。

（4）信号输出通道

仪表采用了一片 12 位的 D/A 转换器 DA1210，用于将 PID 控制算法的运算结构变成 0~10V 的电压信号，以便对振捣器的振动强度进行连续调节。

2.4 系统软件设计

根据系统的功能，本仪表的软件采用模块化的软件结构。每一个功能键分别由一个程序模块来处理。监控仪中，T0 作为定时器，用于产生采样周期。T1 用于对测速脉冲进行计数。传送带秤监控仪主程序流程图如图 24.8-7 所示。

主要的功能模块有：

（1）系统初始化

在初始化程序中，首先对 EPROM、EEPROM 的内容进行自检，再进行 8279、标志位、中间变量区、D/A 转换器等的初始化编程，然后启动定时器 T0 定时中断。由于流量调节的反应速度较慢，所以采样周期选择为 100ms。

（2）显示器刷新

本程序模块的功能是将显示缓冲器的内容转换成

显示代码，送入 8279 的显示 RAM 中。当系统处于准备状态时，第一行显示功能代码，第二行显示参数；在运行状态时，第一行显示流量设定值，第二行显示流量实测值。

(3) 键盘输入及其处理

监控仪的键盘上有 10 个数字键和 6 个功能键，数字键用于输入参数。各功能键子模块的功能如下：

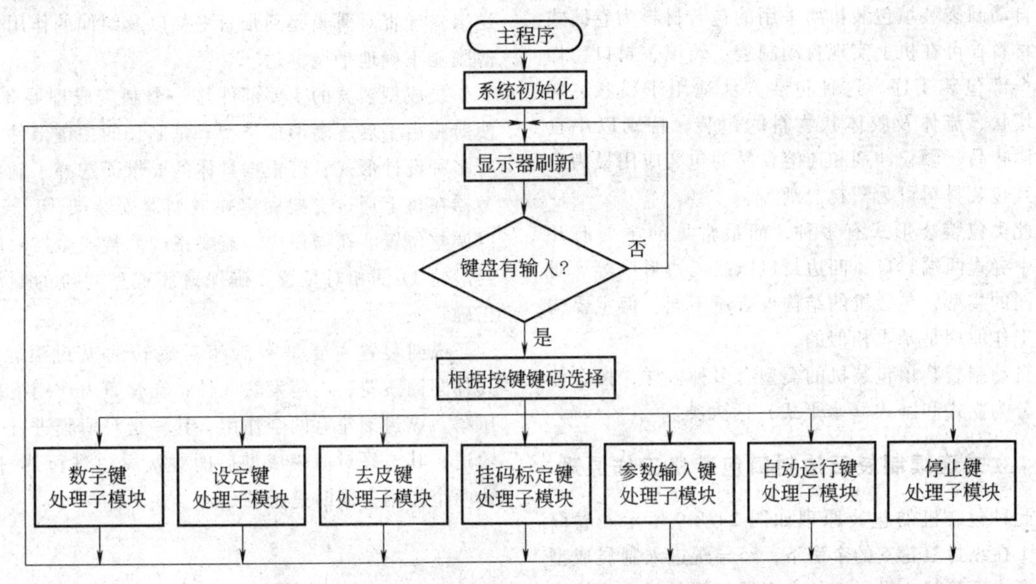

图 24. 8-7　传送带秤监控仪主程序流程图

1) 设定键。用于设定期望的流量值，按下此键，再输入数据和设定键，即完成新流量设定值的输入。

2) 去皮键。在空载状态下，对从称重传感器送来的称重信号进行 A/D 转换，经数字滤波后作为传送带的自重存入存储器，在正式称重时，从称重值中减去皮重后，才是物料的净重值。

3) 挂码设定。传送带秤在运动过程中，由于环境温度、湿度的变化，可能会引起传感器和放大器参数的变动，因此在每次使用前，都应对称量的比例系数 K 进行校正。挂码设定时，先在秤架上挂一标准重量的砝码，然后从键盘输入该砝码的实际重量 W_1，经过一段时间后，实测值 W 减去皮重 W_0 再被 W_1 除，即得校正后的 K 值，$K=W_1/(W-W_0)$。

4) 参数输入键。用于输入 PID 系数、速度脉冲比例系数等。

5) 自动运行键。允许执行中断服务程序中的 PID 运算部分，使传送带秤处于自动流量调节阶段。

6) 停止键。禁止进行 PID 运算，令 D/A 转换输出零值。

(4) 中断服务程序

中断服务程序的流程图如图 24. 8-8 所示。

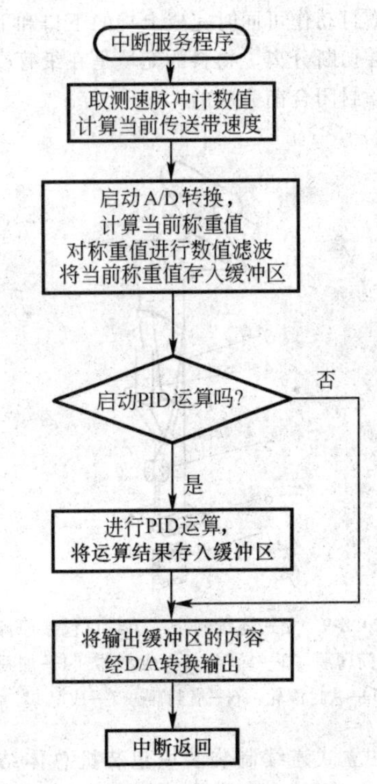

图 24. 8-8　中断服务程序流程图

程序中，首先进行测速和称重值的计算，并把当前值存入相应的缓冲单元，然后根据 PID 运行标志位决定是否进行 PID 计算。该标志位是由“自动运行键”置位，而由“停止键”清除的。在程序的最后，将输出缓冲区的数据送到 D/A 转换器输出，在运行中，被输出的数据由PID运行程序设置，在准备状态下，该数据被清零。

3 立式包装机

自动制袋装填包装机所采用的包装材料为卷筒式包装材料，可在机上实现自动制袋、装填、封口、切断等全部包装工序。这种包装方法适用于粉状、颗粒、块状、流体及胶体状物料的包装，特别以小食品、调味品、颗粒冲剂和速溶食品的包装应用最为广泛。其包装材料可为塑料、纸等。

此类包装袋形式有多种，而最常见的主要有几种：中缝式两端封口、四边封口以及三边封口等。对于不同的袋型，包装机的结构也有所不同，但主要构件及工作原理是基本相似的。

自动制袋装填包装机的类型有多种多样，按总体布局分为立式和卧式（水平式）两大类。

3.1 立式连续制袋三边封口包装机工作原理

此种包装机的包装原理如图24.8-9所示。卷筒薄膜1在纵封滚轮5的牵引下，经导辊进入制袋成型器3形成纸管状。纵封滚轮在牵引的同时封合纸管对接两边缘。随后由横封辊6闭合实行横封切断。同样，每次横封动作可同时完成上袋的下口和下袋的上口封合，并切断分离。物料的充填是在纸管受纵封牵引下行至横封闭合前完成的。

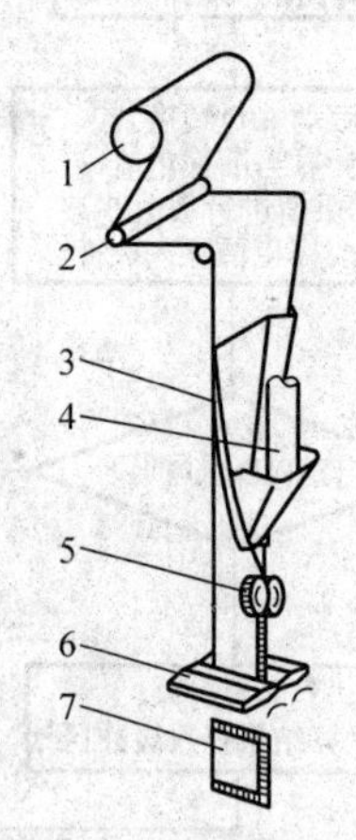

图24.8-9 立式连续制袋三边封口包装原理
1—卷筒薄膜 2—导辊 3—成型器 4—加料器
5—纵封滚轮 6—横封辊 7—成品袋

典型的立式连续制袋装填包装机总体结构如图24.8-10所示。整机包括七大部分：传动系统、薄膜供送装置、袋成型装置、纵封装置、横封及切断装置、物料供给装置以及电控检测系统。

如图24.8-10所示，机箱18内安装有动力装置及传动系统，驱动纵封滚轮11和横封辊14转动，同时传送动力给定量供料器7使其工作给料。

卷筒薄膜4安装在退纸架5上，可以平稳地自由转动。在牵引力的作用下，薄膜展开，经导辊3引导送出。导辊对薄膜起到张紧平整以及纠偏的作用，使薄膜能正确地平展输送。

袋成型装置的主要部件是一个制袋成型器8，它使薄膜由平展逐渐形成袋型，是制袋的关键部件。它有多种设计形式，可根据具体的要求而选择。制袋成型器在机上通过支架固定在成型器安装架10上，可以调整位置。在操作中，需要正确调整成型器对应纵封滚轮11的相对位置，确保薄膜成型封合的顺利和正确。

纵封装置主要是一对相对旋转的纵封滚轮11，其外圆周滚花，内装发热元件，在弹簧力作用下相互压紧。纵封滚轮有两个作用：其一是对薄膜进行牵引输送；其二是对薄膜成型后的对接纵边进行热封合。这两个作用是同时进行的。

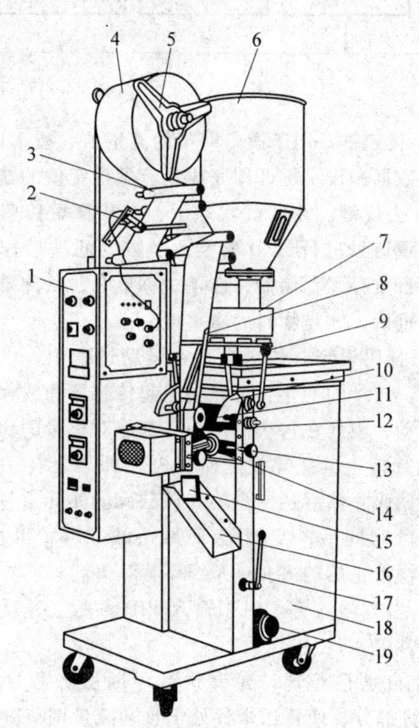

图24.8-10 立式连续制袋装填包装机总体结构
1—电控柜 2—光电检测装置 3—导辊 4—卷筒薄膜
5—退纸架 6—料仓 7—定量供料器 8—制袋成型器
9—供料离合手柄 10—成型器安装架 11—纵封滚轮
12—纵封调节按钮 13—横封调节旋钮 14—横封辊
15—包装成品 16—卸料槽 17—横封离合手柄
18—机箱 19—调速旋钮

横封装置主要是一对横封辊 14，相对旋转，内装发热元件。其作用也有两个：其一是对薄膜进行横向热封合。一般情况下，横封辊旋转一周进行一次或两次的封合动作。当每个横封辊上对称加工有两个封合面时，旋转一周，两辊相互压合两次。其二是切断包装袋，这是在热封合的同时完成的。在两个横封辊的封合面中间，分别装嵌有刃刀及刀板，在两辊压合热封时能轻易地切断薄膜。在一些机型中，横封和切断是分开的，即在横封辊下另外配置有切断刀，包装袋先横封再进入切断刀分割。不过，这种方法已较少采用，因为这样不但机构复杂，而且定位控制也变得复杂。

物料供给装置是一个定量供料器 7。对于粉状及颗粒物料，主要采用量杯式定容计量，量杯容积可调。图示定量供料器 7 为转盘式结构，从料仓 6 流入的物料在其内部由若干个圆周分布的量杯计量，并自动充填入成型后的薄膜管内。

电控检测系统是包装机工作的中枢系统。在此机的电控柜上可按需设置纵封温度、横封温度以及对印刷薄膜设定色标检测数据等，这对控制包装质量起到至关重要的作用。

3.2　立式包装机技术要求

1）包装材料可以是玻璃纸/聚乙烯、聚酯/镀铝/聚乙烯、聚酯/聚丙烯、BOPP 薄膜、尼龙复合膜等可热封的复合包装袋材料。横封、纵封温度可以根据材料的不同进行设定，并能稳定在设定温度。

2）包装袋尺寸：长为 50~200mm，宽为 40~145mm。

3）计量范围：20~50mL。

4）包装速度：30~90 包/min。

3.3　传动系统及电控原理

图 24.8-11 所示为连续式自动制袋装填包装机的传动系统。它的主动力来自电动机带动的减速器，图示的调速机构为带传动的分离锥轮式无级变速机构。作为设计方案选择，可采用一体式电动机直接驱动的机械式无级变速器。

动力由减速器输出后，通过链传动带动主轴Ⅰ运转，再通过主轴分配，形成三路传动，分别驱动定量供料器 12、纵封滚轮 10 以及横封辊 9。三路传动如下：

1）主轴Ⅰ通过锥齿轮 Z_{30} 带动立轴Ⅱ，再经齿轮 Z_{20} 及 Z_{40} 驱动轴Ⅲ，使定量供料器 12 回转。立轴Ⅱ上装有凸轮 7 和 8，控制微动开关，作为信号同步检测装置。

2）主轴Ⅰ通过间隔齿轮 5 和过渡齿轮 Z_{65}、Z_{90}

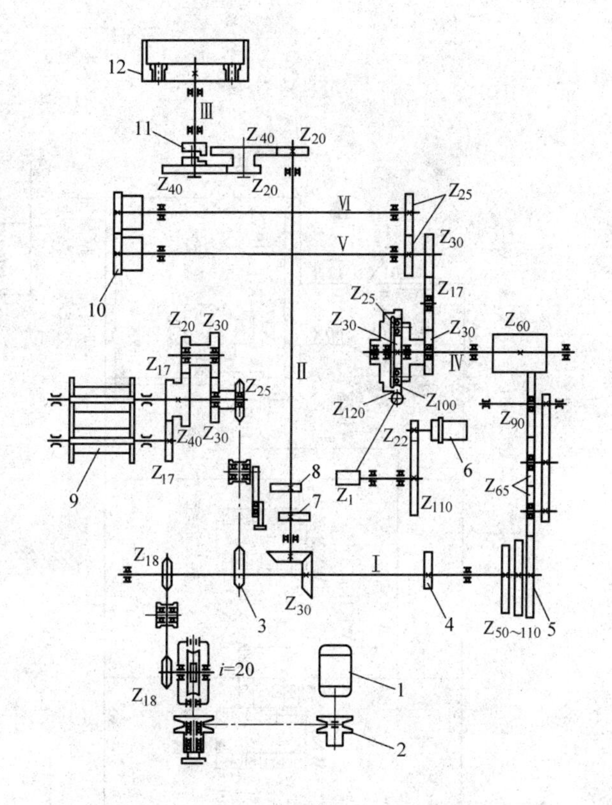

图 24.8-11　连续式自动制袋装填包装机的传动系统
1—主电动机　2—无级调速机构　3—偏心链轮机构
4—计数凸轮　5—间隔齿轮　6—伺服电动机
7—下凸轮　8—上凸轮　9—横封辊　10—纵封滚轮
11—离合器　12—定量供料器

带动齿轮 Z_{60}，使轴Ⅳ旋转。经过差动传动装置，综合伺服电动机 6 输出的补偿速度，再经过齿轮 Z_{37}、Z_{30} 带动轴Ⅴ旋转，从而驱动纵封滚轮 10 相对回转。齿轮 Z_{65}、Z_{90} 装配成挂轮式结构，可绕支轴摆动，并可沿支轴左右移动，与间隔齿轮 5 配合可输出不同的转速，以适应不同的袋长要求。

3）主轴Ⅰ通过偏心链轮机构 3 输出一个不等速运动，带动齿轮 Z_{30}，经齿轮 Z_{20}、Z_{40}、Z_{17} 驱动横封辊相对回转。通过调节偏心链轮的偏心值可以实现热封速度的调整。

图示传动系统，主轴回转一周，横封辊旋转半周，即封切一袋包装产品。当定量供料器配置 4 个量杯时，由主轴到供料器的传动比为 1/4，即每封切一袋，供料器旋转 90°。

自动制袋装填包装机电控系统如图 24.8-12 所示。

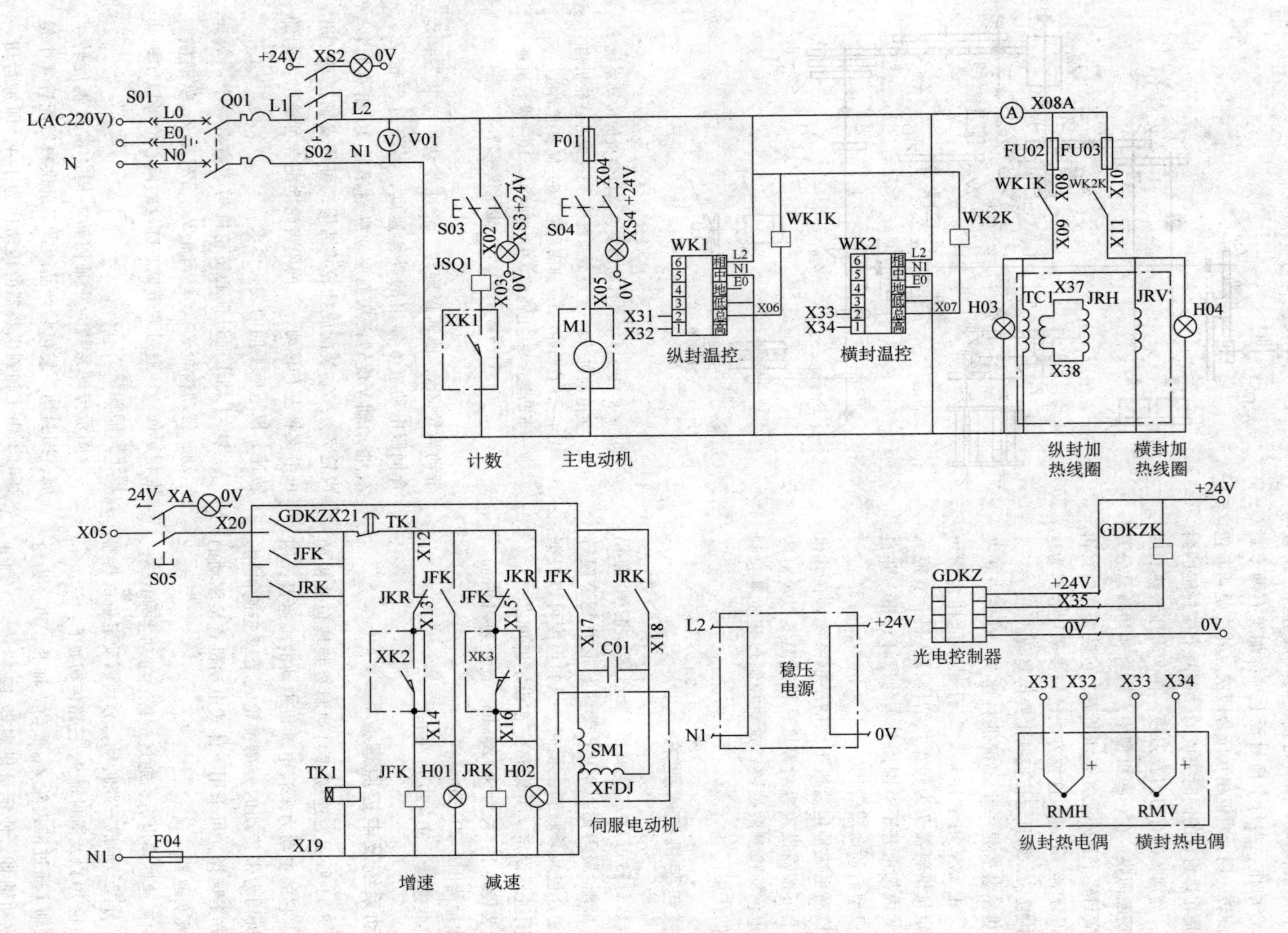

图 24.8-12　自动制袋装填包装机电控系统

4　电动喷砂机器人

该机器人为全电动型、五自由度、具有连续轨迹控制等功能的示教再现型机器人，用于高噪声、高粉尘等恶劣环境的喷砂作业。

4.1　机器人机构原理

该机器人的五个自由度分别是立柱回转（L）、大臂回转（D）、小臂回转（X）、腕部俯仰（W_1）、腕部转动（W_2），其机构原理如图 24.8-13 所示，机构的传动关系如图 24.8-14 所示。

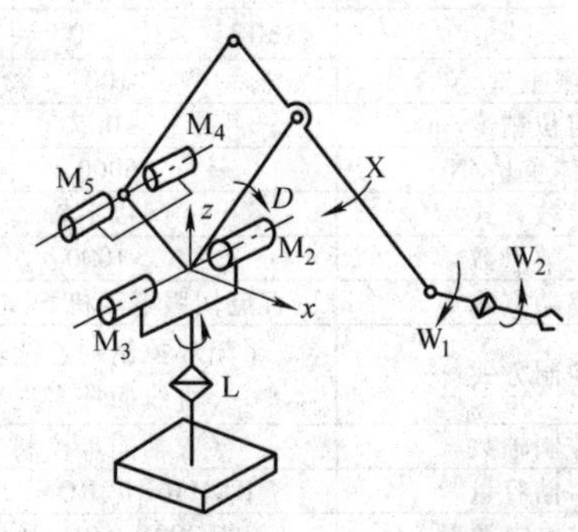

图 24.8-13　机器人机构原理

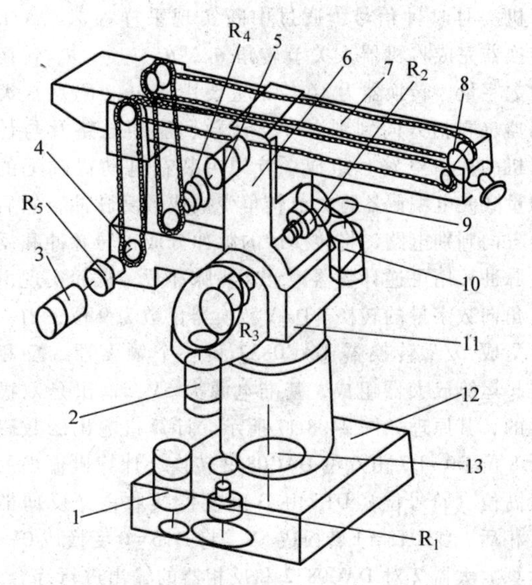

图 24.8-14　机器人机构传动关系

1—立柱驱动器 M_1　2—小臂驱动电动机 M_3　3—腕部回转电动机 M_5　4—链轮链条　5—腕部俯仰电动机 M_4　6—大臂　7—小臂　8、9—锥齿轮　10—大臂驱动电动机　11—立柱　12—基座　13—直齿轮　R_1、R_2、R_3、R_4、R_5—谐波减速器

4.2　控制系统

如图 24.8-15 所示，机器人控制系统（包括驱动与检测）主要由微型计算机、接口电路、速度控制单元、位置检测（码盘-编码器）电路、示教盒等组成。

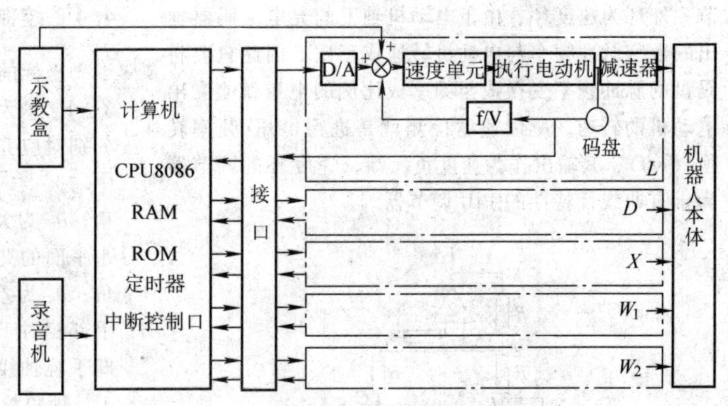

图 24.8-15　机器人控制系统框图

计算机：实现机器人示教、校验、再现的控制功能，包括示教数据编辑、坐标正逆变换、直线插补运算，以及伺服系统闭环控制。

接口电路：通过光电编码器进行机器人各关节坐标的模数转换（A/D），及把计算机运算结果的数字量转换为模拟量（D/A）传送给速度控制单元。

速度控制单元：它是驱动机器人各关节运动的电气驱动系统。

示教盒：它是人—机联系的工具，主要由一些点动按键和指令按键组成。通过点动按键可以对机器人各关节的运动位置进行示教，利用指令键完成某一指定的操作、实现示教、再现的各种功能。

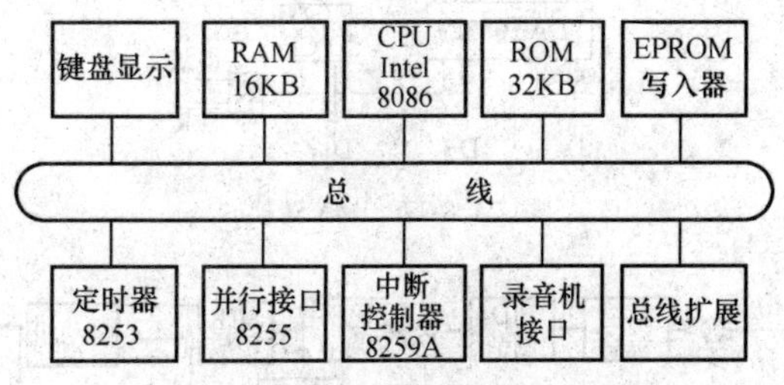

图 24.8-16　微机控制系统的硬件构成

微机控制系统的硬件组成如图 24.8-16 所示，CPU 为 Intel8086，主频 5MHz。RAM16KB 主要用于存储示教数据。ROM 32KB 存储计算机的监控程序和示教再现的全部控制程序。两片 8259A 中断控制器相连，共有 15 级中断，用于向计算机输入示教、校验、再现的所有控制指令。定时器 8253 用于产生计

算机实时时钟信号，通过中断实现采样控制。A/D转换器完成将机器人关节转角 θ_L，θ_D，…，θ_{w2} 转换为数字量，转换器为16位，主要由光电（码盘）编码器（包括方向判别、可逆计数、清零电路及与计算机的接口电路）组成。首先由装在电动机轴上的增量式光电编码器将关节转角变换成数字脉冲，然后经方向判别电路，将转换后的脉冲分成正转脉冲和反转脉冲，用可逆计数器记录这些脉冲数，从而实现由转角向数字量的转换。D/A 转换器位数为9位，由一片集成 D/A 转换器 DAC0832 和一个触发器、反相器、运算放大器组成，基准电源为5V，输出是双极性的，其原理如图 24.8-17 所示。计算机输出的数码低8位 D0~D7 由八位 DAC0832 转换，计算机输出的最高位（符号位）D15 由 D 触发器接收，经反向器反相后，将 D15=1 转换成 5V，将 D15=0 变换成 0V。运算放大器 2 对 DAC0832 和反相器的输出进行综合，实现9位双极性 D/A 转换，输出模拟量电压到驱动速度控制单元。各关节速度控制单元都是双环速度闭环系统，其框图如图 24.8-18 所示。电动机为永磁式直流伺服电动机（功率为 400W，最高转速为 2000r/min，额定电流为 12A），功率放大器为三相晶闸管全波整流可逆电路，内环为电流反馈环，采用纯比例调节。外环为速度环，由于电动机轴上的光电编码器输出的数字脉冲频率与电动机转速成正比，因此只要将码盘的脉冲频率变换成与频率成比例的电压就能测出电动机的转速，所以速度检测就是进行电压/频率转换（v/f），其输出作为速度负反馈，速度环的调节器为带有非线性特性的 PID 调节器。

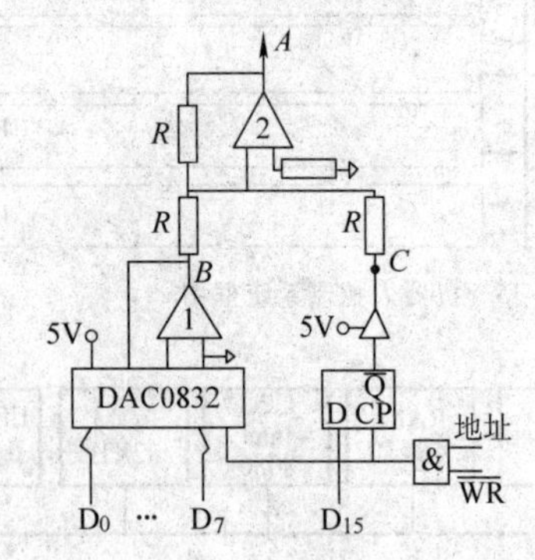

图 24.8-17　D/A 转换

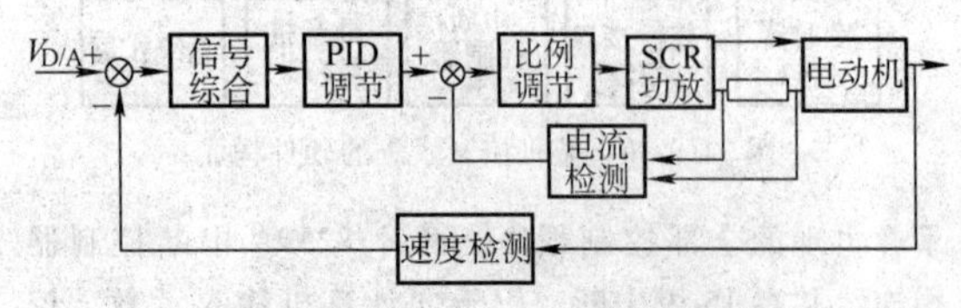

图 24.8-18　速度控制单元框图

4.3　机器人规格参数（见表 24.8-2）

表 24.8-2　机器人规格参数

项目		规格		
坐标形式		多关节型		
自由度		五		
运动范围		角度/(°)	最大速度/(°/s)	臂长mm
	L	±135	30	
	D	±35	40	600
	X	+17~−14	40	800
	W_1	±45	70	180
	W_2	±135	70	
可搬重量/N		100		
重复定位精度/mm		±0.5		
本体重量/N		6000		
示教方式		间接示教		
示教点数		>1000		
驱动方式		直流伺服电动机 SCR 驱动		
控制方式		半闭环控制的连续轨迹（直线插补实现）		
控制轴数		五轴同步控制		
存储容量		RAM16KB、ROM32KB		
供电电源		三相 380V、50Hz、1.5kW		

4.4　控制算法简介

坐标的指定：关节坐标如图 24.8-19 所示。图中 X、Y、Z 为直角坐标系。θ_1 ~ θ_5 为指定的关节坐标，分别对应五路 A/D 转换器得到的数值，其方向如图中“+”“-”号所示。θ_1 为立柱 L_1 相对基座 L_0 的转角；θ_2 为大臂 L_2 与铅垂线的夹角；θ_3 为小臂 L_3 与水平面的夹角；θ_4 为手腕轴 L_4 与小臂 L_3 延长线的夹角；θ_5 为差动轮系中的转角；θ_5 与 θ_4 合成的结果是手部相对于手腕的转角；A 为姿态参数，$A=\theta_3+\theta_4$，即手腕轴线与水平面的夹角；B 为姿态参数，$B=\theta_4-\theta_5$，即喷枪与手腕垂直固定；P 点为加工点，其在直角坐标系中的位置为 x，y，z。

关节坐标到直角坐标的运动学正变换：示教点的关节坐标 θ_1 ~ θ_5 与直角坐标 x、y、z 及姿态参数 A、B 的运动学正变换公式为

$$\begin{cases} x=(-L_5S_AC_B+L_4C_A+L_3C_3+L_2S_2)C_1+L_3S_1S_B \\ y=(-L_5S_AC_B+L_4C_A+L_3C_3+L_2S_2)S_1-L_5C_1S_B \\ z=-L_5C_AC_B-L_4S_A-L_3S_3+L_2C_2 \\ A=\theta_3+\theta_4 \\ B=\theta_4-\theta_5 \end{cases} \tag{24.8-3}$$

其中，$C_i=\cos\theta_i$，$S_i=\sin\theta_i$（$i=1,\cdots,5,A,B$），L_i（2,3,4,5）为各臂杆长度。

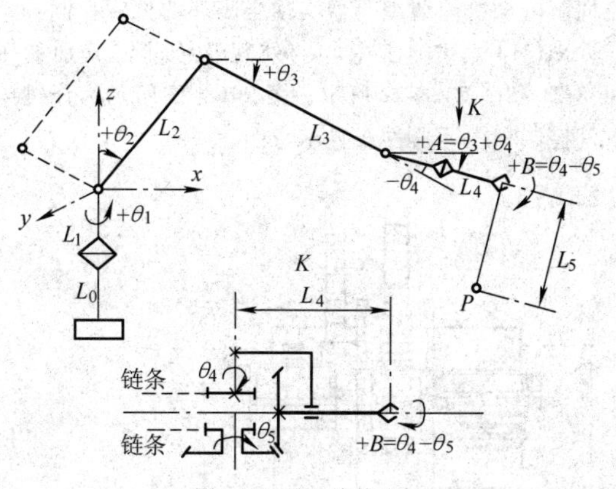

图 24.8-19　关节坐标

示教时，计算机读进关节坐标 θ_i，然后经运动学坐标正变换，变换为工作点 P 的位置与姿态参数，存入内存作为示教点参数。

直线插补：取机器人的零位（见图 24.8-20）为每次工作的初始位置，工作完后又返回到这个初始位置。零位坐标为 $\boldsymbol{\Theta}_0=(\theta_1,\ \theta_2,\ \theta_3,\ \theta_4,\ \theta_5)^{\mathrm{T}}=(0,\ 0,\ 0,\ 0,\ 0)^{\mathrm{T}}$，$\boldsymbol{X}_0=(x,\ y,\ z,\ A,\ B)^{\mathrm{T}}=(x_0,\ 0,\ z_0,\ 0,\ 0)^{\mathrm{T}}$，设再现到第 i 个示教点，要在第 i 点和第 $i+1$ 点之间进行直线插补，并设工作点 P 的位置与姿态坐标是（x_i，y_i，z_i，A_i，B_i），取第 $i+1$ 个示教数据（v_{i+1}，x_{i+1}，y_{i+1}，z_{i+1}，A_{i+1}，B_{i+1}），则

$$\begin{cases}\Delta x'_{i+1}=x_{i+1}-x_i;\\ \Delta y'_{i+1}=y_{i+1}-y_i;\\ \Delta z'_{i+1}=z_{i+1}-z_i;\\ \Delta A'_{i+1}=A_{i+1}-A_i;\\ \Delta B'_{i+1}=B_{i+1}-B_i\end{cases}\tag{24.8-4}$$

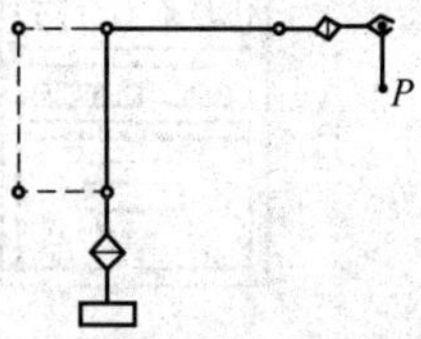

P

图 24.8-20　机器人零位

求插补步数：

$N_{i+1}=\mathrm{INT}\left[\dfrac{\sqrt{\Delta x_{i+1}{'^2}+\Delta y_{i+1}{'^2}+\Delta z_{i+1}{'^2}}}{v_{i+1}}\right]$，式中 v_{i+1} 为示教速度，表示一个采样周期内所走的距离。求运动增量如下：

$$\begin{cases}\Delta x_{i+1}=\Delta x_{i+1}'/N_{i+1};\\ \Delta y_{i+1}=\Delta y_{i+1}'/N_{i+1};\\ \Delta z_{i+1}=\Delta z_{i+1}'/N_{i+1};\\ \Delta A_{i+1}=\Delta A_{i+1}'/N_{i+1};\\ \Delta B_{i+1}=\Delta B_{i+1}'/N_{i+1};\end{cases}\tag{24.8-5}$$

位置与增量的逆变换：由直线插补得到的位置与姿态增量必须经坐标逆变换，变换成关节坐标的增量才能作为各关节伺服系统的给定值，控制机器人按定轨迹运动。逆变换的计算式为

$$\begin{cases}\Delta\theta_1=[C_1\Delta y-S_1\Delta x+L_5C_B\Delta B]/[C_1x+S_1y]\\ \Delta\theta_2=[C_3M-S_3N]/(L_2C_{2-3})\\ \Delta\theta_3=-[S_2M+C_2N]/[L_3C_{2-3}]\\ \Delta\theta_4=\Delta A-\Delta\theta_3\\ \Delta\theta_5=\Delta\theta_4-\Delta B\end{cases}\tag{24.8-6}$$

其中

$$M=C_1\Delta x+s_1\Delta y+(C_1y-S_1x)\Delta\theta_1+(L_4S_A+L_5C_AC_B)\Delta A-L_5S_AS_B\Delta B\tag{24.8-7}$$

$$N=\Delta z+(L_4C_A-L_5S_AS_B)\Delta A-L_5C_AS_B\Delta B\tag{24.8-8}$$

$$C_i=\cos\theta_i\tag{24.8-9}$$

$$C_{2-3}=\cos(\theta_2-\theta_3)\tag{24.8-10}$$

$$S_i=\sin\theta_i\tag{24.8-11}$$

数字 PID：机器人五个关节的位置闭环是由计算机实现的。数字 PID 为位置环的调节算法，是为了系统稳定而设置的。每当实时时钟中断之后，计算机就采样五个关节的坐标值，然后与坐标逆变换出来的五个坐标给定值进行比较，求出关节误差，经数字 PID 运算输出关节速度控制系统的控制信号，经 D/A 转换后送到速度控制单元。数字 PID 算式是带有前馈和积分分离的 PID 算式：

$$u(k)=K_\mathrm{p}e(k)+K_\mathrm{d}\Delta e(k)+K_\mathrm{I}\sum_{i=0}^{k}e(i)+K_\mathrm{f}\Delta\theta(k)\tag{24.8-12}$$

当 $|e(k)|\leqslant\varepsilon$ 时，引入积分；当 $|e(k)|>\varepsilon$ 时，取消积分。其中，K_p 为比例常数，K_d 为微分常数，K_I 为积分常数，K_f 为前馈常数。前馈信号的引入是为了提高系统的速度跟踪精度，积分项是为了提高系统抗负载扰动的能力，比例项是为了保证位置精度，而微分项是为了提高系统的稳定性。

5　XH714 立式加工中心

5.1　机床简介

XH714 立式加工中心是一种中小规格、高效通用的数控机床。该机床设有可容纳 20 把刀具的自动换刀系统，并配有三菱 MELDAS 50 数控系统，通过编程，在一次装夹中可自动完成铣、镗、钻、铰、攻螺纹等多种工序的加工。若选用数控转台，可实现四轴控制，进行多面加工。

XH714 的主传动采用三菱 SJ-P 系列交流主轴电

动机及 MDS-A-SPJ 系列主轴驱动装置，在 45～4500 r/min 范围内无级变速，利用主轴电动机内装编码器实现同步攻螺纹。伺服进给采用三菱 HA 系列交流伺服电动机及 MDS-A-SVJ 交流伺服驱动装置，通过交流伺服电动机内装编码器实现半闭环的位置控制。

XH714 立式加工中心的外观及传动链分别如图 24. 8-21 和图 24. 8-22 所示，图 24. 8-23 所示为该机床电气控制柜内元器件布置示意图。

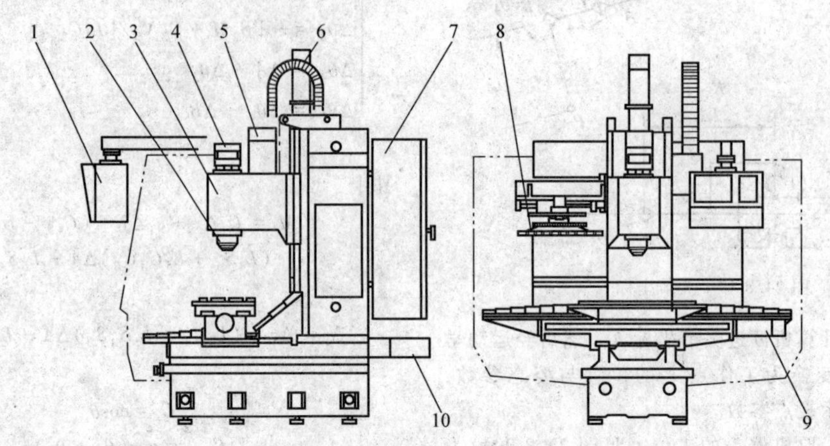

图 24. 8-21 XH714 立式加工中心

1—CRT/MDI 及机床操作面板 2—主轴 3—主轴箱 4—主轴气缸 5—主轴电动机 6—Z 轴伺服进给电动机 7—电器控制柜 8—回转刀库 9—X 轴伺服进给电动机 10—Y 轴伺服进给电动机

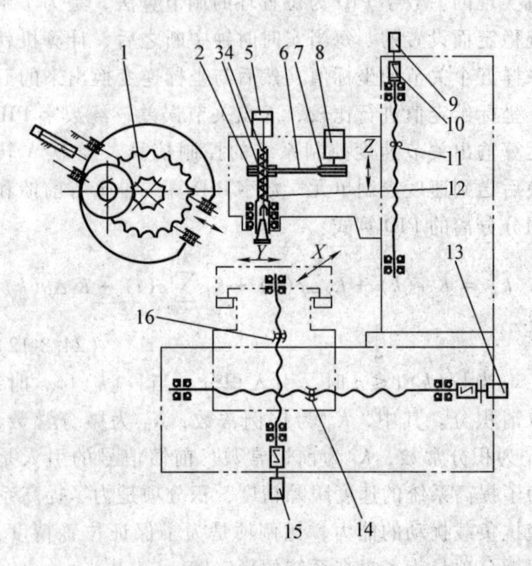

图 24. 8-22 XH714 传动链

1—斗笠式刀库 2—同步齿形带轮 3—碟形弹簧 4—拉杆 5—主轴拉杆气缸 6—同步齿形带轮 1 7—同步齿形带轮 8—主轴电动机 9—Z 轴伺服电动机 10—弹性膜片联轴器 11—Z 轴滚珠丝杠螺母副 12—主轴 13—Y 轴伺服电动机 14—Y 轴滚珠丝杠螺母副 15—X 轴伺服电动机 16—X 轴滚珠丝杠螺母副

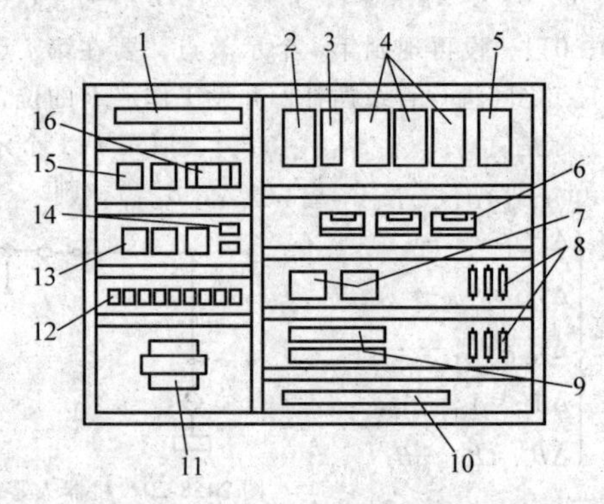

图 24. 8-23 电气控制柜内元器件布置图

1—输入/输出接线端子(1) 2—CNC 单元 3—I/O 单元 4—X、Y、Z 轴伺服单元 5—主轴驱动装置 6—I/O 接线端子板 7—开关电源 8—外接再生电阻 9—压敏电阻 10—输入/输出接线端子(2) 11—机床控制变压器 12—中间继电器 13—接触器 14—阻容吸收元件 15—断路器 16—熔断器

5.2 数控系统

机床采用的 MELDAS 50 数控系统具有如下特点：

1）采用 32bit（精简指令微处理器 RISC）的超小型数控装置。

2）利用高速串行方式与高性能的伺服系统连接，实现了全数字式的控制方式，对应于最大的 NC 轴数为 4 根伺服轴+2 根主轴+2 根 PLC 轴。

3）通过数据总线，实现与 I/O 装置的配置，并可在数控系统的手动数据输入（MDI）面板上进行梯形图开发，无需专用梯形图编程器。

表 24. 8-3 列出了 MELDAS 50 数控系统的部分性能。

表 24.8-3 MELDAS 50 数控系统部分性能

进给功能	1）快进速度 240m/min 2）切削进给速度 240m/min 3）手动进给速度 240m/min 4）插补后自动加减速（线性、指数）
输入/输出接口装置	1）RS-232C 接口 2）串行磁盘驱动器
机械精度补偿	1）反向间隙补偿 2）螺距误差补偿 3）相对位置误差补偿 4）机械坐标系补偿
动态精度校正	1）过象限补偿 2）平滑高增益（SHG 控制）
自动化支持功能	1）自动/手动刀具长度测量 2）刀具寿命管理 3）外部数据输入/输出
诊断	1）外部报警信息 2）操作出错显示 3）伺服出错显示 4）输入/输出接口显示
PLC	1）内装 PLC 2）机上 PLC 梯形图开发 3）外部机械坐标系、工件坐标系及刀具补偿输入 4）PLC 最大 2 轴控制 5）梯形图监控

图 24.8-24 所示为 MELDAS 50 控制单元示意图。其功能键的作用如下：

1）MONITOR 键。通过菜单键切换，显示现在坐标值、指令值及程序找寻等。

2）TOOL PARAM 键。通过菜单键切换，显示工件坐标、加工参数、轴参数、I/O 参数、刀具补偿、刀具登录及刀具寿命管理等。

3）EDIT MDI 键。在编辑画面下，能增加、删除或改变存储器中加工程序的内容，并能编辑新的加工程序。在 MDI 画面下，在缓冲寄存器中输入一段程序或一个程序，执行后消除。

4）DIAGN IN/OUT 键。通过菜单键切换，显示报警信息、伺服监视、主轴监视及 PLC 输入输出信号设定、显示。

5）SFG 键。在显示器上模拟所编程序的加工轨迹，并监控加工过程中刀具的运动轨迹。

6）FO 功能键。显示梯形图，并用于 PLC 梯形图开发。

5.3 伺服系统

（1）驱动单元

MDS-A-SVJ 交流伺服驱动单元与 MELDAS 50 CNC 组成全数字式的伺服控制。伺服驱动单元通过数据总线的方式，接受系统的指令脉冲串，完成位置控制和速度控制。从驱动特性上看，由于采用了平滑高增益（SHG）和高速定位等技术，使伺服系统在高增益的情况下具有良好的响应特性和稳定的位置环控制。伺服驱动采用 IGBT 功率晶体管及 SPWM 控制技术。MDS-A-SVJ 交流伺服驱动单元外观如图 24.8-25所示。

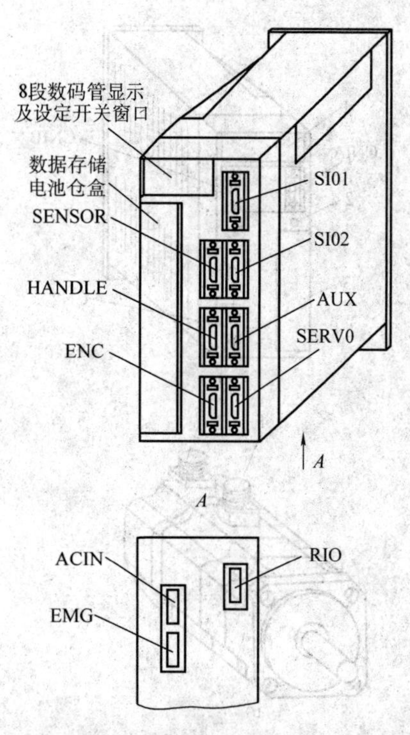

图 24.8-24 MELDAS 50 控制单元示意图

MDS-A-SPJ 系列交流主轴驱动单元通过采用高速数字信号处理（DSP）和智能电源组件（IPM）实现了小型化和高性能，利用主轴电动机内装编码器实现同步攻螺纹，并可进行主轴高速定向来缩短定向时间。

本机床 *X*、*Y* 轴伺服单元型号为 MDS-A-SVJ-10，*Z* 轴为 MDS-A-SVJ-20；与之相配的 HA 系列交流伺服电动机中，*X*、*Y* 轴为 HA80NT-E33，额定转速为 2000r/min，输出功率为 1.0kW，锥形轴端，内装增量式 20000 脉冲/r 脉冲编码器，带电磁制动器。主轴驱动单元为 MDS-SPJ-75，交流主轴电动机为 SJ-PF7.5，输出功率为 7.5kW。

数控系统与伺服驱动、主轴驱动等装置的连接如图 24.8-26 所示。

（2）伺服参数

表 24.8-4 列出了部分伺服参数。

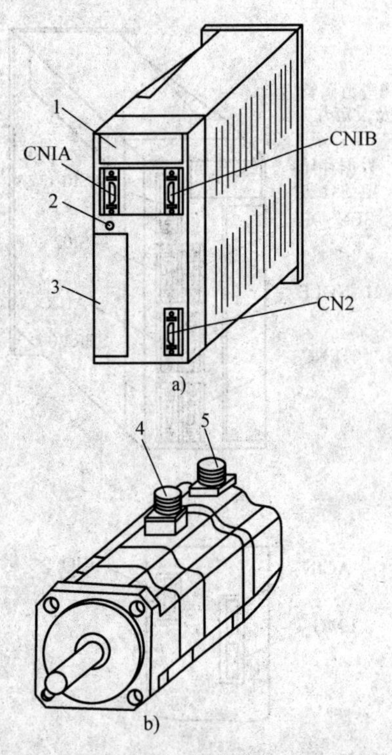

图 24.8-25　MDS-A-SVJ 驱动单元及 HA 交流伺服电动机

a）驱动单元外观　b）交流伺服电动机

1—操作状态及报警显示窗口　2—运行状态指示灯

3—电源接线盒（U、V、W 和 R、S、T）　4—电动机电源连接座　5—编码器信号连接座

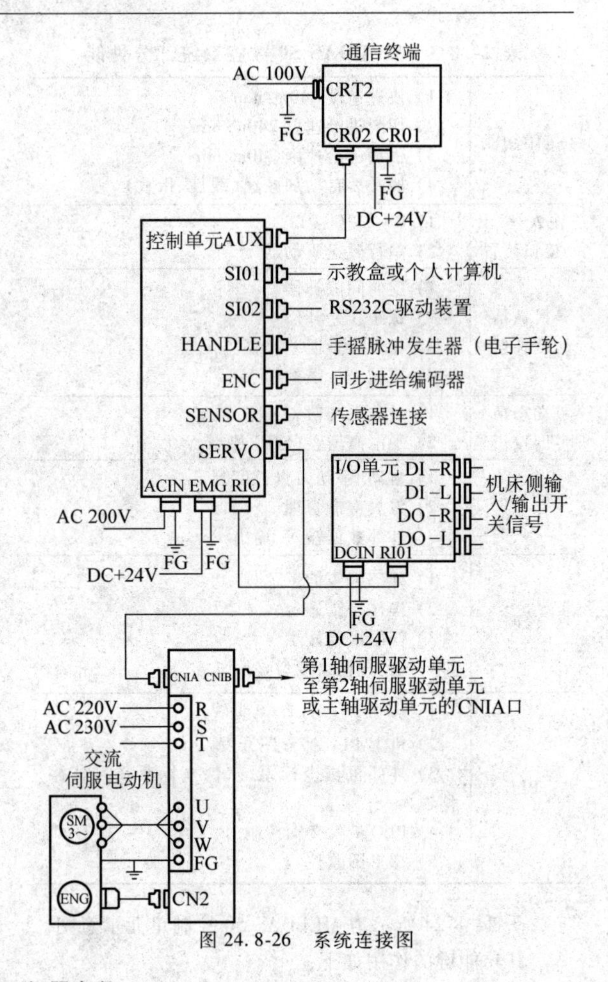

图 24.8-26　系统连接图

表 24.8-4　伺服参数

参数号	参数名称	设定方法	标准设定值	设定范围
SV003	位置环增益 1	设定以 1 为单位的位置环增益	3	1～200(1/s)
SV004	位置环增益 2	当用 SHG 控制时，用 SV057 参数设定，不用时设为 0	0	1～200(1/s)
SV005	速度环增益	当该值增大时，响应变快但振动和噪声也增加	150	1～500
SV016	失动量补偿增益	由于摩擦、扭曲及反向间隙，在过象限时引起不灵敏区（死区）过大时设定	0	0～200%
SV055	减速控制最大延迟时间	设定减速控制最长时间，当设定为 0 时，时间为 2000ms	0	0～5000ms

5.4　I/O 控制

图 24.8-27 所示为 I/O 单元示意图。

输入输出信号经 I/O 单元进行 PLC 控制，在 MELDAS 50 中，PLC 的指令有：基本指令、功能指令和专用指令。其中功能指令包括：比较指令、算术运算指令、BCD 码和 BIN 码转换指令、数据传送指令、程序分支指令、逻辑运算指令、循环指令和数据处理指令。专用指令主要用于刀具控制，如选刀、刀具寿命管理等。

（1）机床操作面板信号输入

图 24.8-28 所示为机床操作面板示意图，图 24.8-29 所示为面板上开关至 I/O 单元 DI-L 口的输入信号。

模式选择（又称工作方式选择）开关在机床操作中有很重要的作用。

1）TYPE 方式。通过光电阅读机，运行穿孔纸带上的程序。

2）MEM 方式。自动运行存储器中的程序。在调用到存储器中所需的加工程序后，按循环启动键（CYCLE START），程序执行。在执行过程中，若按循环停止键（CYCLE STOP），则程序停止，再按循

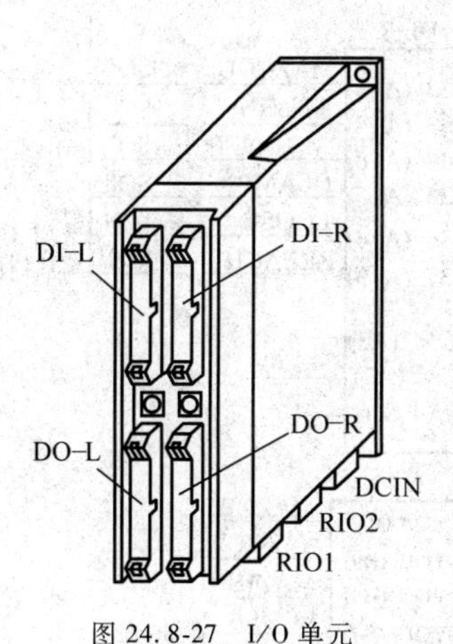

图 24.8-27　I/O 单元

环启动键，程序继续执行。

3）MDI 方式。在缓冲寄存器中，输入一个程序段或一个程序，运行后自行消除。

4）JOG 方式。手动连续运动。选择 JOG 方式后，再进行坐标轴选择（AXIS SELECT），按 JOG+键或 JOG-键，则轴正向或负向移动，释放 JOG+键或 JOG-键，则轴停止。移动的速度可通过进给倍率开关（FEED RATE OVERRIDE）来调整。

5）HANDLE 方式。选择 HANDLE 方式后，再进行坐标轴选择和手动倍率（HANDLE MUL TIPLER）

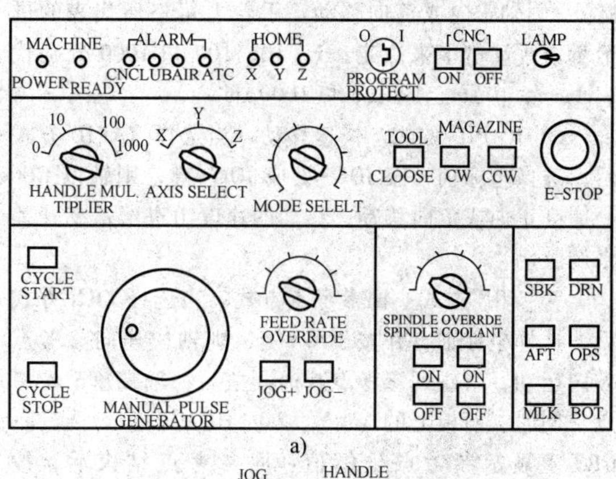

a)

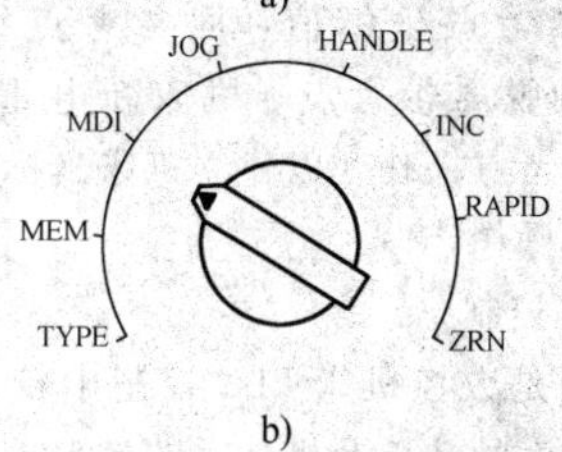

b)

图 24.8-28　机床操作面板
a）面板布置　b）模式选择开关

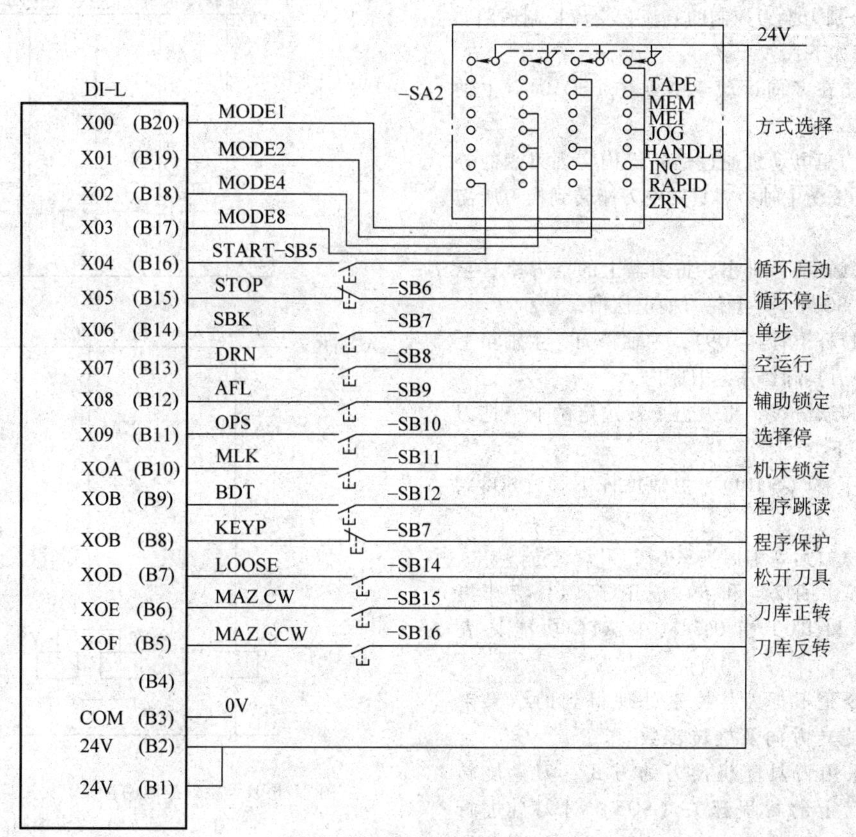

图 24.8-29　面板开关输入信号

调整，顺时针或逆时针转动手摇脉冲发生器（MANUAL PULSE GENERATOR，俗称电子手轮或手脉），则轴正向或负向移动。手轮上每格所代表的进给量由手动倍率来决定，1、10、100和1000分别代表1μm、10μm、100μm和1000μm。

6）RAPID方式。快速移动。当选择RAPID方式后，选择坐标轴，按JOG+键或JOG-键，则轴以G00的速度正向或负向移动，移动的速度由进给倍率开关来调整。

7）ZRN方式。回参考点方式。当选择ZRN方式后，选择坐标轴，并按JOG-键，则轴快速向参考点方向运动，当碰到参考点减速开关后，轴减速至参考点，同时，面板上的X、Y、Z的HOME指示灯点亮，CRT上显示参考点坐标值。回参考点结束后，按JOG+键，使轴脱离参考点。机床断电重新启动后，必须进行回参考点操作，以建立机床坐标系，方能进行其他方面的操作。

（2）换刀控制

换刀控制是数控机床PLC控制中较复杂的一个内容，涉及刀库的选刀及机械手的换刀控制。本机床采用主轴向上、下运动的自卸式换刀方式。图24.8-30所示为有关换刀控制的输入/输出信号，图24.8-31a、b所示分别为换刀控制的直流、交流控制回路。

换刀过程如下：

1）主轴箱在Z向运动至换刀点（SQ10），主轴定向。

2）低速力矩电动机通过槽轮机构实现刀盘的分度，将刀盘上接受主轴中刀具的空刀座转到换刀所需的预定位置。

3）刀库气缸活塞推出，将刀盘上的空刀座送至主轴正下方（SQ7），并卡住刀柄定位槽。

4）主轴拉杆上移（SQ9），主轴松刀，主轴箱上移，原主轴中刀具卸留在空刀座内。

5）刀盘再次分度，将刀盘上被选定的下一把刀具转到主轴正下方。

6）主轴下移（SQ10），主轴拉杆下移（SQ8），主轴夹刀。

7）刀库气缸后塞缩回（SQ6），刀盘复位。

换刀过程中的2）和5）应用了PLC特殊指令中的ATC和ROT指令，其中ATC功能见表24.8-5。

ROT指令是根据刀号搜索处理得到的结果来决定刀库的旋转方向及旋转步数。

本机床采用刀具随机换刀的方式，刀盘旋转时，通过刀盘上的行程开关（SQ5）对刀盘进行计数。

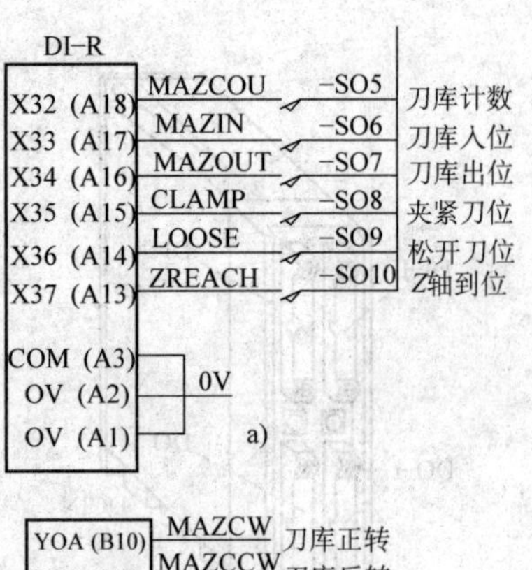

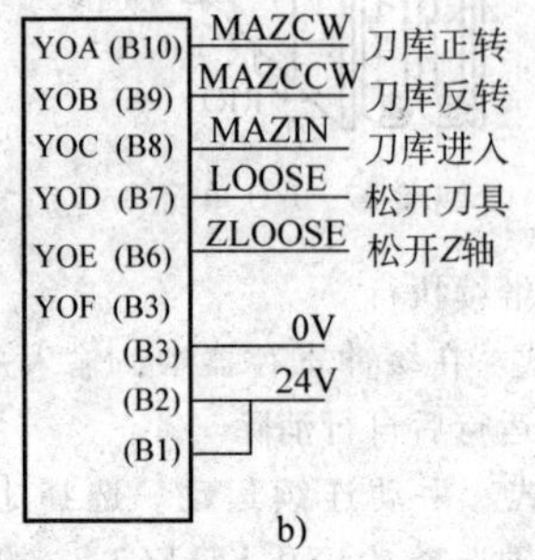

图24.8-30　换刀控制的输入/输出信号
a）输入信号　b）输出信号

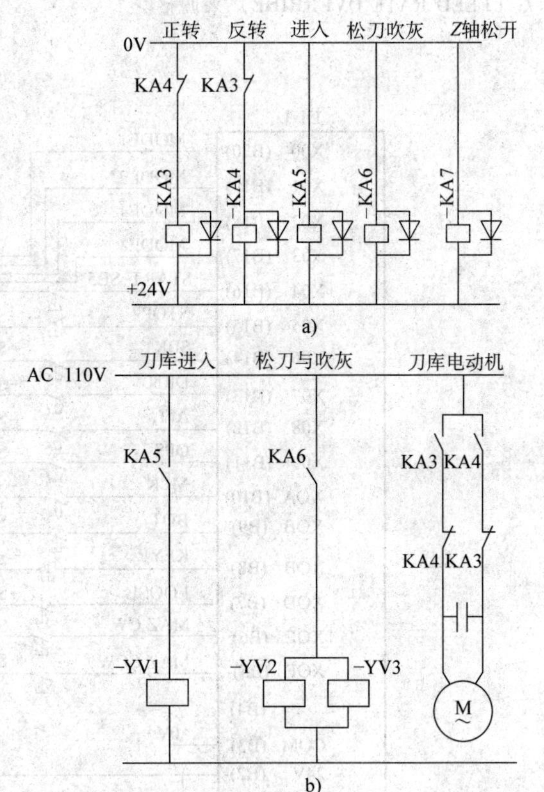

图24.8-31　换刀控制的直流、交流控制回路
a）直流控制　b）交流控制

表 24.8-5　ATC 功能

ATC	Kn	功　能	ATC	Kn	功　能
ATC	K1	刀号搜索	ATC	K7	刀具正向旋转
ATC	K2	刀号逻辑“与”搜索	ATC	K8	刀具反向旋转
ATC	K3	刀具固定位置交换	ATC	K9	读刀具表
ATC	K4	刀具随即位置交换	ATC	K10	写刀具表
ATC	K5	正向旋转指针	ATC	K11	自动写刀具表
ATC	K6	反向旋转指针			

5.5　电源

机床从外部动力线获得三相交流 380V 电源后，在电控柜中进行再分配，以获得 AC100V 的 CNC 系统电源、三相 AC 200～230V 驱动装置电源、单相 AC100V 交流接触器线圈电压及 DC+24V 稳压电源，同时进行电源保护，如熔断器、断路器等。图 24.8-32所示为该机床电源配置。

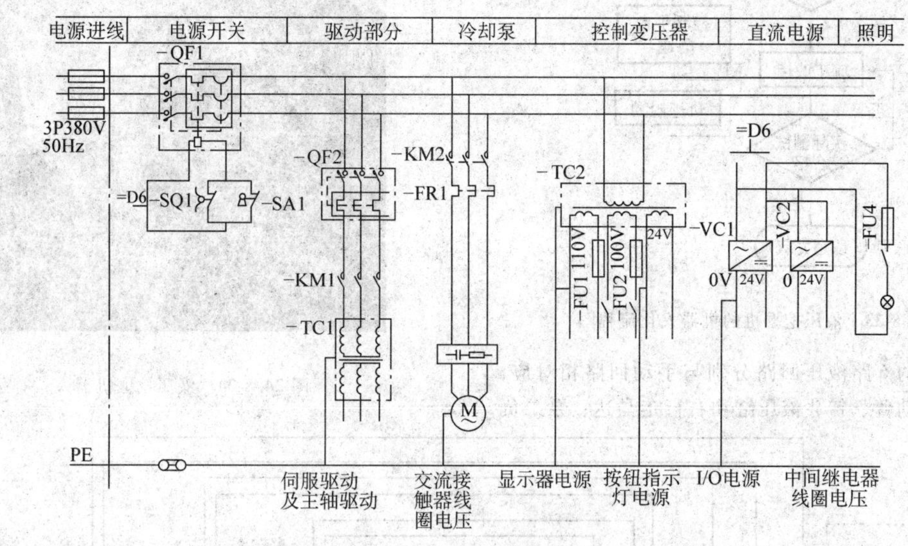

图 24.8-32　电源配置

6　综合实例：液压挖掘机器人

6.1　全液压挖掘机器人的功能需求及开发流程

液压挖掘机是应用广泛、结构复杂的工程机械。随着挖掘机技术的发展，目前国内外许多研究机构都致力于提高挖掘机自动化及智能化水平。为实现挖掘机的自主挖掘，挖掘机的机器人化是其发展的重要方向。为提高工作效率，降低劳动强度，适应复杂的工作环境，实现自主挖掘成为了提高挖掘机智能化水平的研究热点。

挖掘机器人的机械部分是通过对小松挖掘机进行改造来实现的。在对小松挖掘机进行改造之前，首先需要确定改造后挖掘机器人所能实现的功能和目的。

1）为了便于人工干预，需要在对挖掘机器人进行自动控制的同时还能进行手动操作，因而把电液比例控制系统与原有手动操作系统并联，通过两位电磁换向阀进行手动/自动模式的切换。

2）所增设的自动模式回路的控制性能和稳定性要好，故障率要低，避免漏油等情况发生。

3）为了便于进行自动控制系统的开发，需要建立一个便于开发的控制平台，对所设计的控制策略能方便地实现，缩短程序开发时间。

4）除了对挖掘机安装一个“大脑”（计算机）之外，挖掘机器人还需要有一定的“感觉”。安装倾角传感器以获取各个关节角度值的信息，安装压力变送器以获取各驱动液压缸的压力值。

挖掘机器人的开发设计过程是一个复杂的、反复修改的过程，需要初步设计、详细设计、挖掘机器人样机试制、控制平台开发、轨迹规划系统设计和样机调试等过程，其中很多过程需要反复地进行，才能使得样机满足试验要求，具体开发的流程图如图 24.8-33 所示。

改造后的液压挖掘机器人如图 24.8-34 所示。

6.2　电液系统的设计与改造

经过反复研究和论证，考虑到功能需求、控制性能、稳定性和可靠性等因素，最终液压系统图如图 24. 8-35 所示。

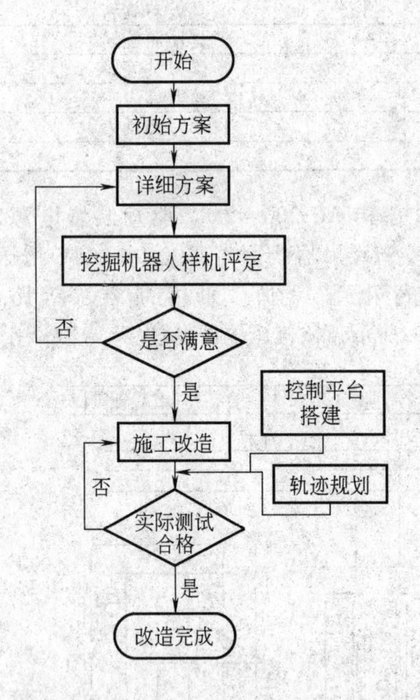

图 24. 8-33　液压挖掘机的机器人化流程图

所改造的 6 路液压回路分别与手动回路相对应，即泵一负责动臂、铲斗液压缸和右行走马达；泵二负责斗杆、动臂摆动液压缸和回转、左行走马达。液压泵的出口通过三通接头分别接手动回路和自动回路，液压缸和液压马达的进出油口通过三通接头分别接手动回路和自动回路，这样就可以将手动和自动回路并联起来。

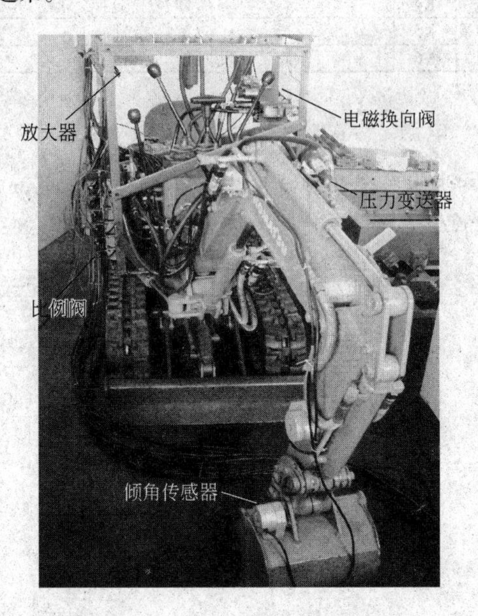

图 24. 8-34　液压挖掘机器人

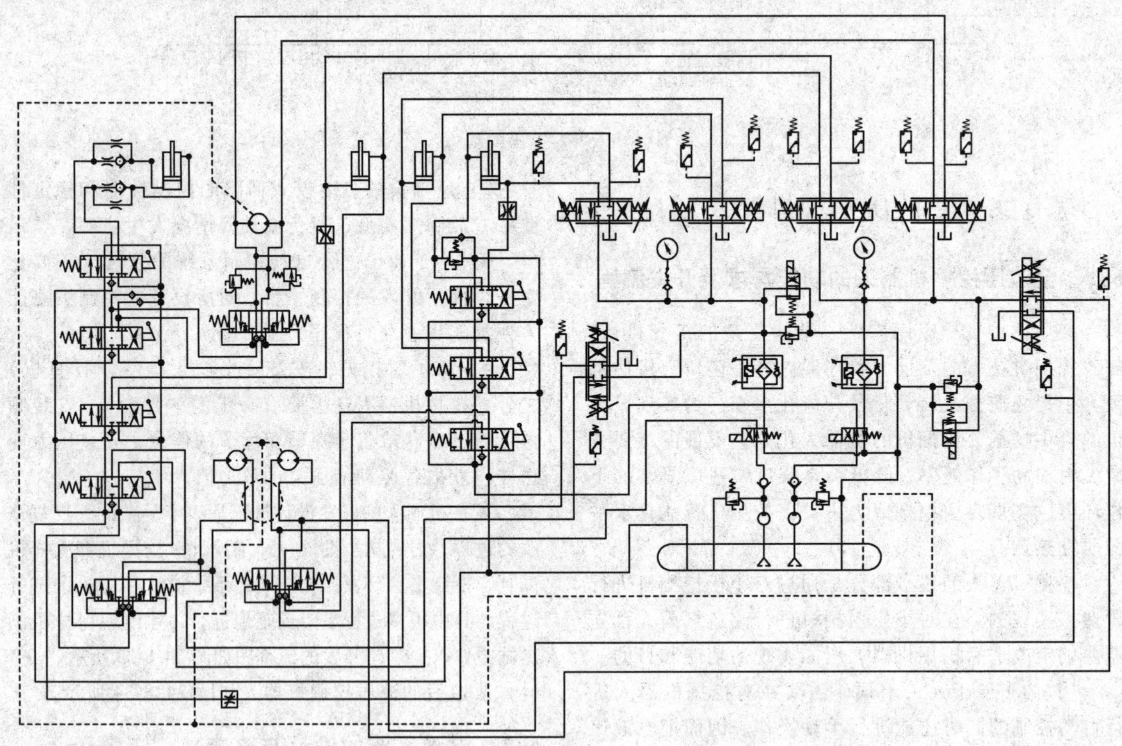

图 24. 8-35　挖掘机器人的液压系统图

为了获取较好的控制性能以及维修的方便，比例阀要尽量靠近液压驱动装置，比例阀的安装位置如图 24. 8-36 所示。为了检测液压缸的进出油口压力的准确性，压力变送器通过三通接头安装在液压缸的进出油口处，如图 24. 8-37 所示。为了实现挖掘机器人工作装置的闭环控制，需要检测工作装置的各关节角或各液压缸位置量。为了不破坏原挖掘机结构，这里选用倾角传感器。动臂关节的倾角传感器与动臂等效杆平行，斗杆关节的倾角传感器与斗杆等效杆平行。铲斗的运动范围较大，为避免其与地面接触时遭到损坏，把它安装在铲斗的后面，如图 24. 8-38 所示。为了避免液压冲击对液压泵造成损坏，液压泵的出口处要安装单向阀。在泵出口处安装过滤器以过滤液压油中的杂质，安装压力表以便通过溢流阀调节泵压。所设计的电液比例控制系统为双闭环控制系统。大闭环实现对挖掘机器人工作装置各关节角的闭环控制，以工控机作为控制器，采用倾角传感器获取实际关节角度值；小闭环通过比例阀放大器，运用 PID 控制算法实现对比例阀阀芯位置的反馈控制。

改造后的单路电液系统原理图如图 24. 8-39 所示。

图 24. 8-36　比例阀的安装位置

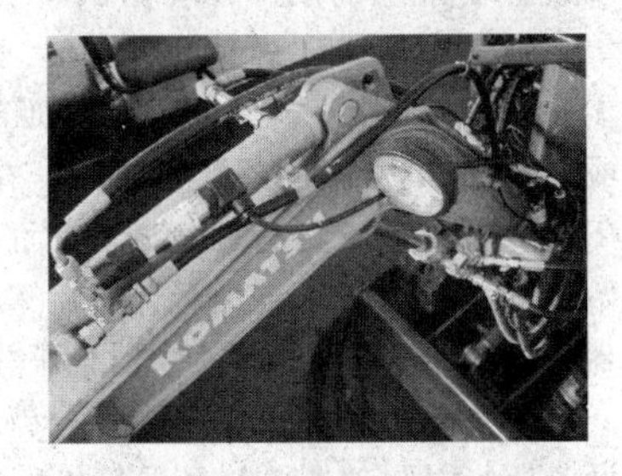

图 24. 8-37　压力变送器的安装位置

图 24. 8-38　倾角传感器的安装位置

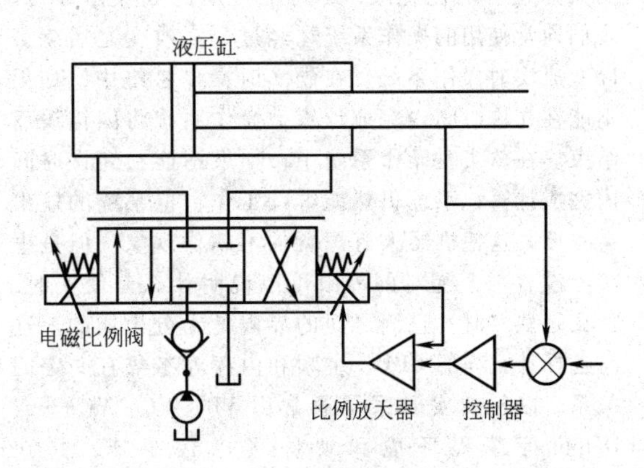

图 24. 8-39　单路电液系统原理图

从图 24. 8-39 可以看出，电液系统包括两个回路，液压回路和电气回路。电气回路由控制器提供电压信号，经过比例放大器放大的电流信号驱动电磁比例换向阀的比例电磁铁，以决定比例阀的“位”，以使挖掘机器人的工作装置产生相应的运动。液压回路由液压泵提供压力，经过单向阀到达电磁比例换向阀，根据电磁比例换向阀的“位”决定液压缸的伸缩。两种回路的交叉点在电磁比例换向阀，即比例电磁铁接收电信号（电气回路）后决定液压油（液压回路）的流向。通过这种交互实现计算机对液压系统的控制。

图 24. 8-40 所示为双目视觉相机及其安装支架。将相机连同支架固定在挖掘机器人的机体框架上后，调整两个相机的角度，确定两个相机的光轴中心距离，之后锁紧支架，建立起双目立体视觉系统的几何尺寸。两个相机光心之间的距离为基线距离，安装时，尽可能保证该尺寸大些。

图 24. 8-40　双目视觉相机及其安装支架

6.3　基于 xPC Target 的控制平台

为了实现对液压挖掘机器人工作装置的电液控制，需要搭建一个实时控制平台。实时的本质就是在规定的时间内完成某种操作，有硬实时和软实时之分。硬实时要求在规定的时间内必须完成操作，这是在操作系统设计时保证的；软实时则没有那么严，只要按照任务的优先级，尽可能快地完成操作即可。我们通常使用的操作系统在经过一定改变之后就可以变成实时操作系统。在硬实时操作系统中，如果不能在允许时间内完成计算，操作系统将因错误而结束。在软实时操作系统中，如果不能在允许时间内完成计算，系统仍然能继续工作，但系统的输出会减慢，这使机器人有短暂的不动作现象。但是事实上没有一个绝对的界限可以说明什么是硬实时，什么是软实时。它们之间的界限是十分模糊的。这与选择什么样的CPU、主频和内存等参数有一定的关系。以往的实时系统通常由VB、VC、VC++或Delphi等编程环境和硬件接口板组成，并在Windows下编写控制程序，采集传感器的信号并输出控制信号。在VB、VC、VC++或Delphi等软件环境下编写控制程序比较复杂，并且需要大量的时间调试，而且Windows操作系统并不是严格的实时操作系统，其任务执行的频率较低，也不能保证编写的控制进程能在接口板提出中断请求时即时响应中断，抢先执行控制进程，因此实时性得不到保证。另外还有采用Arm、DSP等实现实时控制的，此类控制器编程复杂，更是难以开发。因此需要寻求一种开发方便，可以把时间和精力集中在软件开发和算法设计上的控制平台。

6.3.1　实时工具RTW

Matlab是当今国际科学与控制工程领域应用最广泛的软件环境。Matlab产品家族是美国MathWorks公司开发的用于算法开发、建模仿真、实时控制的理想集成环境。由于其完整的专业体系和先进的设计开发思路，使得Matlab在多个领域都有广阔的应用空间，特别是在Matlab的主要应用方向——科学计算、建模仿真以及信息工程系统的设计开发上已经成为行业内的首选设计工具。Simulink是基于Matlab的一种建模、仿真和分析环境，用来对动态系统建模仿真，它支持连续系统、离散系统和混合系统。其框图化的设计方式和良好的交互性，对工程人员的编程技能要求降到了最低，使得工程人员可以把更多的精力放到控制理论和技术的创新上去。

实时工具RTW（Real-Time Workshop）是Matlab/Simulink的一个重要模块，提供了一个实时的开发环境——从系统设计到硬件实现的直接途径。RTW与Matlab可以实现无缝连接，为完成不同功能的系统实时试验提供了方便。也就是说，正因为有了RTW，使得Matlab在作为仿真环境的同时，还可以对硬件进行操作。它可以将Simulink模型编译为可移植的优化代码，提高执行速度，又可以产生半实物仿真与快速原型设计所需要的代码。它支持Simulink的所有特性，并且代码的生成与计算机的处理器无关。其特点如下：

1）RTW支持连续时间、离散时间和混合时间系统，包括条件执行和非虚拟系统。

2）RTW将Simulink外部模式的实时监视器（Run-Time Monitor）与实时目标无缝集成在一起，提供极好的信号监视和参数调整界面。

3）RTW支持S-Function生成器，可用来生成事件驱动型系统的有限状态机代码。

Matlab RTW可以分为单机型的Real-Time Workshop Target和双机型的Real-Time Workshop两种类型，对于单机型的Real-Time Workshop Target而言，其配置简单，但是本文研究的系统对实时性要求较为严格，故选择双机型的xPC Target模型。

6.3.2　xPC Target控制平台

xPC Target是MathWorks公司提供和发行的一个基于RTW体系框架的附加产品，可以将PC转变为一个实时系统，是产品原型开发、测试和配置实时系统的有效途径。它采用“宿主机-目标机（Host PC-Target PC）”双机模式。宿主机上运行控制器的Simulink模型，目标机用于执行从宿主机下载的实时代码。宿主机和目标机可以通过以太网接口（TCP/IP）或串口进行通信。依靠处理器的高性能，采样速率可以达到100kHz。用户只需安装Matlab软件、C编译器和I/O设备板，就可将工控机作为实时系统，实现控制系统的硬件在环测试和快速原型化等功能。

基于xPC Target控制平台的控制流程如下：首先通过光盘或者软盘启动目标机的实时内核，在宿主机的Matlab/Simulink环境下运行已经建立好的控制器模型，初始化参数，进行系统配置，然后采用RTW和C编译器将Simulink模型编译为实时代码并下载到目标机上。在宿主机上启动程序，则宿主机和目标机通过I/O设备板控制驱动器，并且采集传感器数据，完成实时操作任务。图24.8-41所示为xPC Target的流程图。

xPC Target有外部模式（External Mode）和普通模式（Normal Mode）之分。可以说，能使用外部模式进行控制是xPC Target的一大特色。使用外部模式，在程序执行时可以方便地调整模型参数，对于寻找最优控制参数很方便，用户还可以通过Simulink提供的各种显示模块对外部程序进行实时监视，使研究人员方便地观察信号波形，实现数据可视化和信号

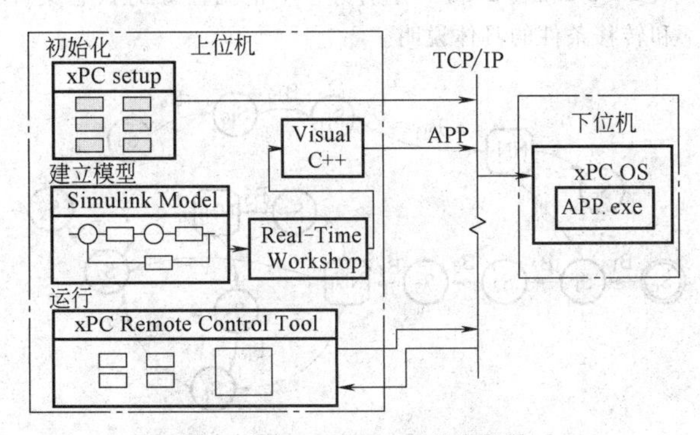

图 24. 8-41　xPC Target 的流程图

跟踪。也就是说，Simulink 不仅是图形建模和数学仿真的环境，而且还作为外部实时程序的图形化前向控制台。图 24. 8-42 所示为目标机的监测界面。目标机上的数字量信号通过 PCL-726 模拟量输出卡转换成模拟量输入到比例放大器，进而转换成电流信号驱动电磁比例阀的电磁铁。倾角传感器和压力变送器的数据通过 PCL-818HG 数据采集卡传输到目标机上。

采用“宿主机-目标机”双机模式可方便地实现对挖掘机器人的电液比例控制，验证各种控制算法的效果并便于得到最佳控制参数。在 xPC Target 环境下，可以在 Matlab 中使用命令行或 xPC 目标的图形交互界面对程序的执行进行控制。挖掘机器人的控制系统示意图如图 24. 8-43 所示。

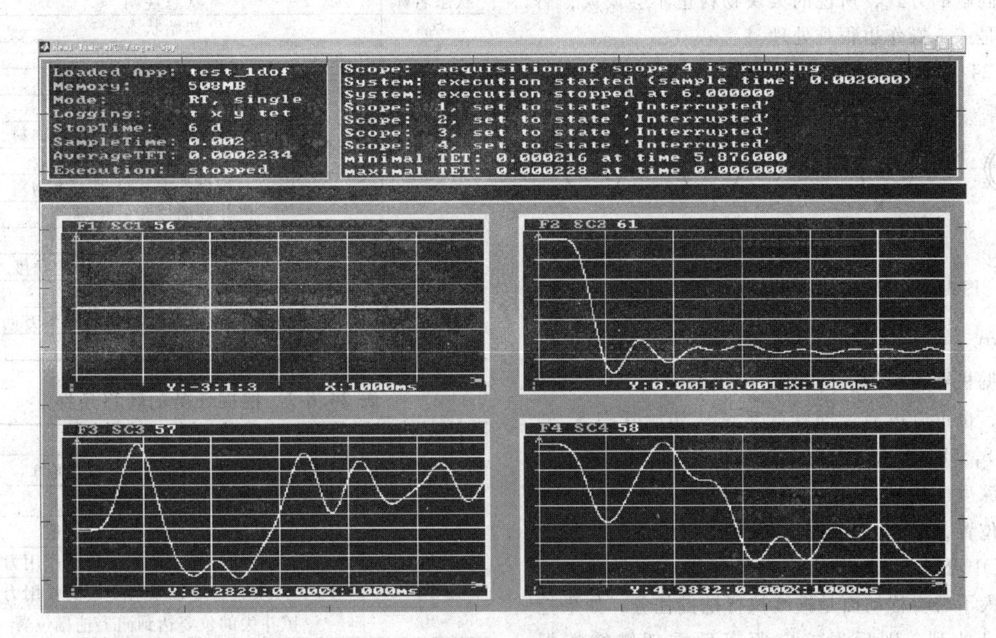

图 24. 8-42　目标机的监测界面

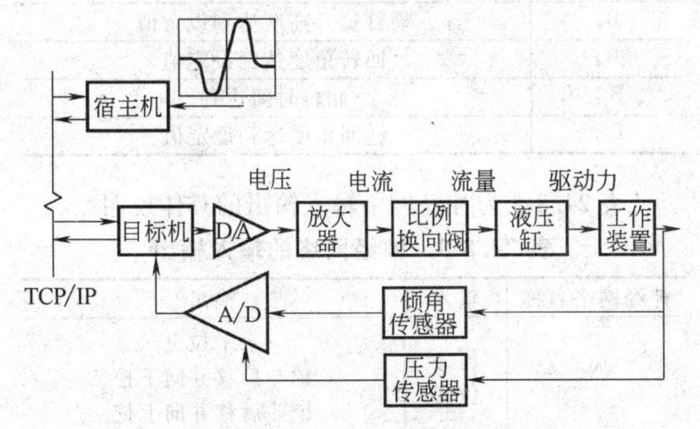

图 24. 8-43　挖掘机器人的控制系统

6. 3. 3　挖掘机器人挖沟目标的实现

下面针对一个挖掘沟渠的目标，说明基于行为控制的挖掘机器人的具体工作过程。

目标：挖掘一条沟渠；

任务：各个挖掘、卸料循环；

行为：各个子动作。

对于一个挖掘沟渠的目标，需要通过一系列的挖掘循环（任务）来完成。在每个挖掘循环完成之后，感知部分采集的信息都会被处理以决定挖掘机器人是否需要后退一些，这需要视觉系统检查地表环境和 GPS 系统定位来辅助完成。如果被挖掘的地况不需要挖掘机器人后退，则循环当前的挖掘任务；如果被挖掘的地况表明沟渠的深度已经达到，则挖掘机器人后退一定距离之后，再进行下一个挖掘任务。在一个正常的完整挖掘任务中，降臂、插入土壤、拉曳、铲斗卷曲、提升、回转、卸料、转回和铲斗复位等行为通过采集的位置等信息被顺序激活以完成一个循环。但是被挖掘的土壤可能包含一些大块物料，如石块等。下面以挖掘机器人在拉曳行为中遇到大块物料来说明基于行为控制的挖掘机器人的工作原理。

挖掘机器人遇到大块物料时会产生力过载，这可通过压力传感器检测到。挖掘机器人首先将铲斗回退一些并试着向下挖掘大块物料的底部，如果可以挖得动（没有产生力过载），则挖掘机器人继续挖掘循环；如果挖不动（仍然力过载），则将铲斗回退一些并向上挖掘以先清除大块物料上面的散碎物料。清除大块物料之上的散碎物料之后，对其进行挖掘就会非常简单了。这里只是展示了基于行为控制的挖掘机器人处理问题的方式，所说的大块物料也不会太大，否则即使是人工操作也很难处理。

图 24.8-44 所示为挖掘沟渠目标的状态流程图。

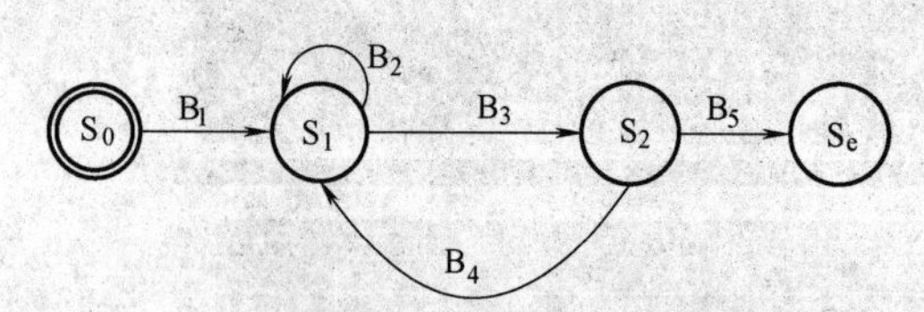

图 24.8-44　挖掘沟渠目标的状态流程图

其中，S_0 为初始状态，S_1 为一个挖掘循环，S_2 表示挖掘机器人后退，S_e 为终止状态。B_1 为初始激活数据，也可以没有，即默认系统从初始状态 S_0 转而执行 S_1。B_2 表示当前挖掘深度未达到，B_3 表示当前挖掘深度已达到，B_4 表示挖掘机器人移动到下一个挖掘位置，B_5 表示挖掘沟渠的长度已达到。从图 24.8-44 中可以看出，如果当前挖掘深度未达到，挖掘机器人不需要移动而是继续执行挖掘任务；如果挖掘深度已达到，则后退一定距离后重新继续挖掘任务。

图 24.8-45 所示为一个挖掘任务的状态流程图。当挖掘机器人接收到初始激活数据时，挖掘机器人降臂到地表高度，插入土壤并开始拉曳铲斗。在拉曳过程中，如果没有遇到特殊情况，即没有发生力过载，那么铲斗到达指定位置时会自动卷曲以装载土壤。如果在拉曳过程中发生力过载，比如碰到大块物料，那么挖掘机器人会根据压力和位置信息决定是向上挖掘还是向下挖掘大块物料。如果在向下挖掘时仍然力过载，那么铲斗将会调整位置，向上挖掘以便首先清除大块物料上面的散碎物料。当铲斗到达指定位置时铲斗会卷曲以装载土壤，继而提升动臂，回转并卸料，然后转回到沟渠方向。如果检测到挖掘深度已达到，那么跳出状态循环，否则重新开始挖掘循环。表 24.8-6和表 24.8-7 分别为一个挖掘任务的状态集和转移条件的具体说明。

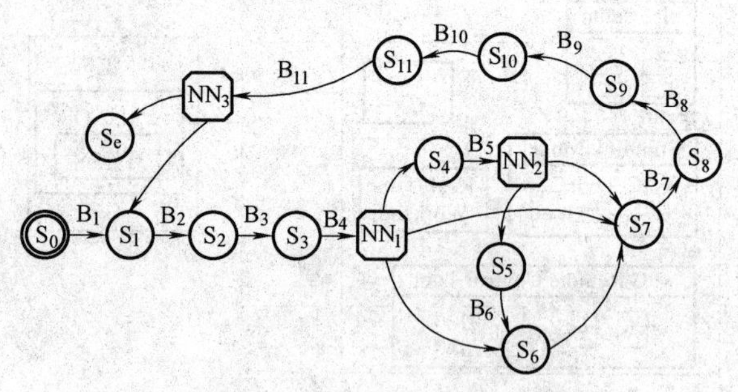

图 24.8-45　一个挖掘任务中的状态流程图

表 24.8-6　挖掘任务的状态集

状态名称	状态说明
S_0	初始状态
S_1	降臂到地表高度
S_2	插入土壤
S_3	拉曳铲斗
S_4	选用向下挖掘的方式处理大块物料
S_5	遇到大块物料但向下挖掘无效
S_6	选用向上挖掘的方式处理大块物料
S_7	铲斗卷曲以装载土壤
S_8	提升动臂
S_9	挖掘机器人工作装置回转一定角度
S_{10}	卸料
S_{11}	挖掘机器人工作装置转回到沟渠方向
S_e	终止状态

表 24.8-7　挖掘任务的转移条件

转移条件	转移条件说明
B_1	初始激活数据(也可以没有)
B_2	铲斗达到地表高度
B_3	铲斗插入深度达到设定值
B_4	铲斗尖的位姿以及与土壤的作用力
B_5	铲斗尖的位姿以及与土壤的作用力
B_6	铲斗尖的位姿达到向上挖掘位置
B_7	卷曲角度达到设定值
B_8	动臂提升高度达到设定值
B_9	回转角度达到设定值
B_{10}	卸料时间达到
B_{11}	转回角度达到设定值

表 24.8-8 为神经网络输入输出的具体说明。

表 24.8-8　神经网络的输入输出

神经网络名称	输入	输出
NN_1	压力 位置	水平拉曳 铲斗后移并向下挖 铲斗后移并向上挖
NN_2	压力 位置	可以挖动并卷曲铲斗 无法挖动并转而向下挖
NN_3	位置	执行下一个挖掘任务循环 终止挖掘任务

参考文献

[1] 闻邦椿. 机械设计手册：第 5 卷 [M]. 5 版. 北京：机械工业出版社，2010.

[2] 闻邦椿. 现代机械设计手册：下册 [M]. 北京：机械工业出版社，2012.

[3] 机械设计手册委员会. 机械设计手册：第 2 卷，第 9 篇 [M]. 新版. 北京：机械工业出版社，2004.

[4] 机械设计手册委员会. 机械设计手册：第 3 卷，第 16 篇 [M]. 新版. 北京：机械工业出版社，2004.

[5] 机械设计手册委员会. 机械设计手册：第 5 卷，第 34 篇 [M]. 新版. 北京：机械工业出版社，2004.

[6] 张建民. 机电一体化系统设计 [M]. 北京：北京理工大学出版社，2007.

[7] 刘鑫. 新一代工业控制计算机的产业化及应用前景 [J]. 工业控制计算机，2005. 18 (1)：1-2.

[8] 顾德英，张健，马淑华. 计算机控制技术 [M]. 北京：北京邮电大学出版社，2005.

[9] 温希东，路勇. 计算机控制技术 [M]. 西安：西安电子科技大学出版社，2005.

[10] 李育贤.微机接口技术及其应用 [M]. 西安：西安电子科技大学出版社，2007.

[11] 杨立，张建伟，李京辉. 微机原理与接口技术 [M]. 北京：清华大学出版社，北京交通大学出版社，2006.

[12] 厉荣卫，陈鉴富，黄海军. 微机原理与接口技术 [M]. 北京：科学出版社，2006.

[13] 王刚，吴斌，郝荣荣，等. CompactPCI 总线技术及系统设计 [J]. 现代电子技术，2005，(16)：92-94.

[14] 甘永梅，李庆丰，刘晓娟，等. 现场总线技术及应用 [M]. 北京：机械工业出版社，2004.

[15] 倪志莲，张怡典. 单片机应用技术 [M]. 北京：北京理工大学出版社，2007.

[16] 黄惟公，邓成中，王燕. 单片机原理与应用技术 [M]. 西安：西安电子科技大学出版社，2007.

[17] 刘复华. MCS296 单片机及其应用系统设计 [M]. 北京：清华大学出版社，2004.

[18] 李长林. AVR 单片机应用设计 [M]. 北京：电子工业出版社，2005.

[19] 彭树生，庄志洪，赵惠昌. PIC 单片机原理及应用 [M]. 北京：机械工业出版社，2002.

[20] 王幸之，王雷，翟成，等. 单片机应用系统抗干扰技术 [M]. 北京：北京航空航天大学出版社，1999.

[21] 杨宁. 微机控制技术 [M]. 北京：高等教育出版社，2001.

[22] 李宁，陈桂. 运动控制系统 [M]. 北京：高等教育出版社，2004.

[23] Bimal K Bose. 现代电力电子学与交流传动 [M]. 王聪，等译. 北京：机械工业出版社，2005.

[24] 袁任光. 交流变频调速器选用手册 [M]. 广州：广东科技出版社，2002.

[25] 刘杰，赵春雨，宋伟刚. 机电一体化技术基础与产品设计 [M]. 北京：冶金工业出版社，2003.

[26] 刘杰，赵春雨，宋伟刚，等. 机电一体化系统设计 [M]. 沈阳：东北大学出版社，1997.

[27] 张聪. 自动化食品包装机 [M]. 广州：广东科技出版社，2003.

[28] 郑笑红，唐道武. 工业机器人技术及应用 [M]. 北京：煤炭工业出版社，2004.

[29] 王侃夫. 数控机床控制技术与系统 [M]. 北京：机械工业出版社，2007.

[30] 齿轮手册编委会. 齿轮手册 [M]. 2 版. 北京：机械工业出版社，2000.

[31] 机电一体化技术手册编委会. 机电一体化技术手册 [M]. 2 版. 北京：机械工业出版社，1999.

[32] 殷际英，刘作信，等. 机电一体化基础 [M]. 北京：冶金工业出版社，1997.

[33] 刘杰，宋伟刚，李允公. 机电一体化技术导论 [M]. 北京：科学出版社，2006.

[34] 朱孝录. 齿轮传动设计手册 [M]. 北京：化学工业出版社，2004.

[35] 张立勋，张今瑜，杨勇. 机电一体化系统设计 [M]. 哈尔滨：哈尔滨工程大学出版社，2004.